工业和信息化精品系列教材

Python 快速编程入门

第3版

黑马程序员◉编著

人 民 邮 电 出 版 社
北 京

图书在版编目（CIP）数据

Python 快速编程入门 / 黑马程序员编著. -- 3 版. 北京 : 人民邮电出版社, 2024. -- (工业和信息化精品系列教材). -- ISBN 978-7-115-64973-7

Ⅰ. TP311.561

中国国家版本馆 CIP 数据核字第 2024YK5698 号

内 容 提 要

本书以 PyCharm 为主要开发工具，采用理论与实训案例相结合的编写方式，系统地讲解 Python 的相关知识。本书共 11 章，其中，第 1～10 章介绍 Python 语言的理论知识，内容包括 Python 概述、Python 基础知识、流程控制、字符串、组合数据类型、函数、文件与数据格式化、面向对象、异常、Python 计算生态与常用库等；第 11 章运用前面所学知识开发一个实战项目——飞机大战游戏。除第 1 章和第 11 章外，其他章均配有丰富的实训案例，读者可以一边学习一边练习，巩固所学知识，并在实践中提升实际开发能力。

本书配套丰富的教学资源，包括教学 PPT、教学大纲、教学设计、源代码、课后习题及答案等。此外，为帮助读者更好地学习本书，编者团队还提供在线答疑服务，希望可以帮助更多读者。

本书可作为高等教育本、专科院校计算机相关专业的教材，也可作为编程爱好者的自学参考书。

◆ 编　　著　黑马程序员
责任编辑　范博涛
责任印制　王　郁　焦志炜

◆ 人民邮电出版社出版发行　　北京市丰台区成寿寺路 11 号
邮编　100164　　电子邮件　315@ptpress.com.cn
网址　https://www.ptpress.com.cn
大厂回族自治县聚鑫印刷有限责任公司印刷

◆ 开本：787×1092　1/16
印张：16.25　　2024 年 12 月第 3 版
字数：383 千字　　2024 年 12 月河北第 2 次印刷

定价：59.80 元

读者服务热线：(010) 81055256　印装质量热线：(010) 81055316
反盗版热线：(010) 81055315
广告经营许可证：京东市监广登字 20170147 号

前言

Python 是一种面向对象、解释型的高级编程语言，其语法简洁清晰，能让初学者专注于编程思想与技巧的学习而非语法的学习，非常适合初学者使用。此外，Python 还拥有高效的开发效率和众多扩展库的支持，因此它在数据分析、人工智能、Web 开发、游戏开发等领域都得到了广泛运用。

为什么要学习本书

由于人工智能技术的快速发展，越来越多的高校将 Python 作为程序设计类课程学习的首选语言。本书站在初学者的角度，循序渐进地讲解 Python 的相关知识，帮助读者建立编程思维、提升编程能力。

本书采用“理论知识+代码示例+实例练习”的编写思路，既保证理论知识的系统化学习，又提供丰富的实训案例。通过学习本书，读者可以全面地掌握 Python 的相关知识，并且具备开发程序的能力。

本书在编写的过程中，结合党的二十大精神进教材、进课堂、进头脑的要求，将知识教育与素质教育相结合，通过案例讲解帮助读者加深对知识的认识与理解，引导读者树立正确的世界观、人生观和价值观，进一步提升读者的职业素养，落实德才兼备、高素质和高技能的人才培养要求。

如何使用本书

本书在 Windows 平台上以 PyCharm 作为开发工具对 Python 进行讲解，共 11 章，各章内容分别如下。

第 1 章为 Python 概述，内容包括认识 Python、Python 解释器的安装与程序的运行、Python 开发工具、Python 模块等。通过对本章的学习，读者能够对 Python 语言有简单的认识，能够熟练搭建 Python 开发环境并熟悉模块的安装和使用。

第 2 章主要讲解 Python 基础知识，内容包括代码格式、标识符和关键字、变量和数据类型、数字类型及运算符。通过对本章的学习，读者能够掌握 Python 的基础知识，为后期深入学习 Python 打好基础。

第 3 章主要讲解流程控制的相关知识，内容包括条件语句、循环语句、跳转语句，并结合实训案例演示如何利用各种语句实现流程控制。通过对本章的学习，读者能够掌握程序的执行流程和流程控制语句的用法，为后续的学习打好基础。

第 4 章主要讲解字符串的相关知识，内容包括字符串介绍、格式化字符串、字符串的常见操作，并结合实训案例演示字符串的使用。通过对本章的学习，读者能够掌握字符串的使用。

第 5 章主要讲解组合数据类型，内容包括带领读者认识 Python 中的组合数据类型；然后分别介绍 Python 中常用的组合数据类型——列表、元组、集合、字典，并结合实训案例帮助读者巩固这些数据类型知识；最后介绍组合数据类型使用运算符的规则。通过对本章的学习，读者能掌握并熟练运用 Python 中的组合数据类型。

第 6 章主要讲解函数的相关知识，内容包括函数概述、函数的定义和调用、函数参数的传递、函数的返回值、变量作用域、特殊形式的函数，并配套实训案例。通过对本章的学习，读者能够深入理解函数并在实际开发中熟练地应用函数。

第 7 章主要讲解文件与数据格式化的相关知识，内容包括文件概述、文件的基础操作、文件与目录管理、数据维度与数据格式化。通过对本章的学习，读者能够对计算机中的文件有基本的认识，熟练进行文件操作，熟练进行文件和目录管理，并掌握常见的不同维度数据的格式化操作。

第 8 章主要讲解面向对象的相关知识，内容包括面向对象概述、类与对象的基础应用、类的成员、特殊方法、封装、继承、多态、运算符重载，并结合实训案例演示面向对象的编程技巧。通过对本章的学习，读者能理解面向对象的思想与特性，掌握面向对象的编程技巧，为以后的面向对象开发工作奠定扎实的基础。

第 9 章主要讲解异常的相关知识，内容包括异常概述、异常捕获语句、抛出异常和自定义异常，同时结合实训案例演示异常的用法。通过对本章的学习，读者能够掌握如何处理异常。

第 10 章主要讲解 Python 计算生态与常用库，内容包括 Python 计算生态概览、Python 生态库的构建与发布、常用的内置库、常用的第三方库。通过对本章的学习，读者能够对 Python 计算生态涉及的领域所使用的 Python 库有所了解，掌握构建 Python 库的方式，可熟练使用 time 库、random 库、turtle 库、jieba 库、wordcloud 库和 Pygame 库。

第 11 章运用面向对象的编程思想，结合前面所学知识，开发和打包一个具备完整功能的飞机大战游戏。通过对本章的学习，读者能够在实际开发中灵活地运用面向对象的编程技巧。

读者在学习过程中，务必亲自实践书中实训案例，确保真正吸收所学知识。若在学习过程中遇到困难，建议读者多思考、厘清思路，并在困难解决后及时总结。

致谢

本书的编写和整理工作由江苏传智播客教育科技股份有限公司完成，全体参与人员在编写过程中付出了辛勤的汗水，在此一并表示衷心的感谢。

意见反馈

尽管编者尽了最大的努力，但书中难免有不足之处，欢迎读者来信提出宝贵意见，编者将不胜感激。读者在阅读本书时，如发现任何问题或不认同之处，可以通过电子邮件（itcast_book@vip.sina.com）与编者取得联系。

黑马程序员
2024 年 10 月

目录

第 1 章

Python概述

拓展阅读

学习目标

- ◆ 了解 Python 语言，能够说出 Python 语言的发展历程以及特点
- ◆ 掌握 Python 解释器的安装方式，能够独立在计算机中安装 Python 解释器
- ◆ 熟悉 Python 程序的运行方式，能够熟练通过交互式和文件式两种方式运行 Python 程序
- ◆ 了解常用的开发工具，能够说出常用开发工具的特点
- ◆ 掌握 PyCharm 的下载与安装，能够独立在计算机中安装 PyCharm
- ◆ 掌握 PyCharm 的使用，能够使用 PyCharm 编写并运行代码
- ◆ 掌握模块的安装方式，能够通过 pip 工具安装所需的模块
- ◆ 掌握模块的导入与使用，能够在程序中熟练导入并使用模块

Python 语言自诞生以来，因其具有简洁优美的语法、良好的开发效率、强大的生态等特点，迅速在编程领域占据一席之地，成为当前备受欢迎的热门编程语言。Python 领域流传着这样一句话："人生苦短，我用 Python。"这表达了人们对这门语言的高度认可。下面我们一起开启 Python 学习之旅吧！

1.1 认识 Python

Python 是诞生于 20 世纪末的一门面向对象的解释型编程语言，本节将通过 Python 的发展历程和特点这两个方面带领读者认识 Python。

1.1.1 Python 的发展历程

Python 语言的创始人是荷兰的吉多 • 范罗苏姆（Guido van Rossum，以下简称"吉多"），他于 1989 年开始研发这门语言。之所以将其取名为 Python，是因为他非常喜欢一部英国电视喜剧——*Monty Python's Flying Circus*。Python 一词本身有着蟒蛇的意思，Python 语言的图标则使用两条蟒蛇形象来呼应语言的名称，这两条蟒蛇经过抽象化设计，整体简洁而现代，不仅传达出这门语言简洁与优雅的特点，又隐含了其灵活性。Python 图标如图 1-1 所示。

图1-1 Python 图标

Python 的第一个公开版本于 1991 年发布，该版本使用 C 语言实现，并且能够调用 C 语言的库（Library）文件。Python 的语法中融入了 C 语言的许多特性，同时它也受到了 ABC 语言的影响。自诞生以来，Python 已经具备了 class（类）、function（函数）、exception（异常处理），以及 list（列表）和 dict（字典）等核心数据类型，还有基于模块（module）的扩展系统。

最初，Python 是由吉多本人独自研发的，吉多的同事们只是使用 Python 并提出反馈意见，后来他们逐渐体会到 Python 的魅力，纷纷加入 Python 语言的改进工作中。随着 Python 的发布，越来越多的人开始被 Python 吸引，Python 的用户和开发团队也逐步壮大。

2000 年 10 月 Python 2.0 发布，Python 从基于 maillist（邮件列表）的开发方式转变为完全开源的开发方式，这标志着 Python 社区的成熟。随后，Python 2.x 系列陆续发布多个版本，该系列的最后一个版本是 2010 年发布的 Python 2.7。2010 年以后，Python 的维护者们宣布不再推出新的主版本号升级版本，Python 2.x 系列慢慢退出历史舞台。2018 年 3 月，吉多宣布将于 2020 年终止对 Python 2.7 的技术支持。

2008 年 12 月 Python 3.0 发布，Python 3.0 在语法上和解释器内部都做了很多重大改进。Python 3.0 移除了一些旧的语法和特性，优化了字符串处理和 Unicode 支持等方面的内容。此外，其解释器内部广泛支持面向对象的编码方式，以提高代码的可扩展性和可维护性。这些重大改进促使 Python 3.0 成为一个新的主要版本，为用户提供更好的编程体验。

随后，Python 3.x 系列陆续发布多个版本，包括 Python 3.8、Python 3.9、Python 3.10、Python 3.11 等，这些版本有许多新特性和改进，推动了 Python 的进一步发展。截至 2024 年 1 月 1 日，Python 的最新版本为 2023 年 12 月 8 日发布的 Python 3.12.1。

随着时间的推移，Python 不断演化并发展，成为一种广泛应用于各个领域的高级编程语言。未来，随着人工智能、大数据和云计算等领域的不断发展，Python 将继续发挥重要作用，并成为技术创新和应用的关键驱动力。

1.1.2　Python 的特点

Python 作为一种较新的编程语言，能从 C、C++、Java 等这样的"元老级"编程语言主导的市场上脱颖而出，必然有其独特之处。然而，任何事物都有两面性，Python 自然存在一些不足。接下来，分别从优点和缺点两个方面对 Python 语言的特点进行介绍。

1. Python 的优点

（1）简洁。Python 语言以简洁著称，它舍弃了烦琐的符号与冗长的语法结构，取而代之的是用缩进体现语句之间的层次关系，这种简洁的风格使代码结构变得清晰且代码易读。另外，Python 使用简洁的列表推导式便可以构建列表，而不必使用烦琐的循环结构，这样简化了代码的编写过程。相较于 C、C++、Java 等其他编程语言，在实现相同功能时，Python 代码的行数往往更少。

（2）风格统一。Python 非常注重代码风格的统一，它有一套严格的代码规范和指导原则，其约定俗成的编码风格被很多开发人员接受和遵循，这保证了 Python 代码的可读性。

（3）简单易学。Python 比其他编程语言简单易学，它着重于解决问题而非语言本身的语法和结构。Python 的语法主要借鉴了 C 语言，但去除了 C 语言中复杂的指针，并始终秉持着“使用最优方案解决问题”的原则，简化了语法，降低了学习难度。无论是初学者还是有经验的开发人员，都能轻松上手并快速实现自己的想法。

（4）开源。Python 是 FLOSS（Free/Libre and Open Source Software，自由/开源软件）之一，用户可以自由地下载、复制、阅读、修改其源码，并能自由发布修改后的源码，这使相当一部分用户热衷于改进与优化 Python。

（5）可移植性好。Python 具有良好的可移植性，Python 程序可以在任何安装了 Python 解释器的操作系统上轻松执行，无论是在 Windows、macOS，还是在 Linux 等操作系统上，它都具有一致的行为。开发人员只需要编写一次代码，便可以不加任何修改地将代码在不同平台上运行，无须担心平台差异的问题。

（6）可扩展性好。Python 提供了广泛的扩展机制，使开发人员能够方便地添加新功能和库。Python 的包（Package）管理器和模块化的架构让开发人员能够轻松安装、导入和分享各种第三方库和模块。此外，Python 还支持与其他编程语言（比如 C、C++和 Java 等）进行混合编程。通过编写扩展模块或使用外部接口，开发人员可以使用底层代码为 Python 添加具有高性能的功能。

（7）库丰富。Python 本身拥有丰富的内置库，且世界各地的开发人员通过开源社区又贡献了大量第三方库，这些第三方库几乎覆盖了各个应用领域，使开发人员能够更容易地实现一些复杂的功能。

（8）通用灵活。Python 是一门应用广泛的编程语言，可以用于 Web 开发、科学计算、数据分析、游戏开发、人工智能等各个领域。在 Web 开发领域，Python 的 Web 框架提供了强大的功能，使开发人员能够快速构建高效、可靠的 Web 应用；在数据分析领域，Python 的数据处理库提供了丰富的功能和算法，方便开发人员进行数据分析；在人工智能领域，Python 的机器学习库为开发人员提供了强大的工具，支持各种智能应用的开发。

（9）具有良好的中文支持。Python 在处理和操作中文文本等方面有着非常出色的表现，这主要得益于其支持 Unicode 编码，可以轻松地编写、读取、处理中文字符，并与其他语言的字符进行“无缝”交互。此外，Python 社区还为用户提供了多种针对中文文本处理的库，如 jieba 库等，可大大降低开发人员在完成中文处理相关任务时的难度。

2. Python 的缺点

Python 因自身的诸多优点得到广泛应用，但仍有进步的空间。相对于编译型语言（比如 C++、Java 等）的程序，Python 程序的运行速度较慢。虽然 Python 程序的运行速度可以通过一些技巧提高，但仍存在一定的瓶颈，不能满足某些高性能需求。

总而言之，Python“瑕不掩瑜”，对于编程语言的初学者而言，Python 简单易学，是开始接触编程领域的不错选择；对于有经验的开发人员而言，它使用灵活，应用领域广泛，其开发效率能满足大多数场景的需求，是高效开发的强大工具。

1.2 Python 解释器的安装与程序的运行

Python 程序的运行需要借助 Python 解释器完成，只有在计算机中安装 Python 解释器并配置好 Python 开发环境，开发人员才可以开发程序，并通过不同方式运行程序。本节将介绍如何安装 Python 解释器和运行 Python 程序。

1.2.1 安装 Python 解释器

Python 官网针对不同的操作系统提供了很多不同版本的解释器安装包。下面以 Windows 10 操作系统为例，演示在计算机中安装 Python 3.12.1 解释器的过程，具体步骤如下。

（1）在浏览器中访问 Python 官网的下载页面，如图 1-2 所示。

（2）单击图 1-2 所示的链接文本“Windows”，进入 Windows 版本安装包的下载页面，用户可以根据操作系统版本选择相应安装包，如图 1-3 所示。

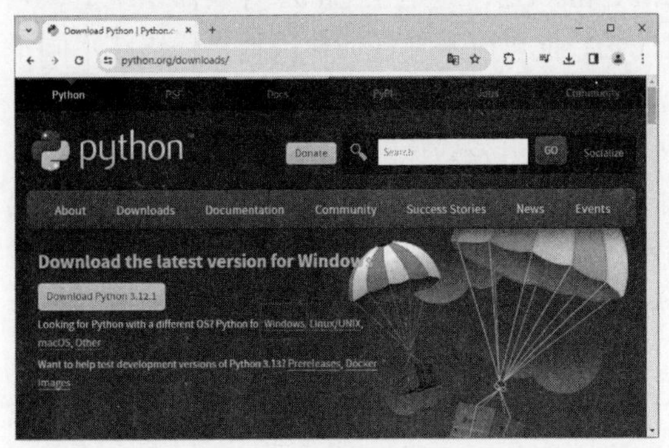

图1–2 Python官网的下载页面

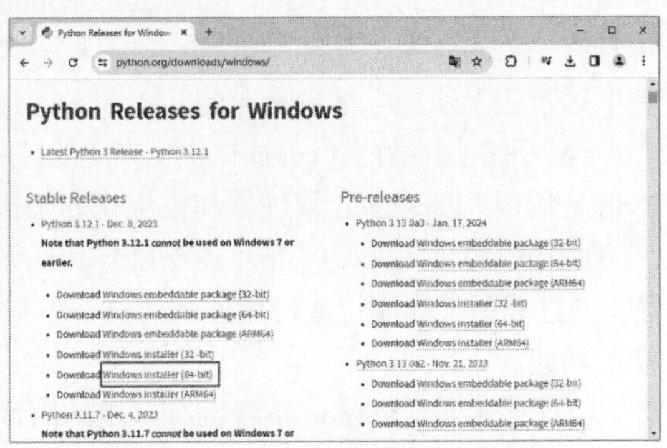

图1–3 Windows版本安装包的下载页面

（3）单击图 1-3 所示的链接文本“Windows installer (64-bit)”，下载版本为 3.12.1、扩展名是.exe 的安装包。下载完成后，双击安装包，打开“Install Python 3.12.1 (64-bit)”界面，如图 1-4 所示。

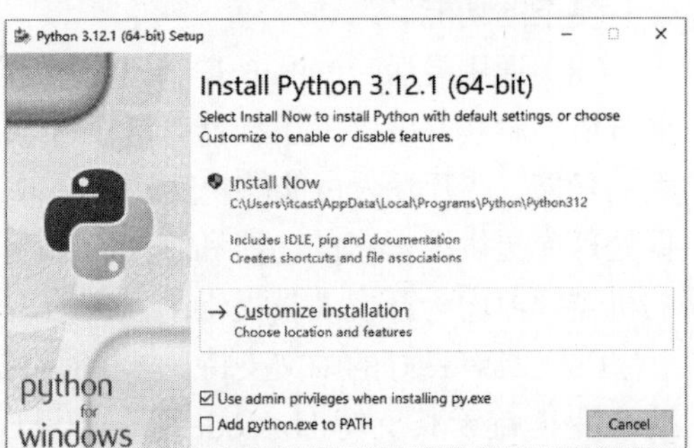

图1–4 “Install Python 3.12.1 (64–bit)”界面

图 1-4 展示了两种安装方式，分别是“Install Now”和“Customize installation”。其中“Install Now”表示默认安装方式，会默认将 Python 解释器安装到指定路径，即 C:\Users\itcast\AppData\Local\Programs\Python\Python312；“Customize installation”表示自定义安装方式，若选择该方式，用户能够根据需要选择其他的安装路径。

此外，界面下方有一个“Add python.exe to PATH”复选框，若勾选此复选框，则会将 Python 解释器的安装路径自动添加到环境变量中；若不勾选此复选框，则在使用 Python 解释器之前需要手动将 Python 解释器的安装路径添加到环境变量中。

（4）勾选“Add python.exe to PATH”复选框，选择“Install Now”后进入“Setup Progress”界面，如图 1-5 所示。

图 1-5 显示了进度条，用于提示 Python 解释器的安装进度。

（5）安装完成后会自动进入“Setup was successful”界面，如图 1-6 所示。

（6）单击图 1-6 所示的“Close”按钮，关闭“Setup was successful”界面。至此，Python 解释器安装完成。

为了检验计算机中是否成功安装了 Python 解释器，我们可以在桌面任务栏的搜索栏中搜索“python”，找到并单击“Python 3.12 (64-bit)”，打开 Python 解释器窗口，如图 1-7 所示。

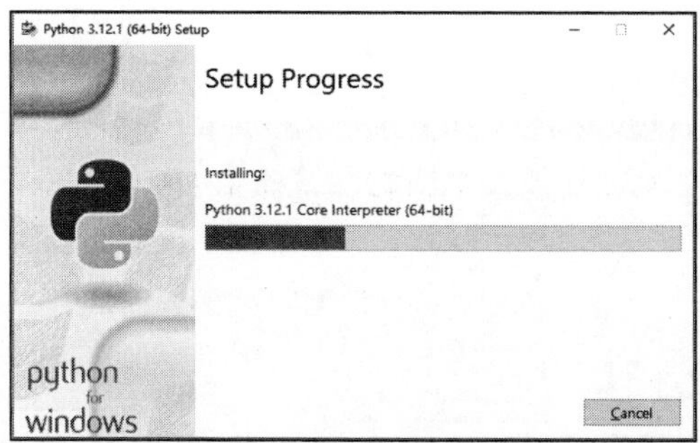

图1-5　“Setup Progress”界面

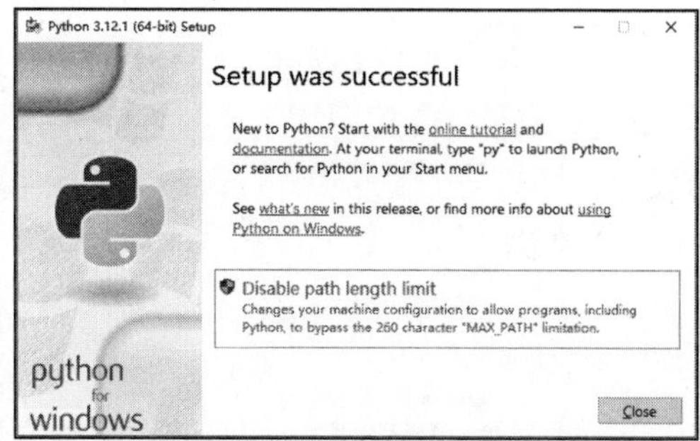

图1-6　“Setup was successful”界面

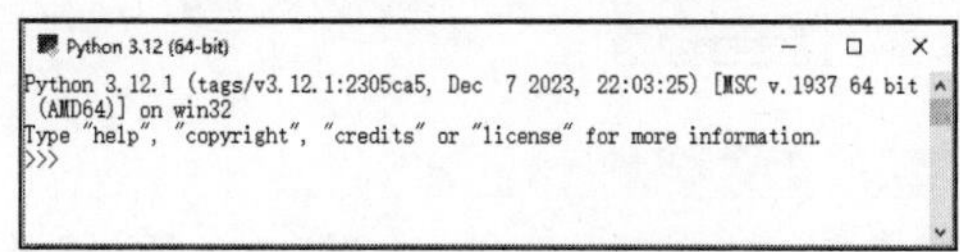

图1-7　Python解释器窗口

从图 1-7 的信息可以看出，目前已经进入了 Python 环境，说明 Python 解释器安装成功。用户若想要退出 Python 环境，则可以在命令提示符“>>>”的后面输入 quit()或 exit()命令，并按回车键执行命令。

此外，用户也可以在“命令提示符”窗口中进入 Python 环境，具体操作为：打开“命令提示符”窗口，在命令提示符“>”后输入“python”，按回车键即可，具体如图 1-8 所示。

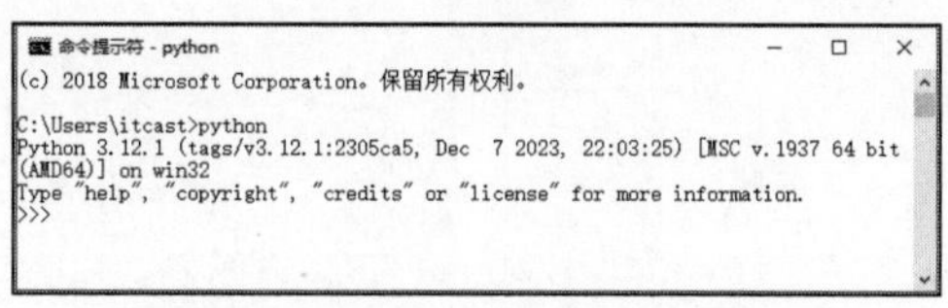

图1-8　进入Python环境的“命令提示符”窗口

多学一招：手动配置环境变量

若 Python 解释器安装完成后，在“命令提示符”窗口中输入“python”并按回车键后，提示“‘python’不是内部或外部命令，也不是可运行的程序或批处理文件。”则说明系统未能搜索到 Python 解释器的安装路径，此时可以手动为 Python 配置环境变量，以解决此问题。

环境变量（Environment Variable）一般是指在操作系统中用来指定操作系统运行环境的一些参数，如临时文件夹位置和系统文件夹位置等。在 Windows 和 DOS（Disk Operating System，磁盘操作系统）中搭建开发环境时常常需要配置环境变量 Path，以便系统在运行一个程序时可以获取到程序所在的完整路径。若配置了环境变量，系统除了在当前目录下寻找指定程序外，还会到 Path 变量所指定的目录中查找程序。下面以 Python 为例，演示配置环境变量 Path 的方式，具体步骤如下。

（1）右击“此电脑”，在弹出的菜单中选择“属性”选项打开系统窗口，单击该窗口左侧选项列表中的“高级系统设置”，打开“系统属性”对话框，如图 1-9 所示。

（2）单击图 1-9 所示的“环境变量”按钮，打开“环境变量”对话框，如图 1-10 所示。

（3）在图 1-10 所示的“系统变量”列表中找到环境变量 Path 并双击，打开“编辑环境变量”对话框，如图 1-11 所示。

（4）单击图 1-11 所示的“新建”按钮，输入 Python 解释器的安装路径，本书使用的安装路径是 C:\Users\itcast\AppData\Local\Programs\Python\Python312，如图 1-12 所示。

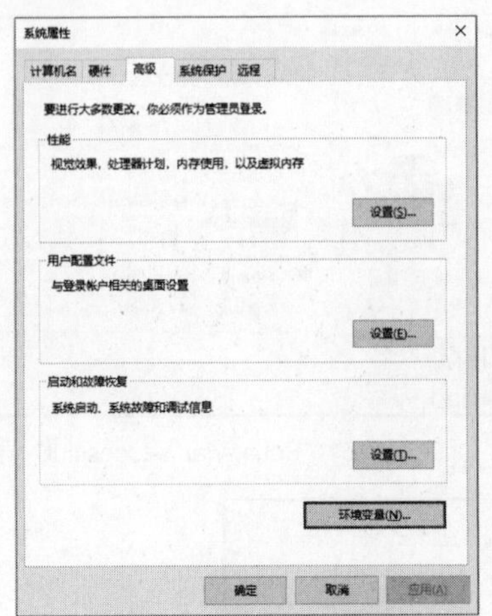

图1-9 “系统属性”对话框

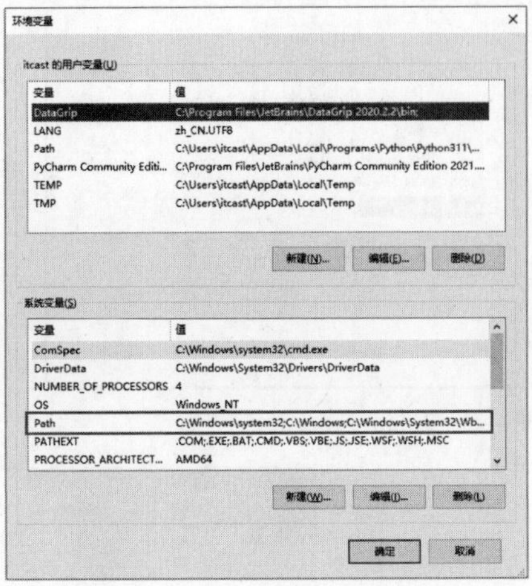

图1-10 “环境变量”对话框

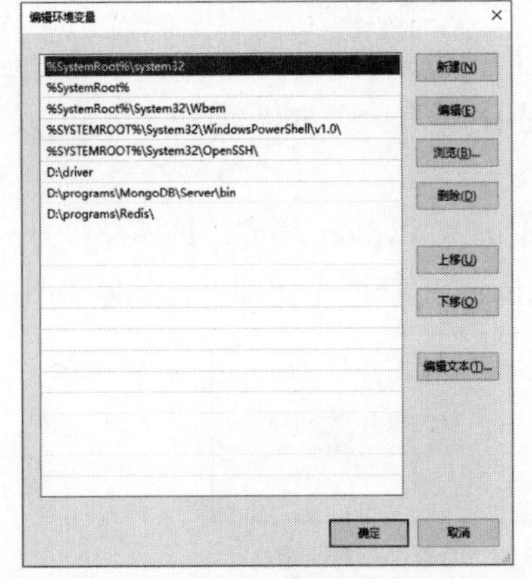

图1-11 “编辑环境变量”对话框

图1-12 输入Python安装路径

（5）单击图 1-12 所示的“确定”按钮，关闭“编辑环境变量”对话框，完成环境变量的配置。

若用户在安装 Python 解释器时忘记勾选“Add python.exe to PATH”复选框，则可以使用上述步骤手动配置环境变量，以确保在系统的任何路径下都可以正常启动 Python 解释器。

1.2.2 Python 程序的运行方式

Python 程序的运行方式有两种，分别是交互式和文件式。交互式指 Python 解释器逐行接收 Python 代码并即时响应；文件式也称批量式，指先将 Python 代码保存在扩展名为.py 的文件中，再启动 Python 解释器批量运行代码。接下来，为读者演示如何通过交互式和文件式这两种方式运行 Python 程序。

1. 交互式

打开“命令提示符”窗口，进入 Python 环境，在命令提示符“>>>”的后面输入如下一行代码：

```
print("纸上得来终觉浅，绝知此事要躬行。")
```

按回车键，“命令提示符”窗口立刻在命令提示符的下一行输出运行结果。运行结果如下所示：

```
纸上得来终觉浅，绝知此事要躬行。
```

2. 文件式

首先创建一个文本文件，在该文件中写入一行 Python 代码，具体内容为 print("纸上得来终觉浅，绝知此事要躬行。")，然后另存该文件时将文件的名称设置为 hello，编码方式设置为 UTF-8，文件的扩展名修改为.py。在 hello.py 文件所在路径下同时按 Shift 键和鼠标右键，在弹出的菜单中选择“在此处打开命令窗口”选项，打开“命令提示符”窗口。

在“命令提示符”窗口的命令提示符“>”后输入命令“python hello.py”，按回车键后运行 hello.py 文件，之后在命令提示符的下一行输出运行结果，具体如图 1-13 所示。

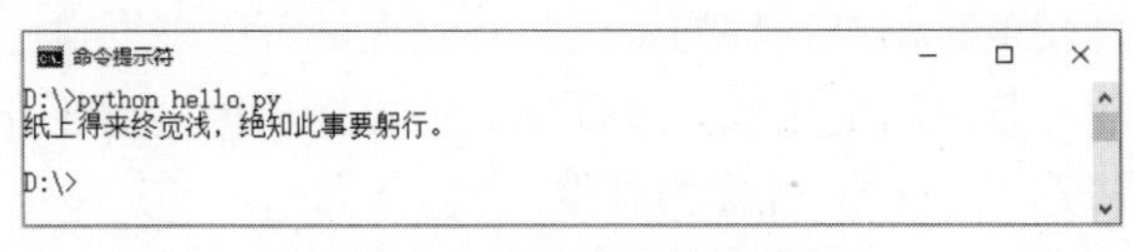

图1–13　hello.py文件的运行结果

1.3　Python 开发工具

Python 解释器捆绑了 Python 官方的开发工具 IDLE（Integrated Development and Learning Environment，集成开发和学习环境）。IDLE 具备集成开发环境（Integrated Development Environment，IDE）的基本功能，但开发人员一般会根据自己的需求或喜好选择使用其他的开发工具，以提高开发效率。本节将对常用的 Python 开发工具进行介绍，并演示如何下载、安装和使用本书选择的 PyCharm。

1.3.1　常用的开发工具

常用的开发工具有 PyCharm、Sublime Text、Visual Studio Code、Jupyter Notebook、Anaconda 等，下面分别介绍这几种开发工具。

1. PyCharm

PyCharm 是一款功能强大且流行的 Python 集成开发环境。它提供了一般集成开发环境的功能，比如代码编辑、语法高亮、项目管理、代码跳转、智能提示、调试、单元测试、版本控制等，使得程序的编写、运行、测试等过程能在一个环境中完成，非常适用于开发大型的项目。

2. Sublime Text

Sublime Text 是一款轻量级但功能强大的文本编辑器。它不仅拥有丰富的功能，还支持多种编程语言，并且具备自己的包管理器。开发人员可以通过包管理器安装各种组件和插件，以提升编码体验。Sublime Text 在开发简单的 Python 项目方面表现优异。

3. Visual Studio Code

Visual Studio Code 是由微软开发的一个跨平台的轻量级代码编辑器。它支持多种编程语言，包括 Python、Java、C++、PHP 等，具有跨平台支持、丰富的插件生态、智能代码编辑、内置调试器、版本控制集成等特点或功能，适用于各种规模的项目的开发。

4. Jupyter Notebook

Jupyter Notebook 是一款非常流行的交互式笔记本。它提供通过网页创建文档与共享文档的功能，并且支持实时代码、数学方程、可视化和 Markdown 语法等，用户可以在一个文档中编写代码、编写数学公式、编写文档、运行代码、进行可视化等。此外，Jupyter Notebook 可以运行多种编程语言，包括但不限于 Python，它非常适用于数据科学、机器学习和教育领域的程序开发和演示。

5. Anaconda

Anaconda 是一个开源的 Python 发行版本，专注于提供科学计算和数据分析所需的软件包和工具。它包括 conda 包管理器、Anaconda Navigator（图形界面工具）和 Jupyter Notebook，还提供虚拟环境、打包和发布自己的包、快速生成报告等功能。Anaconda 还支持多种编程语言，这使得它成为数据科学家和研究人员进行科学计算的首选工具之一。

综上所述，每个开发工具都有独特的特点，开发人员可以根据自己的喜好选择适合自己的工具。PyCharm 作为一款流行的集成开发环境，它操作简单，功能齐全，备受开发人员的青睐。鉴于此，本书将选择 PyCharm 作为开发工具。

1.3.2 PyCharm 的下载与安装

在 PyCharm 官网的下载页面，用户可以根据自己计算机的操作系统下载相应版本的安装包，并按照 PyCharm 官方提供的安装指南进行安装。接下来，分别介绍 PyCharm 的下载和安装，具体内容如下。

1. PyCharm 的下载

在浏览器中访问 PyCharm 官网的下载页面，如图 1-14 所示。

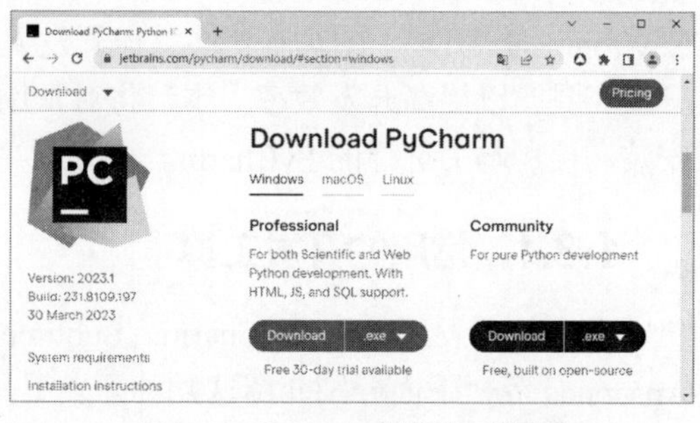

图1-14 PyCharm官网的下载页面

在图 1-14 中，Professional 和 Community 是 PyCharm 支持的两个版本，这两个版本的特点具体如下。

（1）Professional 版本的特点。

- 提供 Python 集成开发环境的所有功能，支持 Web 开发。
- 支持 Django、Flask、Pyramid 和 web2py。
- 支持 JavaScript、CoffeeScript、TypeScript、CSS 和 Cython 等。
- 支持远程开发、Python 分析器、数据库和 SQL（Structure Query Language，结构查询语言）。

（2）Community 版本的特点。

- 是轻量级的 Python 集成开发环境，只支持 Python 开发。
- 免费、开源，集成 Apache2 的许可证。
- 提供智能编辑器、调试器，支持重构和错误检查，集成版本控制系统。

本书选择 Windows 系统的 Community 版本进行下载。在图 1-14 所示的下载页面中，单击 Community 版本下的“Download”按钮，跳转至谢谢下载页面，并开始下载版本为 2023.1 的 PyCharm 安装包。

2. PyCharm 的安装

PyCharm 安装包下载完成后，便可以开始安装 PyCharm 了。接下来，以 Windows 10 系统为例，讲解在计算机中安装 PyCharm 的过程，具体步骤如下。

（1）双击 PyCharm 安装包，打开“Welcome to PyCharm Community Edition Setup”界面，如图 1-15 所示。

（2）单击图 1-15 所示的“Next”按钮，进入“Choose Install Location”界面，在该界面中可以设置 PyCharm 的安装路径，如图 1-16 所示。

图1-15　“Welcome to PyCharm Community Edition Setup”界面

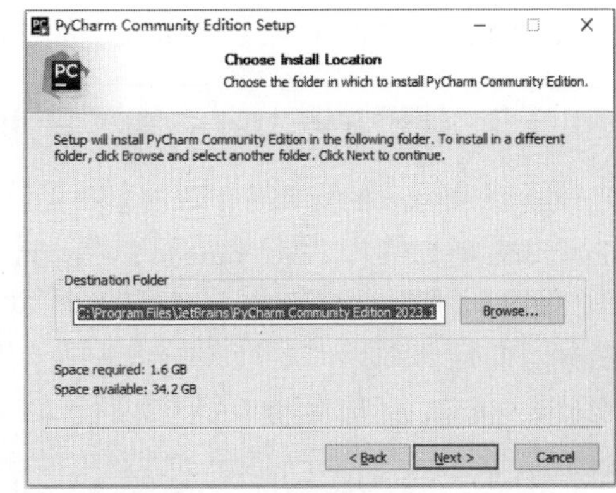

图1-16　“Choose Install Location”界面

（3）保持默认配置，单击图 1-16 所示的“Next”按钮，进入“Installation Options”界面，在该界面中可以配置 PyCharm 的选项，如图 1-17 所示。

（4）在图 1-17 所示的界面中勾选所有复选框，单击“Next”按钮，进入“Choose Start Menu Folder”界面，如图 1-18 所示。

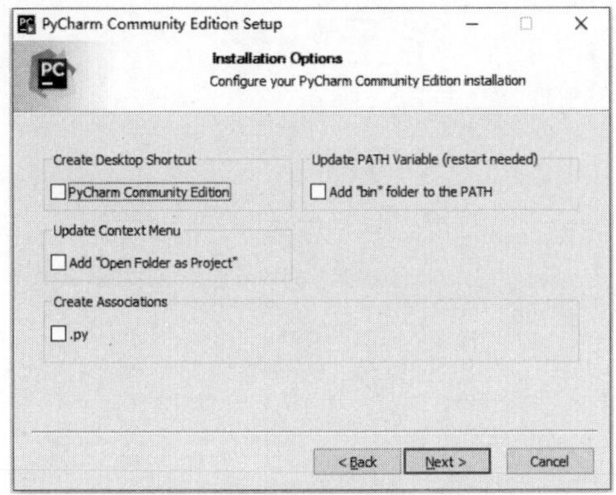

图1-17　“Installation Options”界面

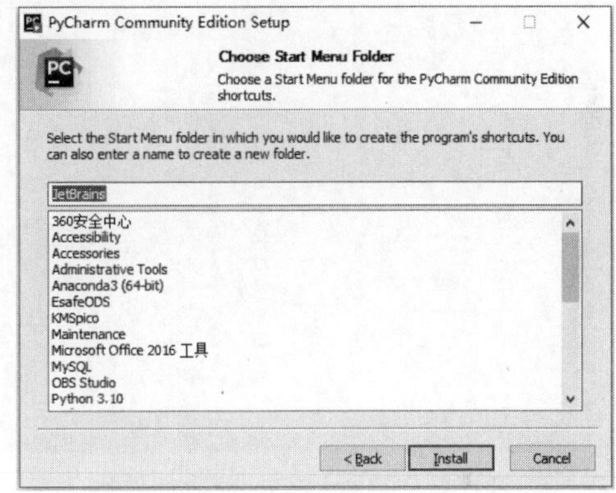

图1-18　“Choose Start Menu Folder”界面

（5）单击图 1-18 所示的“Install”按钮，进入“Installing”界面，该界面会以进度条的形式显示 PyCharm 的安装进度，如图 1-19 所示。

（6）等待片刻，PyCharm 安装完成后自动进入“Completing PyCharm Community Edition Setup”界面，如图 1-20 所示。

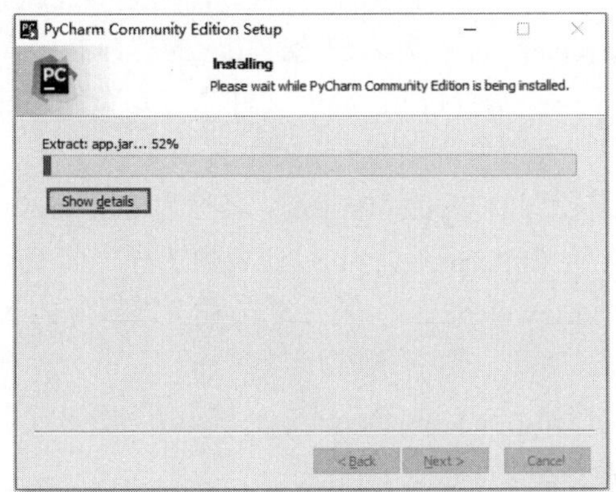

图1-19　“Installing”界面

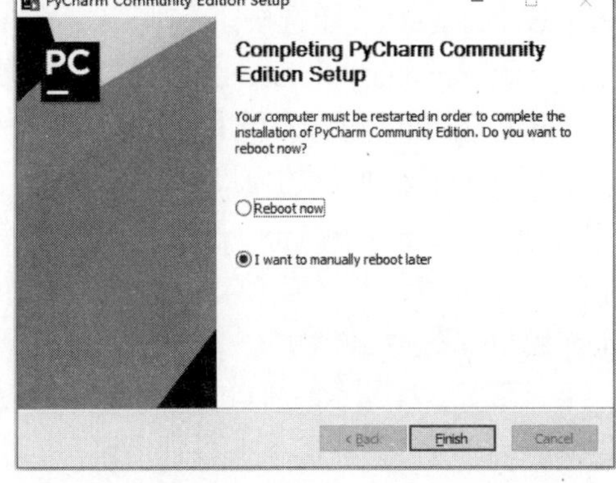

图1-20　“Completing PyCharm Community Edition Setup”界面

（7）单击图 1-20 所示的“Finish”按钮关闭界面。至此，PyCharm 工具安装完成。

1.3.3 使用 PyCharm 编写 Python 程序

完成 PyCharm 的安装后，双击桌面上 PyCharm 的快捷方式图标启动 PyCharm，初次启动 PyCharm 时会打开“Welcome to PyCharm”窗口，如图 1-21 所示。

在图 1-21 所示的窗口中，左侧有 4 个菜单选项，分别为“Projects”“Customize”“Plugins”“Learn”，它们分别表示项目、自定义配置、插件和用于学习 PyCharm 的教程或帮助文档；右侧展示了“Projects”选项对应的项目面板，该面板中有 3 个按钮，分别为“New Project”“Open”“Get from VCS”，它们分别表示创建新项目、打开已有项目和从版本控制系统中获取项目。

接下来演示如何使用 PyCharm 重置颜色主题、创建一个新项目，以及在该项目中编写与运行代码，具体步骤如下。

（1）在图 1-21 所示的窗口左侧选择“Customize”选项，打开自定义配置面板，在该面板中选择颜色主题为“Light”，如图 1-22 所示。

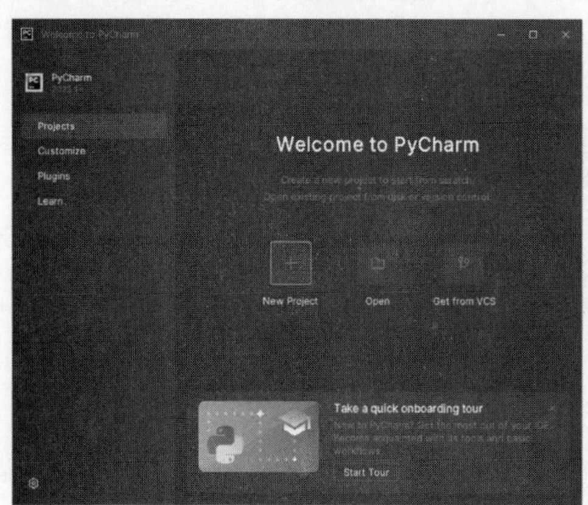

图1-21　“Welcome to PyCharm”窗口

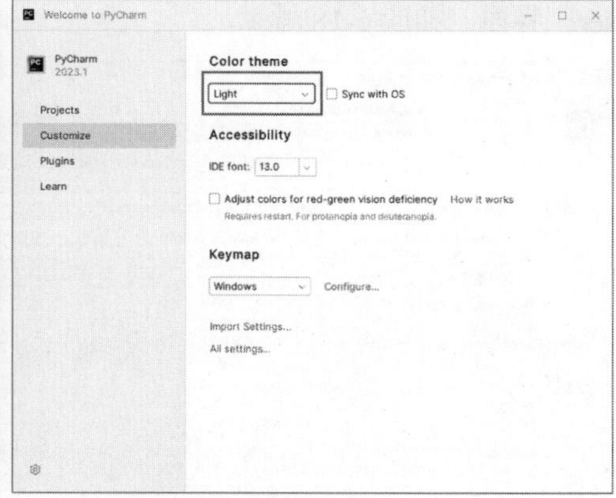

图1-22　选择颜色主题为“Light”

（2）在图 1-22 所示的窗口左侧选择“Projects”选项，切换回项目面板，单击该面板中的“New Project”按钮进入“New Project”窗口，如图 1-23 所示。

在图 1-23 中，“Location”选项用于设置项目的名称以及路径；“Python Interpreter”选项用于选择新环境或 Python 解释器，若选中“New environment using”单选按钮，则会使用新环境，并通过“Location”和“Base interpreter”指定新环境的位置和解释器的位置；若选中“Previously configured interpreter”单选按钮，则需要从“Interpreter”下拉列表中选择相应的解释器。

“Create a main.py welcome script”复选框用于选择是否将 main.py 文件添加到新创建的项目中，main.py 文件包含简单的 Python 示例代码，可以作为项目的起点。

（3）在图 1-23 所示的窗口中，填写项目的路径为 D:\PythonProject，名称为 first_proj；选中“Previously configured interpreter”单选按钮，从“Interpreter”下拉列表中选择之前安装的版本为 3.12 的解释器；取消勾选“Create a main.py welcome script”复选框。设置好的 New Project 窗口如图 1-24 所示。

（4）在图 1-24 所示的窗口中，单击“Create”按钮，在 D:\PythonProject 目录下创建一个名称为 first_proj 的项目，并进入项目管理窗口，如图 1-25 所示。

（5）在图 1-25 所示的窗口中，单击左上方的按钮，打开项目目录结构，如图 1-26 所示。

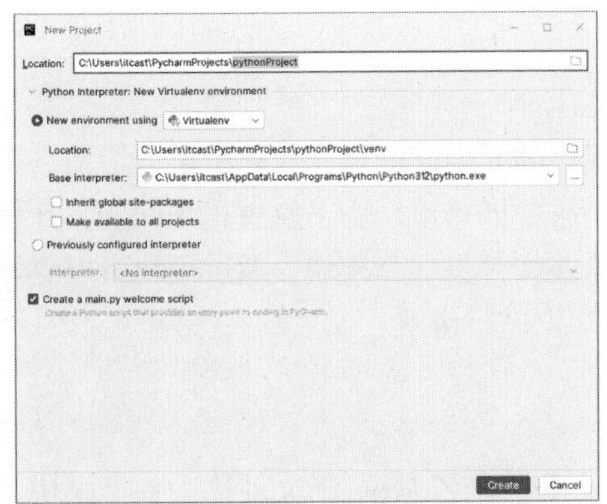

图1-23　“New Project”窗口

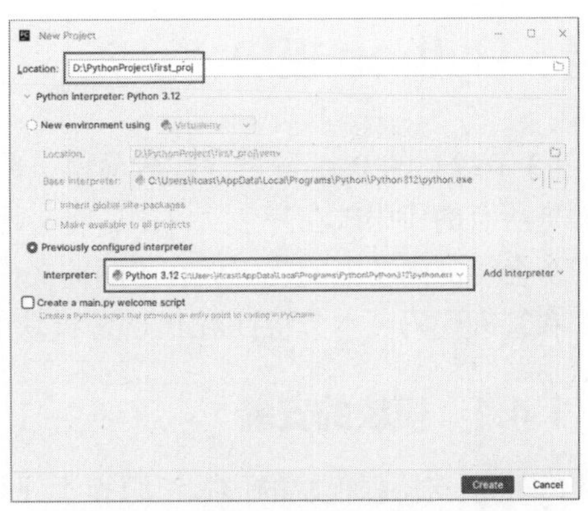

图1-24　设置好的“New Project”窗口

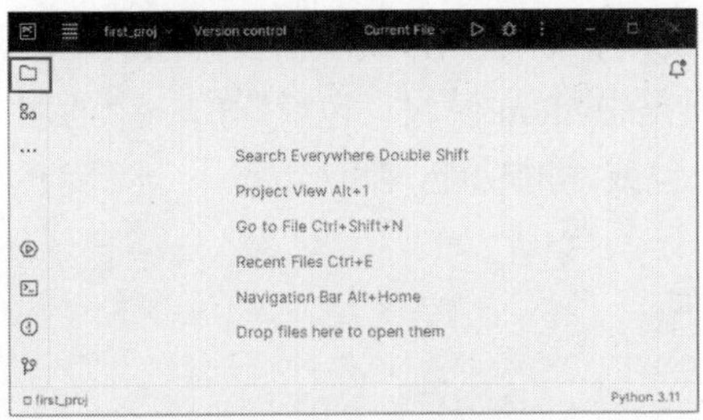

图1-25　项目管理窗口

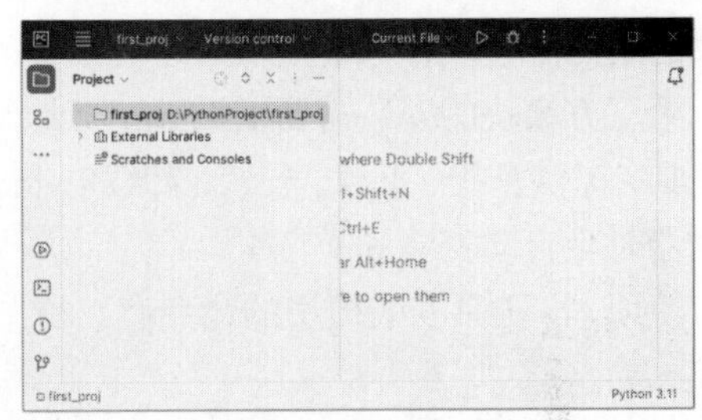

图1-26　项目目录结构

（6）在图 1-26 所示的窗口中，选中 first_proj 项目的根目录并右击，在弹出的菜单中选择“New”→“Python File”，弹出“New Python file”窗口，如图 1-27 所示。它用来给项目添加用于保存代码的 Python 文件。

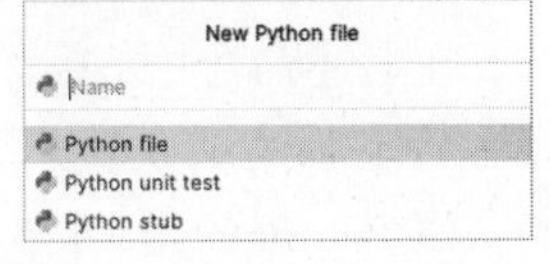

图1-27　“New Python file”窗口

若想取消添加文件，单击“New Python file”窗口以外的空白区域，关闭“New Python file”窗口。

（7）在图 1-27 所示的“Name”文本框中，填写 Python 文件的名称为 first，按回车键后会在 first_proj 项目的根目录下添加 first.py 文件。文件添加完成后的项目管理窗口如图 1-28 所示。

（8）此时窗口右侧面板中已自动打开了 first.py 文件，我们可以在光标位置编写代码。在 first.py 文件中编写如下代码：

```
print("纸上得来终觉浅，绝知此事要躬行。")
```

（9）代码编写完毕后，单击图 1-28 所示的窗口上方的▷按钮，或者按 Shift+F10 组合键运行该文件的代码，代码的运行结果会显示在窗口下方的控制台面板中，如图 1-29 所示。

从图 1-29 中可以看出，控制台中输出的结果为“纸上得来终觉浅，绝知此事要躬行。”说明 PyCharm 成功运行了代码。

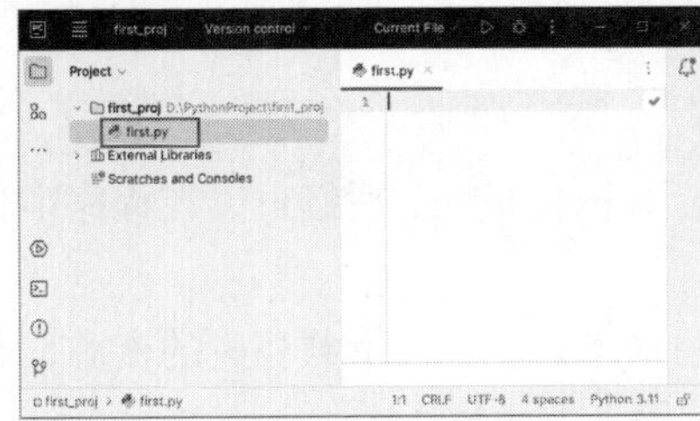

图1-28　文件添加完成后的项目管理窗口

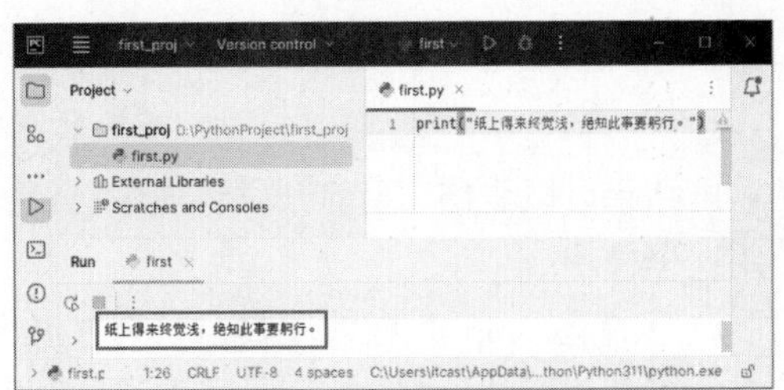

图1-29　代码的运行结果

1.4 Python 模块

1.3 节编写的 Python 程序比较简单，但随着程序的复杂度增加，代码量也会增加，如果仍然将所有的代码放在一个文件中，将会增加代码维护的难度。为了解决这个问题，开发人员通常会将不同功能的代码放在不同的文件中，这些文件被称为模块，通过模块可以更好地组织和管理代码。本节将针对 Python 模块的相关知识进行讲解。

1.4.1 模块的安装

Python 支持以模块的形式组织和管理代码，一个扩展名为.py 的文件称为一个模块，文件的名称为模块的名称。Python 内置了一些标准模块，Python 的一些使用者也贡献了丰富且强大的第三方模块，标准模块可以直接导入程序并使用，而第三方模块需要先安装后使用。

第三方模块的安装需要借助 pip 工具。pip 工具是 Python 模块、包或库的一个通用的管理工具，提供查找、下载、安装、卸载 Python 模块、包或库的功能。默认情况下，安装 Python 解释器时会自动安装 pip 工具。

使用 pip 工具安装模块的命令有三种，具体如下：

```
pip install 模块名
pip install 模块名==版本号
pip install 模块名 1 模块名 2 模块名 3 …
```

在上述命令中，第一个命令用于安装最新版本的模块；第二个命令通过指定版本号来安装特定版本的模块；第三个命令用于一次安装多个模块，多个模块名使用空格进行分隔。值得一提的是，pip 工具默认会到 Python Package Index（Python 包索引，PyPI）下载模块、包或库。PyPI 是 Python 的包索引和分发站点，也是一个包含大量 Python 模块、包和库的公共仓库。

例如，在开发环境中安装用于处理时区信息的 pytz 模块，具体命令如下：

```
pip install pytz
```

以上命令执行后，可以看到“命令提示符”窗口中显示了以下信息。

```
Installing collected packages: pytz
Successfully installed pytz-2024.1
```

从上述信息可以看出，当前开发环境中成功安装了 pytz 模块，版本为 2024.1。

如果想验证开发环境中是否有这个模块，那么可以在“命令提示符”窗口中执行 pip list 命令进行查看。例如，使用 pip list 命令查看当前开发环境中已经安装的模块，具体命令及执行结果如下所示：

```
C:\Users\itcast>pip list
Package            Version
---------------    -------
…
pytz                2024.1
```

从输出结果可以看出，当前开发环境中已经安装了 pytz 模块，后续可以在程序中直接导入并使用这个模块。

需要注意的是，pip 是在线工具，只有在联网的状态下才可以下载相应的资源，若网络未连接或网络环境不佳，则 pip 工具将无法顺利安装第三方模块。

1.4.2　模块的导入与使用

在使用模块之前，需要先将模块导入当前程序。Python 中使用 import 语句导入模块，import 语句支持一次导入一个模块，也支持一次导入多个模块。使用 import 语句导入模块的语法格式如下：

```
import 模块 1, 模块 2, …
```

例如，在程序中导入 pytz 模块，具体代码如下：

```
import pytz
```

模块导入后，可以通过点字符“.”使用模块中的内容，包括后面会介绍的变量、函数、类等。使用模块内容的语法格式如下：

```
模块.变量
模块.函数
模块.类
```

例如，通过 pytz 模块使用其中的 utc，具体代码如下：

```
pytz.utc
```

通过点字符“.”使用模块中的内容，可以避免在多个模块中存在同名变量、函数或类的情况下代码产生歧义，若不存在同名变量、函数或类，则可以使用“from 模块名 import...”直接将模块中的指定内容导入程序，并在程序中直接使用模块中的内容。

例如，在程序中导入 pytz 模块的 utc 变量，并直接使用该变量，具体代码如下：

```
from pytz import utc
utc
```

此外，使用“from 模块名 import…”语句还可以将指定模块的全部内容导入当前程序，这时只需要将 import 后面指定的内容替换为“*”即可。例如，在程序中导入 pytz 模块的全部内容，具体代码如下：

```
from pytz import *
```

需要注意的是，虽然使用“from 模块名 import *”可以方便地导入一个模块中的所有内容，但出于对代码的可维护性的考虑，我们不建议过多使用这种导入方式。

多学一招：代码的组织方式——模块、包和库

在 Python 中，代码的组织方式有 3 个层次，分别是模块、包和库，关于它们的介绍如下。

- 模块是 Python 中基本的组织单位，它是一个包含变量、函数、类和语句的文件。通过将相关的功能代码放在一个模块文件中，可以实现代码的重用和模块化。
- 包是一个包含多个模块的目录。包的目录需要包含一个特殊的__init__.py 文件，用于指示该目录是一个包。包可以有多层次的结构，通过将相关的模块组织在一个包中，可以更好地管理和组织代码。
- 库是一个包含多个模块或包的集合，它提供了一组相关的功能和工具，用于解决特定的问题或实现特定的功能。例如，NumPy 是一个常用的科学计算库，它包含多个模块和包，提供了各种用于数值计算和数组操作的功能。

总的来说，合理地使用模块、包和库可以将代码组织成模块化、可维护和可重用的结构，提高开发效率和代码的可读性。

1.5　本章小结

本章首先从 Python 的发展历程和特点两个方面简单介绍了 Python；然后介绍了如何安装 Python 解释器、运行 Python 程序；接着介绍了常用的 Python 开发工具和 PyCharm 工具的下载、安装与使用；最后介绍了 Python 模块的安装、导入与使用。通过学习本章的内容，读者能够对 Python 语言有简单的认识，熟练搭建 Python 开发环境并熟悉模块的安装和使用。

1.6　习题

一、填空题

1. Python 是一门面向________的高级编程语言。
2. Python 可以在多种平台运行，这体现了 Python 语言________的特点。
3. Python 模块的本质是扩展名为________的文件。
4. Python 中使用________语句可以在当前程序中导入模块。
5. ________工具是 Python 模块、包或库的一个通用的管理工具。

二、判断题

1. 实现同一功能时，Python 程序比 C++程序的代码量多，运行速度快。（　　）
2. import 语句支持一次导入多个模块。（　　）
3. Python 程序的执行依赖 Python 解释器。（　　）
4. PyCharm 是 Python 的集成开发环境。（　　）
5. 模块文件的扩展名一定是.py。（　　）

三、选择题

1. （多选）下列选项中，不属于 Python 语言特点的有（　　）。

   A. 简洁　　B. 不开源　　C. 可移植性好　　D. 库丰富

2. 下列选项中，哪个不属于 Python 的应用领域？（　　）

   A. Web 开发　　B. 数据分析　　C. 人工智能　　D. 操作系统管理

3. 下列关于 Python 程序运行的说法中，错误的是（　　）。

   A. Python 程序的运行依赖 Python 解释器
   B. Python 程序可以通过解释器逐行解释并运行
   C. Python 程序只能通过解释器逐行运行
   D. Python 程序可以以文件的形式运行

四、简答题

1. 简述 Python 的特点。
2. 简述程序中导入与使用模块的几种方式。

五、编程题

请在 Python 开发工具中输入并运行以下程序，查看程序运行结果。

1. 以下程序用于整数求和：输入整数 n，计算 1～n 之和。

```
n = int(input("请输入一个整数："))
sum = 0
for i in range(1, n + 1):
```

```
    sum += i
print("1～%d 的求和结果为%d"%(n, sum))
```

2. 以下程序用于整数排序：输入 3 个整数，把这 3 个整数由小到大输出。

```
l = []
for i in range(3):
    x = int(input('请输入整数：'))
    l.append(x)
l.sort()
print(l)
```

3. 以下程序用于输出九九乘法表。

```
for i in range(1, 10):
    for j in range(1, i+1):
        print("%d×%d=%-2d "%(j, i, i*j), end = '')
    print('')
```

4. 以下程序用于绘制多个起点相同但大小不同的五角星，如图 1-30 所示。

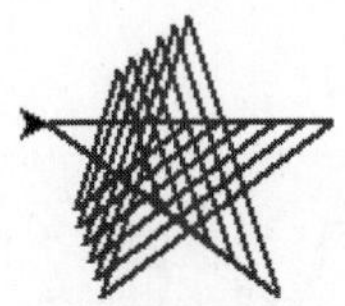

图1-30　重叠五角星

```
import turtle as t
def draw_fiveStars(leng):
    count = 1
    while count <= 5:
        t.forward(leng)                    # 向前走指定的像素
        t.right(144)                       # 向右转 144°
        count += 1
    leng += 10                             # 设置五角星的大小
    if leng <= 100:
        draw_fiveStars(leng)
def main():
    t.penup()
    t.backward(100)
    t.pendown()
    t.pensize(2)
    t.pencolor('red')
    segment = 50
    draw_fiveStars(segment)
    t.exitonclick()
if __name__ == '__main__':
    main()
```

第 2 章

Python基础知识

拓展阅读

学习目标

- ◆ 熟悉代码格式，能够归纳注释、缩进和语句换行的规范
- ◆ 熟悉标识符的命名规则，能够在程序中使用合法的标识符
- ◆ 熟悉关键字，能够列举至少 5 个关键字
- ◆ 掌握变量的定义与使用，能够熟练定义并使用变量访问数据
- ◆ 了解常用的数据类型，能够掌握每种数据类型的特点
- ◆ 掌握变量的输入与输出，能够通过 input()和 print()函数分别实现输入与输出的功能
- ◆ 掌握数字类型，能够在程序中正确处理数字类型的数据
- ◆ 掌握数字类型的转换，能够根据需要进行数字类型的转换
- ◆ 掌握运算符的使用，能够根据需要选择运算符进行运算

"万丈高楼平地起"，学习 Python 编程也是同样的道理。在开始编写 Python 程序之前，我们需要先掌握 Python 的基础知识。只有把基础打牢才能进入更高的学习阶段。本章将针对 Python 的基础知识，包括代码格式、标识符、关键字、变量、数据类型、数字类型和运算符等进行详细讲解。

2.1 代码格式

良好的代码格式可以显著提升代码的可读性。在 Python 中，代码格式不仅是一种规范，也是 Python 语法的一部分。不符合正确格式规范的 Python 代码可能无法正常执行。为了帮助读者编写规范的代码，本节将从注释、缩进和语句换行这 3 个方面对 Python 的代码格式进行讲解。

2.1.1 注释

注释是代码中的辅助性文字，用于标识代码的含义与功能，提高代码的可读性。注释在程序执行时会被 Python 解释器自动忽略，不会对程序产生任何影响。Python 程序中的注释分为单行注释和多行注释，下面分别介绍这两种注释的格式和功能。

1. 单行注释

单行注释以“#”开头，“#”后面的内容用于说明当前行或当前行之后的代码的功能。单行注释既可以单独占一行，也可以位于注释的代码之后，与注释的代码共占一行。示例代码如下：

```
# 我是单行注释
print('志当存高远')                    # 我也是单行注释
```

为了保证注释的可读性，Python 官方建议在“#”后面先添加一个空格，再添加相应的说明文字；若单行注释与其注释的代码共占一行，注释和代码之间至少应有两个空格。

2. 多行注释

多行注释是由 3 对双引号或单引号包裹的内容，主要用于说明函数或类的功能，因此多行注释也被称为说明文档。例如，Python 的内置函数 print()对应的多行注释如下：

```
"""
Prints the values to a stream, or to sys.stdout by default.
  sep
    string inserted between values, default a space.
  end
    string appended after the last value, default a newline.
  file
    a file-like object (stream); defaults to the current sys.stdout.
  flush
    whether to forcibly flush the stream.
"""
```

2.1.2　缩进

Python 使用缩进来确定代码之间的逻辑关系和层次关系，缩进指的是一行代码之前的空白区域。Python 中可以使用两种方法来控制缩进，分别是使用空格和使用 Tab 键，其中使用空格是首选的缩进方法，一般使用 4 个空格表示一级缩进。Python 不允许混合使用空格和 Tab 键来控制缩进。添加缩进后的代码从属于其上最近的一行非缩进或非同等级别缩进的代码，示例代码如下：

```
if True:
    print("True")
else:
    print("False")
```

上述代码中，第 2 行代码从属于第 1 行代码；第 4 行代码从属于第 3 行代码。

代码缩进量的不同会导致代码语义的改变，Python 语言要求同一代码段的每行代码必须具有相同的缩进量。程序中不允许出现无意义或不规范的缩进，否则运行时会产生错误。示例代码如下：

```
if True:
    print("Answer")
    print("True")
else:
    print("Answer")
  print("False")                       # 缩进量不一致，会导致运行错误
```

上述代码中，第 6 行与第 5 行代码的缩进量不一致，程序在运行时会出现错误，具体如下：

```
  File "E:\FastPrograms3\Chapter02\code01.py", line 6
    print("False")                                    # 缩进量不一致，会导致运行错误
                                                                ^
IndentationError: unindent does not match any outer indentation level
```

2.1.3 语句换行

在 Python 中，如果一条语句过长而无法在一行内完整显示，那么可以通过换行将这条语句分成多行显示，从而提高代码的可读性。Python 官方建议一行代码的长度不要超过 79 个字符，若超过最好进行换行显示。Python 中可以通过两种方式进行语句换行：一种方式是在未结束的代码的末尾加上符号“\”；另一种方式是使用小括号包裹代码。

使用符号“\”进行换行时，“\”位于未结束的代码的末尾，会连接下面的代码，构成一个语义完整的语句。示例代码如下：

```
side_01 = 3; side_02 = 4; side_03 = 5
# 使用“\”进行换行
result = side_01 + side_02 > side_03 or \
         side_02 + side_03 > side_01 or \
         side_01 + side_03 > side_02
```

使用小括号进行换行时，只需要将代码全部放到小括号中，此时小括号中的代码会被视为一个语义完整的语句，可以跨越多行显示。示例代码如下：

```
side_01 = 3; side_02 = 4; side_03 = 5
# 使用小括号进行换行
result = (side_01 + side_02 > side_03 or
          side_02 + side_03 > side_01 or
          side_01 + side_03 > side_02)
```

需要注意的是，如果代码中有小括号、中括号或大括号包裹的内容，那么可以对这些内容直接换行，不需要使用符号“\”或者小括号，这是因为 Python 默认会将小括号、中括号或大括号包裹的多行内容自动进行隐式连接。示例代码如下：

```
# 小括号包裹的内容进行换行显示
demo_one = ('one', 'two', 'three', 'four', 'five',
             'six', 'seven', 'eight', 'nine', 'ten')
# 中括号包裹的内容进行换行显示
demo_two = ['one', 'two', 'three', 'four', 'five',
            'six', 'seven', 'eight', 'nine', 'ten']
# 大括号包裹的内容进行换行显示
demo_thr = {'one': '壹', 'two': '贰', 'three': '叁', 'four': '肆',
            'five': '伍', 'six': '陆', 'seven': '柒', 'eight': '捌',
            'nine': '玖', 'ten': '拾'}
```

2.2 标识符和关键字

2.2.1 标识符

在现实生活中，为了方便交流，人们会用不同的名称标记不同的事物。例如，人们使用橘子、苹果、柠檬等名称标记不同的水果，当提到某水果名称时，人们自然就会明白它指代的是哪种水果。一些水果及其名称标识如图 2-1 所示。

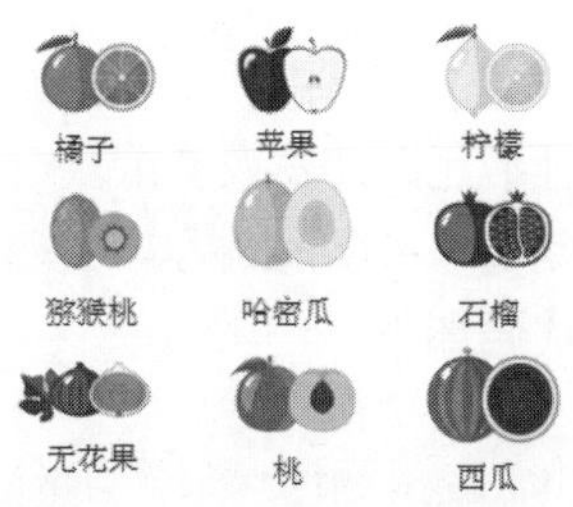

图2-1　一些水果及其名称标识

同理，为了明确某行代码使用的到底是哪个数据，代表的是哪一类信息，开发人员可以使用一些符号或名称作为程序中同一个数据或同一类信息的标识，这些符号或名称就是标识符，比如后面会介绍的变量名、函数名、类名等。

不以规矩，不能成方圆。Python 中的标识符在命名时，需要遵守一定的命名规则，具体如下。

- Python 中的标识符由字母、数字或下画线组成，且不能以数字开头。
- Python 中的标识符区分大小写。例如，andy 和 Andy 是不同的标识符。
- Python 不允许使用关键字作为标识符。关键字将在 2.2.2 小节介绍。

下面列举一些合法的标识符，具体如下：

```
student                                  # 全部是小写字母
LEVEL                                    # 全部是大写字母
Flower                                   # 大写字母、小写字母混合
Flower123                                # 大写字母、小写字母、数字混合
Flower_123                               # 大写字母、小写字母、数字、下画线混合
```

下面列举一些不合法的标识符，具体如下：

```
from#12                                  # 标识符不能包含#符号
2ndObj                                   # 标识符不能以数字开头
if                                       # if 是关键字，不能作为标识符
```

除了以上规则外，对于 Python 标识符的命名还有以下两点建议。

（1）见名知意。标识符应具有明确的含义，尽量做到用户一看便知道标识符的意义。例如，使用 name 标识姓名，使用 student 标识学生。

（2）命名格式规则。为了区分程序中不同地方使用的标识符，Python 有一些约定俗成的命名格式规则，涵盖了变量名、常量名、模块名、函数名和类名，具体规则如下。

- 变量名使用小写的单个单词或由下画线连接的多个单词，如 name、native_place。
- 常量名使用大写的单个单词或由下画线连接的多个单词，如 ORDER_LIST_LIMIT、GAME_LEVEL。
- 模块名、函数名使用小写的单个单词或由下画线连接的多个单词，如 low_with_under、generate_random_numbers。
- 类名使用以大写字母开头的单个或多个单词，如 Cat、CapWorld。

尽管这些命名格式规则是约定俗成的，但在编程中保持一致的命名风格是一个好习惯。作为一名合格的开发人员，我们要始终保持严谨的学习态度，培养良好的编程习惯，并努力编写高质量的代码。这些努力将为我们的编程之旅奠定坚实的基础，并帮助我们成长为更好的开发人员。

2.2.2 关键字

关键字是 Python 已经使用的且不允许开发人员重复定义的标识符。Python 中一共定义了 35 个关键字，这些关键字全部存储在 keyword 模块的变量 kwlist 中，通过变量 kwlist 可获取 Python 中所有的关键字，示例代码如下：

```
import keyword
print(keyword.kwlist)
```

运行代码，将获取到的所有关键字按照一定格式排列，具体如下所示：

```
False      await      else       import     pass       None
break      except     in         raise      True       class
finally    is         return     and        continue   for
lambda     try        as         def        from       nonlocal
while      assert     del        global     not        with
async      elif       if         or         yield
```

Python 中的每个关键字都有不同的作用，通过“help("关键字")”可以查看关键字的详细信息。例如，查看关键字 import 的详细信息，示例代码如下：

```
print(help("import"))
```

运行代码，结果如下所示：

```
The "import" statement
**********************

import_stmt     ::= "import" module ["as" identifier]
    ("," module ["as" identifier])*
     | "from" relative_module "import" identifier ["as" identifier]
    ("," identifier ["as" identifier])*
     | "from" relative_module "import" "(" identifier ["as" identifier]
    ("," identifier ["as" identifier])* [","] ")"
     | "from" relative_module "import" "*"
module          ::= (identifier ".")* identifier
relative_module ::= "."* module | "."+
…
```

2.3 变量和数据类型

2.3.1 变量

计算机语言中变量的概念源于数学。在数学中，变量指用拉丁字母表示的、值不固定的数据。在计算机语言中，变量指能存储计算结果或表示值的抽象概念。程序在运行期间用到的数据会被保存在计算机的内存单元中，为了方便存取内存单元中的数据，Python 使用标识符来标识不同的内存单元，从而在程序中通过标识符来引用和操作存储在内存单元中的数据。

下面以存储数据 15 的变量和存储数据 20 的变量为例，它们对应的标识符分别为 num 和 data，变量与内存单元之间的关系如图 2-2 所示。

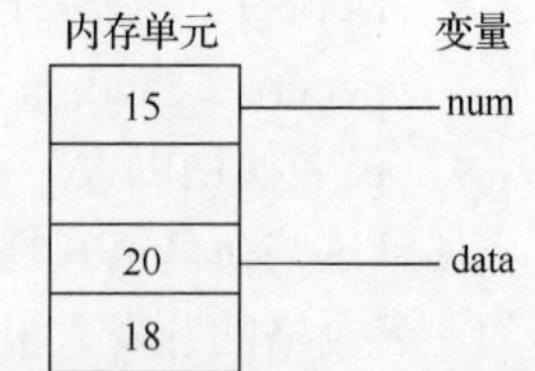

图2-2 变量与内存单元之间的关系

标识内存单元的标识符又称为变量名，Python 通过赋值运算符“=”将内存单元中存储的数据与变量名建立联系，即定义变量，具体语法格式如下：

```
变量名 = 值
```

当定义了一个变量并将一个值赋给它时，Python 会在内存中为该值分配一个合适大小的内存单元，并将变量与内存单元进行关联。例如，将内存单元中存储的值 100 与变量名 data 建立联系，代码如下：

```
data = 100
```

此时若要使用变量，则需要通过变量名访问存储在内存中与该变量关联的值。例如，通过变量名 data 访问其对应的值，代码如下：

```
print(data)
```

上述代码中的 print()是一个内置函数，该函数会将变量 data 保存的数据输出到控制台上，此处读者只需要了解 print()的功能即可，在 2.3.3 小节会对其进行详细介绍。

运行代码，结果如下所示：

```
100
```

2.3.2　数据类型

根据数据存储形式的不同，Python 中常用的数据类型可以分为两类，分别是数字类型和组合数据类型，其中组合数据类型相对复杂，包括字符串类型、列表类型、元组类型、集合类型、字典类型等。下面先介绍常用的数据类型。

1. 数字类型

数字类型用于表示不同种类的数值数据，分为整数类型（简称“整型”，int）、浮点型（float）、复数类型（complex）和布尔类型（bool），其中整型、浮点型和复数类型的数据分别对应数学中的整数、实数和复数；布尔类型比较特殊，用于表示真（True）或假（False）的逻辑值。

数字类型数据的示例如下：

```
0            # 整型
101          # 整型
-239         # 整型
3.1415       # 浮点型
4.2E-10      # 浮点型
-2.334E-9    # 浮点型
3.12+1.23j   # 复数类型
-1.23-93j    # 复数类型
True         # 布尔类型
False        # 布尔类型
```

2. 字符串类型

字符串类型用于表示文本数据，由单引号、双引号或者三引号包裹一系列字符。示例代码如下：

```
'Python123￥'                                 # 使用单引号包裹
"Python4*&%"                                  # 使用双引号包裹
'''Python s1 ~(())'''                         # 使用三引号包裹
```

3. 列表类型

列表类型可以保存任意数量、任意类型的元素，这些元素是有顺序、可重复的，并且可以被修改为其他元素。Python 中一般使用中括号“[]”创建列表，在中括号中可以放入多个元素，多个元素以英文逗号进行分隔，示例代码如下：

```
[1, 2, 'apple']                               # 这是一个列表
```

4. 元组类型

元组类型与列表的作用相似，它也可以保存任意数量、任意类型的元素，这些元素是有顺序的、可重复的，但是不可以被修改。Python 中一般使用小括号“()”创建元组，在小括号中可以放入多个元素，多个元素以英文逗号分隔，示例代码如下：

```
(1, 2, 'apple')                                    # 这是一个元组
```

5. 集合类型

集合类型与列表、元组类似，它也可以保存任意数量、任意类型的元素，但是这些元素之间没有特定的顺序，并且每个元素必须是唯一的。Python 中一般使用大括号“{}”创建集合，在大括号中可以放入多个元素，多个元素以英文逗号分隔，示例代码如下：

```
{'apple', 'orange', 1}                             # 这是一个集合
```

6. 字典类型

字典类型可以保存任意数量的元素，不过元素是“Key:Value”形式的键值对，键不能重复。Python 中一般使用大括号“{}”创建字典，在大括号中可以放入多个元素，多个元素以英文逗号分隔，示例代码如下：

```
{"name": "张三", "age": 18}                        # 这是一个字典
```

多学一招：type()函数——查看变量的类型

Python 是一种动态类型语言，在定义变量时不需要指定其具体的类型。Python 解释器会根据程序执行时赋予变量的值自动确定变量的数据类型，可以通过 type()函数查看变量所存储的数据的具体类型。

例如，创建一个字典，通过 type()函数查看这个字典的数据类型，具体代码如下：

```
dict_demo = {"name": "zhangsan", "age": 18}
print(type(dict_demo))                          # 查看数据类型
```

运行代码，结果如下所示：

```
<class 'dict'>
```

由以上输出结果可知，变量 dict_demo 中保存的数据的类型是 dict。

2.3.3 变量的输入与输出

程序要实现人机交互功能，需要从输入设备接收用户输入的数据，且向显示设备输出数据。Python 提供了 input()函数和 print()函数分别实现数据的输入与输出。

1. input()函数

input()函数用于接收用户从键盘输入的数据，返回一个字符串类型的数据，其语法格式如下所示：

```
input([prompt])
```

以上语法格式中的 prompt 是 input()函数的参数，用于设置接收用户输入时的提示信息，可以省略。

下面演示 input()函数的用法，示例代码如下：

```
user_name = input('请输入账号：')        # 接收用户输入的账号
password = input('请输入密码：')         # 接收用户输入的密码
print('登录成功！')
```

运行代码，根据提示在控制台中输入账号，输入完成后按回车键，然后输入密码，再次按回车键，运行结果如下：

```
请输入账号：itcast
请输入密码：123456
登录成功！
```

2. print()函数

print()函数用于向控制台中输出数据，它可以输出任何类型的数据，其语法格式如下：

```
print(*objects, sep=' ', end='\n', file=None, flush=False)
```

以上语法格式中各参数的含义如下。

- *objects：表示输出的数据。输出多个数据时，数据需要用英文逗号分隔。
- sep：可选参数，用于设定数据之间使用的分隔符，默认值为空格。
- end：可选参数，用于设定输出结果以什么结尾，默认值为换行符 \n。
- file：可选参数，表示数据要写入的文件对象，默认值为 sys.stdout（表示标准输出文件，默认情况下程序会将结果输出到控制台）。
- flush：可选参数，表示是否刷新标准输出流，默认值为 False（表示不刷新）。

接下来，通过输出个人基本信息的示例演示 print()函数的用法，示例代码如下：

```
name = '小明'
print('姓名：', name)        # 输出多个数据，第一个是字符串类型的数据，第二个是变量保存的数据
print('年龄：22')            # 输出一个字符串类型的数据
address = '北京'
print('地址：', address)     # 输出多个数据，第一个是字符串类型的数据，第二个是变量保存的数据
```

运行代码，结果如下所示：

```
姓名： 小明
年龄：22
地址： 北京
```

2.4 实训案例

2.4.1 输出购物小票

案例详情

购物小票又称购物收据，是指消费者购买商品时由商场或其他商业机构提供给用户的消费凭证。购物小票中一般包含用户购买的商品名称、数量、单价及总额等信息。某用户在某商场购买商品的购物小票如图 2-3 所示。

```
...................................
单号：DH202311010001
时间：2023-11-01 20:56:15
...................................
名称            数量    单价     金额
金士顿U盘8G      1     40.00    40.00
胜创16GTF卡      1     50.00    50.00
读卡器           1      8.00     8.00
网线2米          1      5.00     5.00
...................................
总数：4             总额：103.00
折后总额：103.00
实收：103.00        找零：0.00
收银：管理员
...................................
```

图2-3　购物小票

本案例要求编写代码，依次接收用户从键盘输入的商品价格，并根据价格输出图 2-3 所示的购物小票。

2.4.2 输出植树证书

蚂蚁森林是某公司客户端发起的“碳账户”的一款公益活动，用户通过步行、地铁出行、在线消费等行为，可在蚂蚁森林中获取能量，当能量达到一定数值后，用户可以在支付宝中申请种植一棵树，申请成功后会收到某公司发放的一张植树证书。植树证书中包含树苗编号、申请时间、种植地点等信息，具体如图 2-4 所示。

案例详情

植树证书

小智 谢谢你：

你申请种植的 花棒 ，将由伊利公益基金会负责种下。查看种植进程>

树苗编号：NO.HBI66308960305

申请时间：2023年11月10日

种植地点：鄂尔多斯

图2-4 植树证书

本案例要求编写代码，根据用户输入的昵称和植物名称实现输出图 2-4 所示植树证书的功能。

2.5 数字类型

2.5.1 整型

整型用于表示整数，例如 100、101、-100、-101 等。Python 中整型数据的大小没有限制，只要计算机的内存足够大，用户就无须考虑内存溢出问题。

整型常用的记数方式有 4 种，分别是二进制、八进制、十进制和十六进制，默认的记数方式为十进制，其中二进制数以“0B”或“0b”开头，八进制数以数字“0o”或“0O”开头，十六进制数以“0x”或“0X”开头。接下来，分别以 4 种记数方式表示整型数据 5，示例代码如下：

```
5                                                  # 十进制数
0b101                                              # 二进制数
0o5                                                # 八进制数
0x5                                                # 十六进制数
```

为了方便用户使用不同进制的数据，Python 中提供了一些用于转换数据进制的函数，分别是 bin()、oct()、int()、hex()，这些函数都可以将一种进制的整型数据转换为其他进制的整型数据，如表 2-1 所示。

表 2-1 用于整型数据的进制转换的函数

函数	说明
bin(x)	将 x 转换为二进制数
oct(x)	将 x 转换为八进制数
int(x)	将 x 转换为十进制数
hex(x)	将 x 转换为十六进制数

下面演示表 2-1 中各函数的用法，示例代码如下：

```
decimal = 10                        # 十进制数
bin_num = 0b1010                    # 二进制数
print(bin(decimal))                 # 将十进制数 10 转换为二进制数
print(oct(decimal))                 # 将十进制数 10 转换为八进制数
print(int(bin_num))                 # 将二进制数 0b1010 转换为十进制数
print(hex(decimal))                 # 将十进制数 10 转换为十六进制数
```

运行代码，结果如下所示：

```
0b1010
0o12
10
0xa
```

2.5.2　浮点型

浮点型用于表示实数，实数由整数部分、小数点和小数部分组成，如 3.1415926、0.90、-10.0。Python 中一般可以直接使用小数点的形式表示浮点型数据，示例如下：

```
1.09999           1.2021            314.15926
-2.36             -10.0632          -100.03
```

当需要表示较大或较小的实数时，直接使用小数点形式会出现冗长的数字。为了简化这种表示形式，可以使用科学记数法表示浮点型数据。科学记数法会把一个数表示成 a 与 10 的 n 次幂相乘的形式：

$$a\times10^{n}\ (1\leqslant |a|<10,\ n\in \mathbf{N})$$

Python 使用字母 e 或 E 表示底数 10，示例代码如下：

```
-3.14e10                      # 相当于-3.14×10^10，结果为-31400000000
3.14e-10                      # 相当于3.14×10^-10，结果为0.000000000314
```

Python 中的浮点型是双精度的，每个浮点型数据占 8 个字节（即 64 位）的存储空间。这种双精度的浮点型数据遵守 IEEE 754 标准，其中 52 位用于存储尾数，11 位用于存储阶码，剩余 1 位用于存储符号。

Python 中浮点型数据的取值范围为-1.8e308～1.8e308，若超出这个范围，Python 会将数据视为无穷大（inf）或无穷小（-inf）。示例代码如下：

```
print(3.14e500)
print(-3.14e500)
```

运行代码，结果如下所示：

```
inf
-inf
```

2.5.3　复数类型

复数类型用于表示复数，复数的一般形式为 real+imagj 或 real+imagJ，其中 real 是实部，表示复数的实数部分；imag 是虚部，表示复数的虚数部分；j 或 J 是虚数单位。注意，实部可以直接省略；虚部后面必须有虚数单位，虚数单位不能单独存在。示例代码如下：

```
complex_one = 1 + 2j          # 实部为1，虚部为2
complex_two = 2j              # 虚部为2
```

可以通过 complex()函数创建复数，该函数的使用方式为 complex(实部,虚部)，我们需要根据需求传入相应的实部和虚部。若没有传入虚部，则虚部默认为 0。示例代码如下：

```
complex_one = complex(3, 2)      # 创建复数，分别传入实部和虚部
print(complex_one)
complex_two = complex(5)         # 创建复数，只传入实部
print(complex_two)
```

运行代码，结果如下所示：

```
(3+2j)
(5+0j)
```

从上述结果可以看出，控制台中输出了两个复数，即(3+2j)和(5+0j)，可能有的读者会有这样的疑问：为什么输出结果中的复数有小括号呢？实际上这是 print()函数输出复数的默认格式，默认会使用小括号包裹复数，以便清晰地展示出复数是实部和虚部的组合。

通过 real 和 imag 属性可以单独获取复数的实部和虚部，具体使用方式为“复数.real”和“复数.imag”，示例代码如下：

```
complex_one = 1 + 2j
print(complex_one.real)                      # 获取复数的实部
print(complex_one.imag)                      # 获取复数的虚部
```

运行代码，结果如下所示：

```
1.0
2.0
```

2.5.4 布尔类型

布尔类型用于表示逻辑判断的真或假，真对应的取值是 True，假对应的取值是 False。Python 中，对任何数据进行逻辑判断后都可以得到一个布尔值，布尔值为 False 的常见数据如下：

- None；
- 任何值为 0 的数字类型的数据，如 0、0.0、0j；
- 任何空的组合数据类型的数据，如空字符串、空元组、空列表、空集合、空字典。

上述数据中，None 是一个特殊的空值，表示没有值。除了上述列举的数据外，其他数据的布尔值一般都是 True。Python 中可以使用 bool()函数检测数据的布尔值，示例代码如下：

```
print(bool(None))                  # 检测 None 的布尔值
print(bool(0))                     # 检测整型数据 0 的布尔值
print(bool(3.1415))                # 检测浮点型数据 3.1415 的布尔值
print(bool(0j))                    # 检测复数类型数据 0j 的布尔值
print(bool('hello'))               # 检测字符串'hello'的布尔值
print(bool(1))                     # 检测整型数据 1 的布尔值
```

运行代码，结果如下所示：

```
False
False
True
False
True
True
```

从上述结果可以看出，None、0 和 0j 对应的布尔值都是 False，3.1415、'hello'和 1 对应的布尔值都是 True。

2.5.5 数字类型转换

Python 内置了一系列可强制转换数据类型的函数，使用这些函数可将目标数据转换为指定的类型，其中用于转换数字类型的函数有 int()、float()、complex()，如表 2-2 所示。

表 2-2 用于转换数字类型的函数

函数	说明
int(x[, base])	将 x 转换为整型数据，x 的值可以是整型、浮点型、布尔类型的数据，或者符合整型规范的字符串。base 表示进制数，它的取值为 2 到 36 的整数，如果没有使用 base 指定进制数，则会将 x 转换为十进制整数

续表

函数	说明
float(x)	将 x 转换为一个浮点型数据，x 的值可以是整型、浮点型、布尔类型的数据，或者符合浮点型规范的字符串
complex(x)	将 x 转换为复数类型数据，x 的值可以是任意数字类型的数据，或者符合复数类型规范的字符串

需要注意的是，当通过 int()函数将浮点型数据转换为整型数据时只保留整数部分，舍去小数部分。另外，通过 int()函数将布尔类型的数据转换为整型数据时，会将 True 转换成 1，将 False 转换成 0。

下面演示表 2-2 中各函数的用法，示例代码如下：

```
num_one = 2.0
print(int(num_one))                    # 将浮点型数据转换为整型数据
num_two = 5
print(float(num_two))                  # 将整型数据转换为浮点型数据
print(complex(num_one))                # 将浮点型数据转换为复数类型的数据
words_one = '10.01'
print(float(words_one))                # 将字符串类型的数据转换为浮点型数据
words_two = '10'
print(int(words_two))                  # 将字符串类型的数据转换为整型数据
words_three = '1+2j'
print(complex(words_three))            # 将字符串类型的数据转换为复数类型的数据
```

运行代码，结果如下所示：

```
2
5.0
(2+0j)
10.01
10
(1+2j)
```

注意，如果字符串中的所有内容是除十进制以外的其他进制的数据，那么使用 int()函数将该字符串转换成整型数据时，需要使用 base 指定要转换的进制数。示例代码如下：

```
words_four = '0b1010'          # 字符串中包含二进制数
print(int(words_four, base=2)) # 将字符串转换为整型数据时，通过 base 指定要转换为二进制数据
```

运行代码，结果如下所示：

```
10
```

2.6　运算符

Python 运算符是一种特殊的符号，主要用于在表达式中对操作数执行特定操作或者计算。根据操作数数量的不同，运算符可以分为单目运算符和双目运算符；根据运算符功能的不同，运算符可以分为算术运算符、赋值运算符、比较运算符、逻辑运算符、成员运算符和位运算符。当一个表达式中包含多个运算符时，Python 将根据运算符的优先级确定它们的运算顺序。本节将按功能详细介绍 Python 中的运算符，并介绍运算符的优先级。

2.6.1 算术运算符

算术运算符主要用于执行基本的数学运算，比如加法、减法、乘法、除法等。Python 中的算术运算符包括+、−、*、/、//、%和**，它们都是双目运算符，能够对两个操作数进行相应的数学运算。

下面以 a = 2，b = 8 为例，介绍算术运算符的功能及示例，具体如表 2-3 所示。

表 2-3 算术运算符

运算符	功能说明	示例
+	加法运算符，用于计算两个操作数相加后的和	a + b，结果为 10
−	减法运算符，用于计算两个操作数相减后的差	a −b，结果为−6
*	乘法运算符，用于计算两个操作数相乘后的积	a * b，结果为 16
/	除法运算符，用于计算两个操作数相除后的商，结果是浮点数类型	a / b，结果为 0.25
//	整除运算符，用于计算两个操作数相除后的商，结果取商的整数部分	a // b，结果为 0
%	取模运算符，用于计算两个操作数相除后的余数	a % b，结果为 2
**	幂运算符，用于对数值进行幂运算	a ** b，结果为 256

Python 中的算术运算符既支持对相同类型的数值进行运算，也支持对不同类型的数值进行混合运算。在进行混合运算时 Python 会强制将数值的类型进行类型转换，类型转换遵循如下原则。

（1）整型与浮点型进行混合运算时，将整型转化为浮点型。

（2）其他类型与复数类型进行运算时，将其他类型转换为复数类型。

接下来，使用整型数据分别与浮点型和复数类型的数据进行运算，示例代码如下：

```
print(10 / 2.0)                    # 整型数据 10 会转换为浮点型的数据 10.0
print(10 - (3 + 5j))               # 整型数据 10 会转换为复数类型的数据 10+0j
```

运行代码，结果如下所示：

```
5.0
(7-5j)
```

2.6.2 赋值运算符

赋值运算符用于将一个表达式或值赋给变量。最简单的赋值运算符是=，例如，使用赋值运算符=将整数 3 赋给变量 num，示例代码如下：

```
num = 3
```

赋值运算符=允许同时为多个变量赋值，既可以为多个变量赋同一个值，也可以为多个变量赋不同的值，示例代码如下：

```
x = y = z = 1                      # 变量 x、y、z 均赋为 1
a, b = 1, 2                        # 变量 a 赋为 1，变量 b 赋为 2
```

注意，当使用赋值运算符=同时为多个变量赋不同的值时，赋值运算符=左右两边的变量和值的数量必须保持一致，否则运行时会出现错误。

除此之外，Python 还有一种复合赋值运算符，复合赋值运算符同时具备算术运算和赋值两项功能。下面以变量 num 为例，介绍 Python 复合赋值运算符的功能及示例，具体如表 2-4 所示。

表 2-4　复合赋值运算符

运算符	功能说明	示例
+=	将右边的值与左边的变量相加，并将结果赋给左边的变量	num += 2 等价于 num = num+2
−=	将右边的值与左边的变量相减，并将结果赋给左边的变量	num −= 2 等价于 num = num − 2
*=	将右边的值与左边的变量相乘，并将结果赋给左边的变量	num *= 2 等价于 num = num* 2
/=	将左边的变量除以右边的值，并将结果赋给左边的变量	num /= 2 等价于 num = num/2
//=	将左边的变量整除右边的值，并将结果赋给左边的变量	num //= 2 等价于 num = num//2
%=	将左边的变量对右边的值取模，并将结果赋给左边的变量	num %= 2 等价于 num = num%2
**=	将左边的变量提升至右边值的次幂，并将结果赋给左边的变量	num **= 2 等价于 num = num**2

除了以上赋值运算符外，Python 3.8 中还新增了一个赋值运算符——海象运算符“:=”，该运算符用于在表达式内部同时为变量赋值和使用变量，因其形似海象的眼睛和长牙而得名。海象运算符的用法示例如下：

```
num_one = 1
result = num_one + (num_two:=2)   # 使用海象运算符为变量 num_two 赋值
print(result)
```

运行代码，结果如下所示：

```
3
```

2.6.3　比较运算符

比较运算符也叫关系运算符，用于比较其两边操作数。Python 中的比较运算符包括 = =、!=、>、<、>=、<=，它们通常用于布尔测试，测试的结果只能是 True 或 False。

下面以 x=2，y=3 为例，介绍比较运算符的功能及示例，具体如表 2-5 所示。

表 2-5　比较运算符

运算符	功能说明	示例
= =	比较两个操作数是否相等，如果相等返回 True	x= =y，返回 False
!=	比较两个操作数是否不相等，如果不相等返回 True	x!=y，返回 True
>	比较左操作数是否大于右操作数，如果大于返回 True	x>y，返回 False
<	比较左操作数是否小于右操作数，如果小于返回 True	x<y，返回 True
>=	比较左操作数是否大于或等于右操作数，如果大于或等于返回 True	x>=y，返回 False
<=	比较左操作数是否小于或等于右操作数，如果小于或等于返回 True	x<=y，返回 True

2.6.4　逻辑运算符

逻辑运算符可以把多个条件按照逻辑进行连接，变成更复杂的条件。Python 中使用 and、or、not 这 3 个关键字作为逻辑运算符，其中 and 与 or 为双目运算符，分别用于对两个操作数进行逻辑与、逻辑或运算；not 为单目运算符，用于对一个操作数进行逻辑非运算。

下面以 x=10，y=20 为例，介绍逻辑运算符的功能以及示例，具体如表 2-6 所示。

表 2-6　逻辑运算符

运算符	功能说明	示例
and	若两个操作数的布尔值均为 True，则返回右操作数，运算结果的布尔值为 True；若两个操作数的布尔值均为 False，则会返回左操作数，运算结果的布尔值为 False；若两个操作数的布尔值有一个为 False，则会返回布尔值为 False 的操作数	x and y 的结果为 20

续表

运算符	功能说明	示例
or	若左操作数的布尔值为 True，则返回左操作数，否则返回右操作数	x or y 的结果为 10
not	若操作数的布尔值为 True，则结果为 False	not x 的结果为 False

2.6.5 成员运算符

成员运算符用于检测给定数据是否存在于字符串、列表、元组、集合、字典等之中，关于它们的介绍如下。

- in：如果指定数据在上述数据类型中返回 True，否则返回 False。
- not in：如果指定数据不在上述数据类型中返回 True，否则返回 False。

成员运算符的用法示例如下：

```
x = 'Python'
y = 'P'
print(y in x)
print(y not in x)
```

运行代码，结果如下所示：

```
True
False
```

2.6.6 位运算符

位运算符用于对操作数的二进制位进行逻辑运算，操作数必须为整数。Python 中一共有 6 个位运算符，分别是<<、>>、&、|、^、~。下面通过一张表罗列这些位运算符的功能，具体如表 2-7 所示。

表 2-7 位运算符

运算符	功能说明
<<	操作数按位左移
>>	操作数按位右移
&	左操作数与右操作数执行按位与运算
|	左操作数与右操作数执行按位或运算
^	左操作数与右操作数执行按位异或运算
~	操作数按位取反

表 2-7 中每个位运算符的功能可能不容易理解，接下来，逐一介绍表 2-7 中罗列的位运算符，并通过示例进行演示，具体内容如下。

1. 按位左移运算符（<<）

按位左移是指将二进制形式操作数的所有位向左移动指定的位数，移出位被丢弃，移入位补 0。以十进制的整数 9 为例，当执行 9<<4 运算时，首先会将 9 自动转换为二进制数 00001001，然后将二进制数 00001001 的所有位向左移动 4 位，其运算过程和结果如图 2-5 所示。

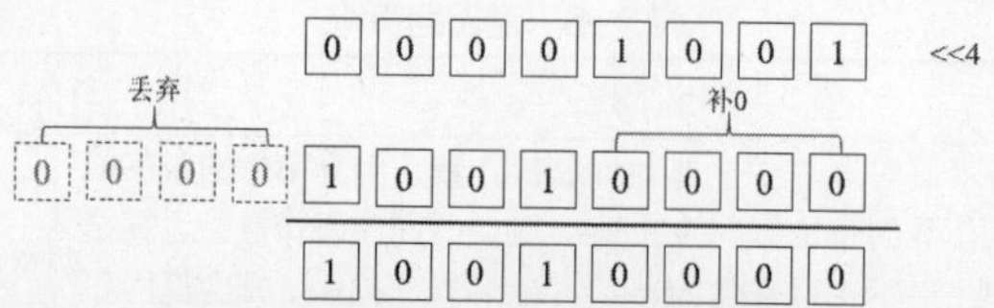

图2-5 按位左移的运算过程和结果

从图 2-5 中可以看出，二进制数 00001001 按位左移 4 位后的结果为 10010000。接下来，通过代码实现 9<<4 运算，示例代码如下：

```
a = 9
print(bin(a<<4))                    # 使用<<将变量 a 的值按位左移 4 位
```

运行代码，结果如下所示：

```
0b10010000
```

按位左移 *n* 位相当于操作数乘 2 的 *n* 次方，根据此原理可借助乘法运算符实现按位左移，例如，将 10 按位左移 3 位，利用乘法运算符进行计算即 10×2^3。

2. 按位右移运算符（>>）

按位右移是指将二进制形式操作数的所有位向右移动指定的位数，移出位被丢弃，移入位补 0。以十进制的整数 8 为例，当执行 8>>2 运算时，首先会将 8 自动转换为二进制数 00001000，然后将二进制数 00001000 的所有位向右移动 2 位，其运算过程和结果如图 2-6 所示。

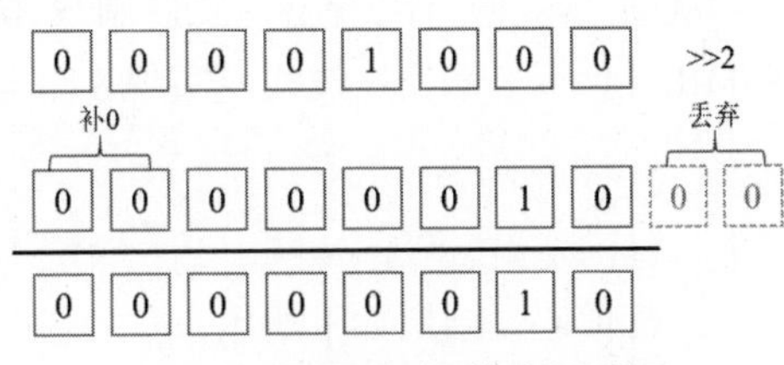

图2-6　按位右移的运算过程和结果

从图 2-6 中可以看出，二进制数 00001000 按位右移 2 位后的结果为 00000010。接下来，通过代码实现 8<<2 运算，示例代码如下：

```
a = 8
print(bin(a>>2))                    # 使用>>将变量 a 的值按位右移 2 位
```

运行代码，结果如下所示：

```
0b10
```

从上述结果可以看出，程序输出的结果为 0b10，之所以不是 0b00000010，是因为 Python 会自动省略没有实际意义的 0，并不改变数值。

按位右移 *n* 位相当于操作数除以 2 的 *n* 次方并向下取整，根据此原理可借助除法运算符实现按位右移运算，例如，将 10 按位右移 3 位，利用除法运算符进行计算即 $10\div2^3$，其结果等于 1.25，向下取整后为 1。

3. 按位与运算符（&）

按位与是指将参与运算的两个操作数对应的二进制位进行逻辑与运算。当对应的两个二进制位均为 1 时，结果位就为 1，否则为 0。以十进制的整数 9 和 3 为例，当执行 9&3 运算时，首先会将 9 和 3 分别自动转换为二进制数 00001001 和 00000011，然后将二进制数 00001001 和 00000011 的对应位进行逻辑与运算，其运算过程和结果如图 2-7 所示。

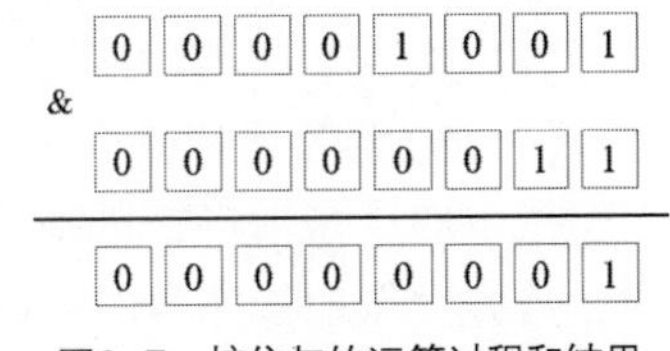

图2-7　按位与的运算过程和结果

从图 2-7 中可以看出，二进制数 00001001 和 00000011 进行按位与运算后的结果为 00000001。接下来，通过代码实现 9&3 运算，示例代码如下：

```
a = 9
b = 3
print(bin(a&b))                     # 使用&将变量 a 和 b 的值进行按位与运算
```

运行代码，结果如下所示：

```
0b1
```

4. 按位或运算符（|）

按位或是指将参与运算的两个操作数对应的二进制位进行逻辑或运算。若对应的两个二进制位有一个为 1 时，结果位就为 1，否则为 0。若参与运算的操作数为负数，则参与运算的两个操作数均以补码出现。以十进制整数 8 和 3 为例，当执行 8|3 运算时，首先会将 8 和 3 分别自动转换为二进制数 00001000 和 00000011，然后将二进制数 00001000 和 00000011 的对应位进行逻辑或运算，其运算过程和结果如图 2-8 所示。

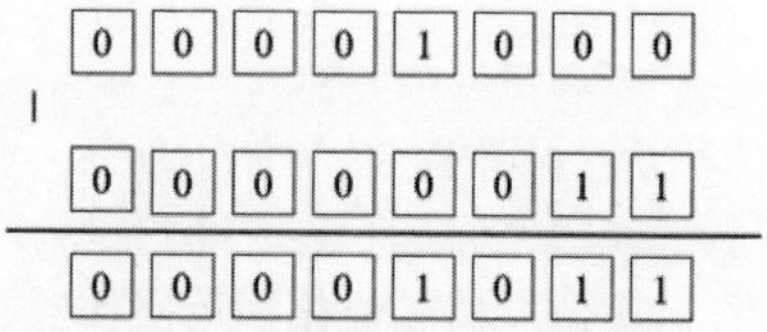

图2-8 按位或的运算过程和运算

从图 2-8 中可以看出，二进制数 00001000 和 00000011 进行按位或运算后的结果为 00001011。接下来，通过代码实现 8 | 3 运算，示例代码如下：

```
a = 8
b = 3
print(bin(a|b))                    # 使用|将变量 a 和 b 的值进行按位或运算
```

运行代码，结果如下所示：

```
0b1011
```

5. 按位异或运算符（^）

按位异或是指将参与运算的两个操作数对应的二进制位进行异或运算。当对应的两个二进制位中有一个为 1、另一个为 0 时，结果位为 1，否则结果位为 0。以十进制整数 8 和 4 为例，当执行 8^4 运算时，首先会将 8 和 4 分别自动转换为二进制数 00001000 和 00000100，然后将二进制数 00001000 和 00000100 的对应位进行异或运算，其运算过程和结果如图 2-9 所示。

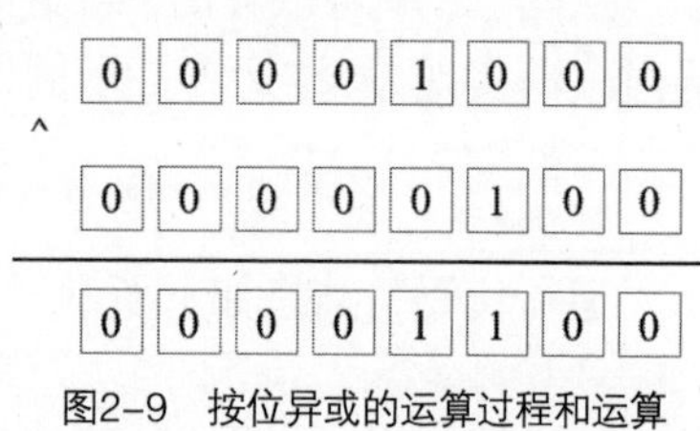

图2-9 按位异或的运算过程和运算

从图 2-9 中可以看出，二进制数 00001000 和 00000100 进行按位异或运算后的结果为 00001100。接下来，通过代码实现 8^4 运算，示例代码如下：

```
a = 8
b = 4
print(bin(a^b))                    # 使用^将变量 a 和 b 的值进行按位异或运算
```

运行代码，结果如下所示：

```
0b1100
```

6. 按位取反运算符（~）

按位取反是指将二进制的每一位进行取反，0 取反为 1，1 取反为 0。进行按位取反运算时，首先会获取操作数的补码，然后对补码进行取反，最后将取反结果转换为原码。例如，对 9 进行按位取反的运算过程如下。

（1）获取补码。9 的二进制数是 00001001，因为 9 是正数，计算机中正数的原码、反码和补码相等，所以 9 的补码仍然为 00001001。

（2）进行取反操作。对 9 的补码 00001001 进行取反操作，即将 0 变为 1，将 1 变为 0，取反后结果为 11110110。

（3）转换为原码。将 11110110 转换为原码时，转换规则为符号位不变，其他位取反，末位加 1。因此，11110110 除符号位之外再次取反后的结果为 10001001，末位加 1 后得到的结果为 10001010，即-10。

正数 9 按位取反的计算过程如图 2-10 所示。

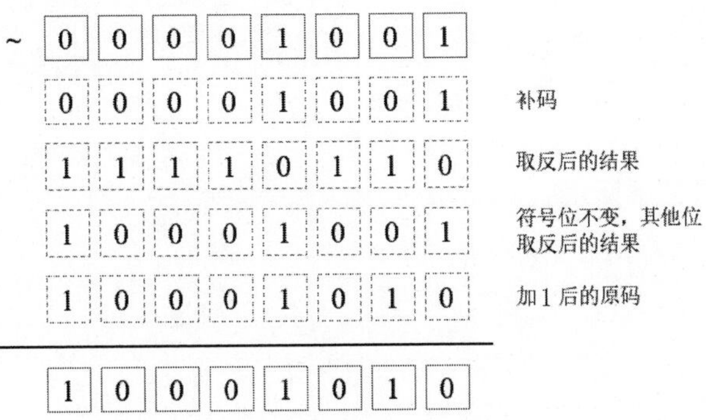

图2-10　正数9按位取反的计算过程

从图 2-10 中可以看出，二进制数 00001001 按位取反后的结果为 10001010。接下来，通过代码实现 ~ 9 运算，示例代码如下：

```
a = 9
print(bin(~a))                          # 使用 ~ 将变量 a 的值进行按位取反运算
```

运行代码，结果如下所示：

```
-0b1010
```

2.6.7　运算符优先级

Python 支持使用多个不同的运算符连接简单表达式实现相对复杂的功能，为了避免含有多个运算符的表达式出现歧义，Python 为每种运算符都设定了优先级。Python 中运算符的优先级如表 2-8 所示。

表 2-8　Python 中运算符的优先级

运算符	描述
**	幂运算符
*、/、%、//	乘法运算符、除法运算符、取模运算符、整除运算符
+、-	加法运算符、减法运算符
>>、<<	按位右移运算符、按位左移运算符
&	按位与运算符
^、|	按位异或运算符、按位或运算符
==、!=、>=、>、<=、<	比较运算符
in、not in	成员运算符
not、and、or	逻辑运算符
+=、-=、*=、/=、//=、%=、**=	复合赋值运算符
=	赋值运算符

需要说明的是，如果表达式中包含小括号，那么解释器会先执行小括号包裹的子表达式。接下来，通过一些示例来验证运算符的优先级，代码如下：

```
a = 20
b = 2
c = 15
```

```
result_01 = (a - b) + c                  # 先执行小括号中的表达式，再执行加法运算
result_02 = a / b % c                    # 先执行除法运算，再执行取余运算
result_03 = c ** b * a                   # 先执行幂运算，再执行乘法运算
print(result_01)
print(result_02)
print(result_03)
```

运行代码，结果如下所示：

```
33
10.0
4500
```

2.7 实训案例

2.7.1 间隔时间计算器

案例详情

间隔时间计算器是一款精确的时间计算工具，旨在帮助用户计算他们所输入的起始时间和结束时间之间的时间间隔。该计算器可以准确地计算时间间隔，并显示小时数、分钟数和秒数。

本案例要求编写代码，根据用户输入的起始时间和结束时间的小时数和分钟数，计算这两个时间之间的时间间隔。例如，用户输入的起始时间的小时数和分钟数分别为 17 和 10，结束时间的小时数和分钟数分别为 18 和 15，则计算器最终计算的时间间隔为 1 小时 5 分钟。

2.7.2 身体质量指数

案例详情

BMI（Body Mass Index，身体质量指数）与人的体重和身高相关，是目前国际常用的衡量人体胖瘦程度以及是否健康的一个指标。已知 BMI 的计算公式如下：

```
BMI= 体重（kg）÷身高（m）÷身高（m）
```

本案例要求编写代码，实现根据用户输入的身高、体重计算 BMI 的功能。

2.8 本章小结

本章主要介绍了 Python 基础知识，包括代码格式、标识符和关键字、变量和数据类型、数字类型以及运算符。本章内容简单易学，希望读者在初学 Python 时结合实训案例对本章内容多加应用，为后期深入学习 Python 打好基础。

2.9 习题

一、填空题

1. Python 中建议使用______个空格表示一级缩进。
2. 布尔类型的取值包括______和______。

3. 使用______函数可查看数据的类型。
4. float()函数用于将数据转换为______类型的数据。
5. 若 a=3，b=−2，则 a+=b 执行后 a 的结果为______。

二、判断题

1. Python 中可以使用关键字作为变量名。(　　)
2. 变量名可以以数字开头。(　　)
3. Python 标识符不区分大小写。(　　)
4. 布尔类型是特殊的浮点型。(　　)
5. 复数类型数据的实数部分可以为 0。(　　)

三、选择题

1. 下列选项中，用于在 Python 代码中添加单行注释的符号是（　　）。
   A. #　　B. /　　C. //　　D. <!-- -->
2. 下列选项中，不属于 Python 关键字的是（　　）。
   A. name　　B. if　　C. is　　D. and
3. 下列选项中，哪个数据的类型是属于数字类型的？（　　）
   A. 0　　B. 1.0　　C. 1+2j　　D. 以上全部
4. 若想要将 2 转换为二进制数 0b10，应该使用下列哪个函数？（　　）
   A. oct()　　B. bin()　　C. hex()　　D. int()
5. 下列选项中，不属于 Python 数据类型的是（　　）。
   A. bool　　B. dict　　C. string　　D. set

四、简答题

1. 请简单介绍 Python 中的数据类型和数字类型。
2. 请简述 Python 变量的命名规范。
3. 请简单介绍 Python 中的运算符。

五、编程题

1. 编写程序，要求程序能根据用户输入的数据计算圆的面积，并分别输出圆的直径和面积。提示：圆的面积计算公式为 $S=\pi r^2$，π 的取值为 3.14。

2. 已知某煤场有 29.5 吨（t）煤，先用一辆载重 4t 的汽车运送 3 次，剩下的用一辆载重为 2.5t 的汽车运送，请计算还需要运送几次才能运送完？编写程序，解答此问题。

第3章

流程控制

学习目标

- ◆ 掌握条件语句的用法，能够根据需求使用合适的条件语句
- ◆ 掌握循环语句的用法，能够根据需求使用合适的循环语句
- ◆ 掌握跳转语句的用法，能够在循环中使用跳转语句跳出本次循环或者结束循环

程序中的语句默认会按照自上而下的顺序逐条执行，但通过一些特定的语句可以更改语句的执行顺序，使之产生跳跃、回溯等现象，进而灵活地控制程序的执行流程。Python 中用于实现流程控制的特定语句主要分为条件语句、循环语句和跳转语句。本章将结合这些特定语句介绍与流程控制相关的知识。

3.1 条件语句

在现实生活中，不同的条件可能会引发不同的情境。比如，在 12306 网站购票时，用户只有通过身份验证才可以购票。在实际开发中，我们可以使用条件语句为程序设置条件，产生与条件匹配的分支，从而有选择地执行对应分支的语句。本节将针对条件语句的相关知识进行详细讲解。

3.1.1 if 语句

if 语句是最简单的条件语句，该语句由关键字 if、判断条件和英文冒号组成，if 语句和从属于该语句的代码段可组成选择结构，其语法格式如下：

```
if 判断条件:
    代码段
```

以上语法格式中的 if 关键字和英文冒号分别标识 if 语句的起始和结束，判断条件与 if 关键字以空格分隔，代码段通过缩进与 if 语句产生关联。

执行 if 语句时，若 if 语句的判断条件成立，即判断条件的布尔值为 True，则执行之后的代码段；若 if 语句的判断条件不成立，即判断条件的布尔值为 False，则跳出选择结构，继续向下执行。if 语句的执行流程如图 3-1 所示。

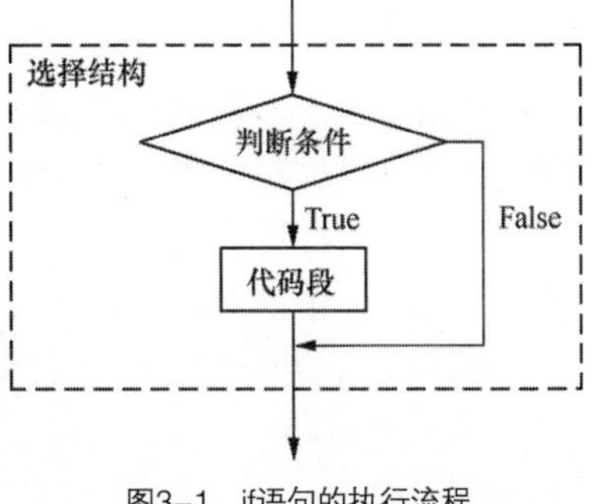

图3-1　if语句的执行流程

接下来，使用 if 语句实现一个考试成绩评估程序：如果考试成绩不低于 60 分，那么将此成绩评估为考试及格，假设小明的考试成绩为 88 分，输出小明的成绩评估结果。示例代码如下：

```
score = 88
if score >= 60:
    print("考试及格！")
```

运行代码，结果如下所示：

```
考试及格！
```

从上述输出结果可以看出，程序执行了 if 语句的代码段。

将以上示例代码中变量 score 的值修改为 55，再次运行代码，控制台中没有任何输出结果，说明程序未执行 if 语句的代码段。

3.1.2　if-else 语句

3.1.1 小节介绍的 if 语句只能处理满足条件的情况，但一些场景中不仅需要处理满足条件的情况，也需要对不满足条件的情况做特殊处理。因此，Python 提供了可以同时处理满足和不满足条件的情况的 if-else 语句。if-else 语句的语法格式如下：

```
if 判断条件:
    代码段 1
else:
    代码段 2
```

执行 if-else 语句时，如果判断条件成立，执行 if 语句之后的代码段 1，否则执行 else 语句之后的代码段 2。if-else 语句的执行流程如图 3-2 所示。

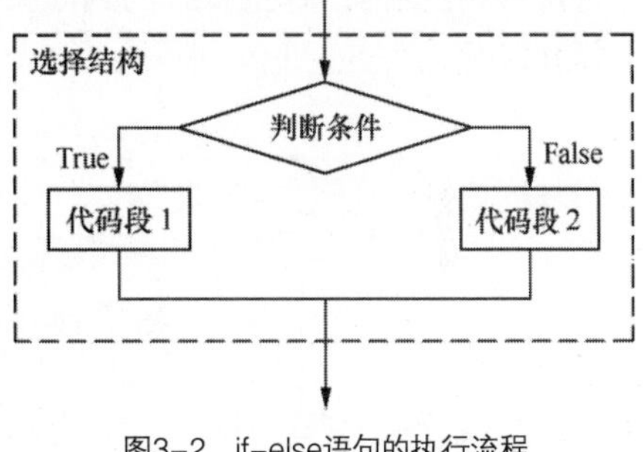

图3-2　if-else语句的执行流程

接下来，使用 if-else 语句优化考试成绩评估程序，使得该程序可以兼顾考试及格和考试不及格这两种评估结果。考试成绩评估程序优化后的代码如下：

```
score = 88
if score >= 60:
    print("考试及格！")
else:
    print("考试不及格！")
```

上述代码中，首先定义了一个表示考试成绩的变量 score，并将其赋为 88，然后使用 if-else 语句判断 score 的值是否大于或等于 60，其中 if 语句处理了 score 的值大于或等于 60 的情况，输出“考试及格！”；else 语句处理了 score 的值的其他情况，输出“考试不及格！”。

运行代码，结果如下所示：

```
考试及格！
```

将以上示例代码中变量 score 的值修改为 55，再次运行代码，结果如下所示：

```
考试不及格！
```

通过比较两次的输出结果可知，程序第一次执行了 if 语句后的代码段，输出了“考试及格！”；程序第二次执行了 else 语句后的代码段，输出了“考试不及格！”。

3.1.3 if-elif-else 语句

根据 3.1.2 小节的考试成绩评估程序可知，该程序只能评估考试及格和不及格的情况，但实际评估成绩时可能会将考试成绩划分为“优秀”“良好”“中等”“差”4 个等级。if-else 语句局限于两种情况，像这种存在 4 个等级的场景无法通过 if-else 语句进行处理。为了处理类似上述的一个事项涉及多种情况的场景，Python 提供了可以产生多个分支的 if-elif-else 语句。if-elif-else 语句的语法格式如下所示：

```
if 判断条件 1:
    代码段 1
elif 判断条件 2:
    代码段 2
elif 判断条件 3:
    代码段 3
…
elif 判断条件 n-1:
    代码段 n-1
else:
    代码段 n
```

以上语法格式的 if 关键字与判断条件 1 构成一个分支，elif 关键字与其他判断条件构成其他的任意个分支，else 关键字构成最后一个分支；每个分支与代码段之间均采用缩进的形式进行关联。

执行 if-elif-else 语句时，若 if 语句的判断条件 1 成立，执行代码段 1；若 if 语句的判断条件 1 不成立，判断 elif 语句的判断条件 2，判断条件 2 成立则执行代码段 2，否则继续向下执行。以此类推，直至所有的判断条件均不成立，执行 else 语句之后的代码段。if-elif-else 语句的执行流程如图 3-3 所示。

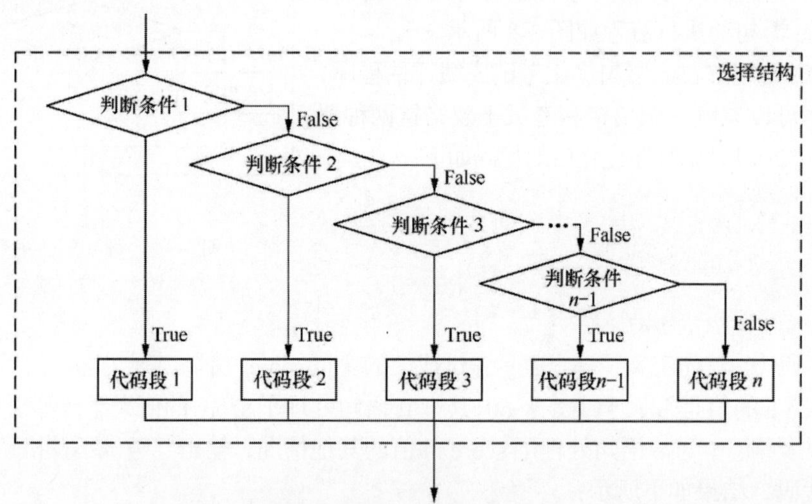

图3-3 if-elif-else语句的执行流程

接下来，使用 if-elif-else 语句优化考试成绩评估程序，使得该程序可以根据考试成绩做出“优秀”“良好”“中等”“差”这 4 个等级的评估，评估标准为：考试成绩不低于 85 分时，评估结果为“优秀”；考试成绩低于 85 且不低于 75 分时，评估结果为“良好”；考试成绩低于 75 且不低于 60 分时，评估结果为“中等”；考试成绩低于 60 分时，评估结果为“差”。

考试成绩评估程序优化后的代码如下：

```
score = 88
if score >= 85:
    print("优秀")
elif 75 <= score < 85:
    print("良好")
elif 60 <= score < 75:
    print("中等")
else:
    print("差")
```

上述代码中，首先定义了一个表示考试成绩的变量 score，并将其赋为 88，然后使用 if-elif-else 语句根据 score 的值分不同情况进行处理，其中 if 语句用于处理 score 的值大于或等于 85 的情况，输出“优秀”；第一个 elif 语句用于处理 score 的值大于或等于 75 且小于 85 的情况，输出“良好”；第二个 elif 语句用于处理 score 的值大于或等于 60 且小于 75 的情况，输出“中等”；else 语句用于处理 score 值的其他情况，输出“差”。

运行代码，结果如下所示：

```
优秀
```

3.1.4　if 嵌套

读者在某些火车站乘坐高铁出行时需要经历检票和安检两道程序：检票符合条件后方可进入安检程序，安检符合条件后方可进站乘坐高铁。这个场景中虽然涉及两个判断条件，但这两个判断条件并非选择关系，而是嵌套关系：先判断外层判断条件，该判断条件满足后才判断内层判断条件；两层判断条件都满足时才执行内层的操作。

Python 中通过 if 嵌套可以实现程序中条件语句的嵌套逻辑。if 嵌套的语法格式如下所示：

```
if 判断条件 1:                                # 外层选择结构
    代码段 1
    if 判断条件 2:                            # 内层选择结构
        代码段 2
...
```

执行 if 嵌套时，若外层判断条件 1 的值为 True，执行代码段 1，并对内层判断条件 2 进行判断：若内层判断条件 2 的值为 True，则执行代码段 2，否则跳出内层选择结构，顺序执行外层选择结构中内层选择结构之后的代码；若外层判断条件 1 的值为 False，直接跳过外层选择结构，既不执行代码段 1，也不执行内层选择结构。if 嵌套的执行流程如图 3-4 所示。

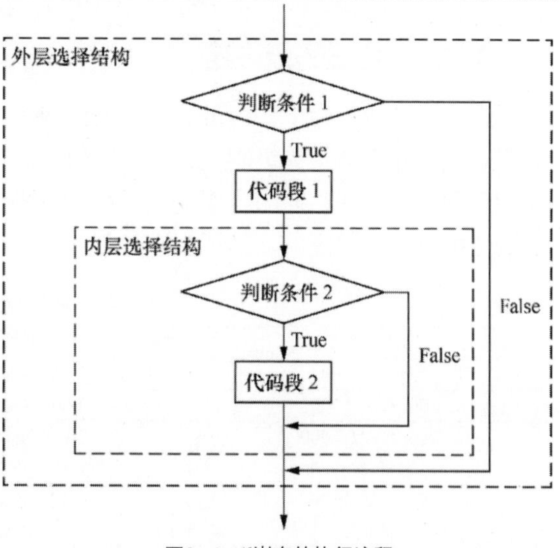

图3-4　if嵌套的执行流程

下面通过计算当月天数的案例演示 if 嵌套的用法。一年有 12 个月，每个月的总天数具有一定的规律：1、3、5、7、8、10、12 月有 31 天；4、6、9、11 月有 30 天；2 月的情况复杂一些，闰年的 2 月有 29 天，平年的 2 月有 28 天。本案例要求根据年份和月份计算当月的天数，具体代码如下：

```
year = 2024      # 年份
month = 2        # 月份
if month in  [1, 3, 5, 7, 8, 10, 12]: # 判断月份是否为1、3、5、7、8、10、12
    print("%d月有 31 天 " % month)
elif month in [4, 6, 9, 11]:          # 判断月份是否为4、6、9、11
    print("%d月有 30 天 " % month)
elif month == 2:                      # 判断月份是否为 2 月
    # 判断年份是否为闰年
    if year % 400 == 0 or year % 4 == 0 and year % 100 != 0:
        print("%d年%d月有29天" % (year, month))
    else:
        print("%d年%d月有28天" % (year, month))
```

上述代码中，首先定义了分别表示年份和月份的变量 year 和 month，然后使用 if-elif-else 语句根据 month 的值分 3 种情况进行处理。

（1）若 month 的值存在于列表[1, 3, 5, 7, 8, 10, 12]中，说明当前月份可能为 1 月、3 月、5 月、7 月、8 月、10 月或 12 月，输出当前月份有 31 天的提示信息。

（2）若 month 的值存在于列表[4, 6, 9, 11]中，说明当前月份为 4 月、6 月、9 月或 11 月，输出当前月份有 30 天的提示信息。

（3）若 month 的值等于 2，说明当前月份为 2 月，需要使用 if-else 语句根据 year 的值分两种情况进行处理：如果 year 的值能被 400 整除或能被 4 整除且不能被 100 整除，说明当年为闰年，输出当前月份有 29 天的提示信息；如果 year 的值为其他情况，说明当年为平年，输出当前月份有 28 天的提示信息。

运行代码，结果如下所示：

```
2024年2月有29天
```

3.2 实训案例

3.2.1 会员等级评定

案例详情

在现代商业社会中，会员等级制度已成为吸引和回馈忠诚客户的常见方式。通过建立会员等级制度，企业不仅可以提供个性化的服务和特权，还能激励客户保持长期的合作关系。假设某平台的会员等级是根据客户的消费金额和积分评定的，具体规则如表 3-1 所示。

表 3-1 会员等级的评定规则

消费金额/元	积分/分	会员等级
$M \geq 1000$	$S \geq 10000$	钻石会员
$500 \leq M < 1000$	$5000 \leq S < 10000$	白金会员
$200 \leq M < 500$	$2000 \leq S < 5000$	黄金会员
$100 \leq M < 200$	$1000 \leq S < 2000$	白银会员
$50 \leq M < 100$	$500 \leq S < 1000$	青铜会员
$M < 50$	$0 \leq S < 500$	普通会员

本案例要求编写程序，根据表 3-1 提供的规则实现会员等级的评定。

3.2.2　物流费用计算

案例详情

我国快递行业引入新技术和创新业务模式，使我国目前已经成为全球较大、较为活跃的快递市场之一。快递行业的高速发展，使得我们邮寄物品变得方便快捷。某快递点提供华东地区、华南地区、华北地区的寄件服务，其中华东地区编号为 01、华南地区编号为 02、华北地区编号为 03。该快递点寄件价目如表 3-2 所示。

表 3-2　该快递点寄件价目

地区编号	首重寄件价目（≤2kg）	续重寄件价目（元/kg）
华东地区（01）	13 元	3
华南地区（02）	12 元	2
华北地区（03）	14 元	4

本案例要求编写程序，根据表 3-2 提供的数据实现物流费用的计算。

3.3　循环语句

在某些情况下，程序可能需要重复执行某个操作。例如，当用户登录平台时，因为其长时间未登录可能会忘记密码，所以需要反复输入账号和密码，直到达到平台设定的输入次数限制或成功登录为止。为了满足这种需求，Python 提供了循环语句，使用该语句能以简洁的代码重复执行某个操作。Python 中的循环语句包括 while 语句和 for 语句。本节将针对循环语句进行详细讲解。

3.3.1　while 语句

while 语句一般用于实现条件循环，该语句由关键字 while、循环条件和英文冒号组成，while 语句和从属于该语句的代码段组成循环结构，其语法格式如下：

```
while 循环条件:
    代码段
```

以上语法格式中的 while 关键字和英文冒号分别标识 while 语句的起始和结束，循环条件与 while 关键字以空格分隔，代码段通过缩进与 while 语句产生关联。

执行 while 语句时，若循环条件的值为 True，则执行之后的代码段，执行完代码段之后再次判断循环条件，如此往复，直至循环条件的值为 False 时循环终止，执行循环之后的代码。while 语句的执行流程如图 3-5 所示。

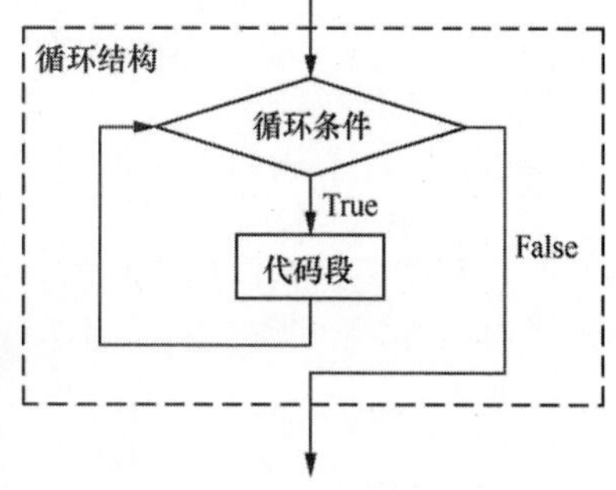

图3-5　while语句的执行流程

接下来，使用 while 语句计算 1+2+3+…+10 的结果，示例代码如下：

```
i = 1               # 保存要计算的数字，初始值为 1
result = 0          # 保存累加的结果，初始值为 0
while i <= 10:      # 使用 while 语句实现 1～10 的累加
    result += i
    i += 1
print(result)       # 输出累加后的结果
```

以上示例代码中变量 i 是循环因子，其初始值为 1，会随循环次数累加；变量 result 用于保存累加的结果，其初始值为 0。首次执行 while 语句时，因为 i<=10 的值为 True，所以会执行循环中的代码段，使得 result 的值由 0 变为 1、i 的值由 1 变为 2；再次判断 i<=10，如此往复，直至 i 的值变为 11 时，i<=10 的值变为 False，循环结束，执行循环之后的输出语句，输出 result 的值。

运行代码，结果如下所示：

```
55
```

若希望程序可以一直重复执行某个操作，则可以将循环条件的值设为 True，如此便进入无限循环。下面是无限循环的示例代码：

```
while True:
    print("我是无限循环")
```

以上示例代码执行后会在控制台中一直输出“我是无限循环”。若希望程序能够停止输出，需要通过单击终止运行按钮或其他方式手动终止程序。

需要注意的是，虽然在实际开发中有些程序需要无限循环，比如游戏的主程序、操作系统中的监控程序等，但无限循环会占用大量内存，影响程序和系统的性能，开发人员需酌情使用。

3.3.2 for 语句

for 语句一般用于实现遍历循环。遍历指逐一访问目标对象中的元素，例如逐个访问字符串中的字符；遍历循环指在循环中完成对目标对象的遍历。for 语句的语法格式如下：

```
for 临时变量 in 目标对象:
    代码段
```

以上语法格式中的目标对象可以是字符串、文件或后续将会学习的其他组合类型数据；临时变量用于保存每次循环访问的目标对象中的元素。目标对象的元素个数决定了循环的次数，目标对象中的元素被访问完之后循环结束。

下面使用 for 语句遍历字符串"Python"的每个字符，示例代码如下：

```
for word in "Python":
    print(word)
```

运行代码，结果如下所示：

```
P
y
t
h
o
n
```

for 语句常与 range()函数搭配使用，以控制循环中代码段的执行次数。range()函数中若只有一个整数 n，则会生成一组 0～n-1 的整数；若有两个整数 m 和 n，则会生成一组 m～n-1 的整数。示例代码如下：

```
for i in range(5):
    print(i)
```

运行代码，结果如下所示：

```
0
1
2
3
4
```

3.3.3　循环嵌套

循环之间可以互相嵌套，进而实现更为复杂的逻辑。循环嵌套按不同的循环语句可以划分为 while 循环嵌套和 for 循环嵌套，关于这两种循环嵌套的介绍如下。

1. while 循环嵌套

while 循环嵌套是指 while 语句中嵌套 while 或 for 语句。以 while 语句中嵌套 while 语句为例，while 循环嵌套的语法格式如下：

```
while 循环条件 1:                                  # 外层循环
   代码段 1
    while 循环条件 2:                              # 内层循环
        代码段 2
        …
```

执行 while 循环嵌套时，若外层循环的循环条件 1 的值为 True，则执行代码段 1，并对内层循环的循环条件 2 进行判断。若循环条件 2 的值为 True，则执行代码段 2，否则结束内层循环。内层循环执行完毕后继续判断外层循环的循环条件 1，如此往复，直至循环条件 1 的值为 False 时结束外层循环。

下面使用 while 循环嵌套输出一个由“*”构成的直角三角形，示例代码如下：

```
i = 1
while i < 6:
    j = 0
    while j < i:
        print("*", end='')
        j += 1
    print()
    i += 1
```

以上示例的外层循环用于控制直角三角形的行数，内层循环用于控制每行“*”的数量。在内层循环中，只需要根据行数输出指定数量的“*”即可，不需要负责换行的操作，因此在调用 print()函数输出“*”时，将 end 参数的值由默认的换行符'\n'修改为空字符串''，这样可以确保每一行所有的“*”是相邻的。

运行代码，结果如下所示：

```
*
**
***
****
*****
```

2. for 循环嵌套

for 循环嵌套是指 for 语句中嵌套了 while 或 for 语句。以 for 语句中嵌套 for 语句为例，for 循环嵌套的语法格式如下：

```
for 临时变量 in 目标对象:                           # 外层循环
   代码段 1
    for 临时变量 in 目标对象:                       # 内层循环
        代码段 2
        …
```

执行 for 循环嵌套时，程序会访问外层循环中目标对象的首个元素、执行代码段 1，访问内层循环目标对象的首个元素、执行代码段 2，然后访问内层循环中的下一个元素、执行代码段 2，如此往复，直至访问完内层循环的目标对象后结束内层循环，转而继续访问外层循环中的下一个元素，访问完外层循环的目标对象后结束外层循环。因此，外层循环每执行一次，都会执行一轮内层循环。

下面使用 for 循环嵌套输出一个由“*”构成的直角三角形，示例代码如下：

```
for i in range(1, 6):
    for j in range(i):
        print("*", end=' ')
    print()
```

运行代码，结果如下所示：

```
*
* *
* * *
* * * *
* * * * *
```

3.4 实训案例

3.4.1 账号密码检测功能

案例详情

登录系统一般具有账号密码检测功能，即检测用户输入的账号、密码是否正确。若用户输入的账号或密码不正确，提示“用户名或密码错误”和“您还有 *N* 次机会”；若用户输入的账号和密码正确，提示“登录成功”；若输入的账号或密码的错误次数超过 3 次，提示“输入错误次数过多，请稍后再试”

本案例要求编写程序，模拟登录系统的账号密码检测功能，并限制账号或密码的错误次数至多 3 次。

3.4.2 输出五子棋棋盘

案例详情

五子棋是一种双人对弈的纯策略型棋类游戏，它使用的棋盘一般由横纵等距的各 15 条平行线构成，这些线垂直交叉形成的 225 个交叉点为对弈双方的落子点。本案例要求编写代码，实现按用户要求输出指定大小的五子棋棋盘的程序。10×10 的五子棋棋盘如图 3-6 所示。

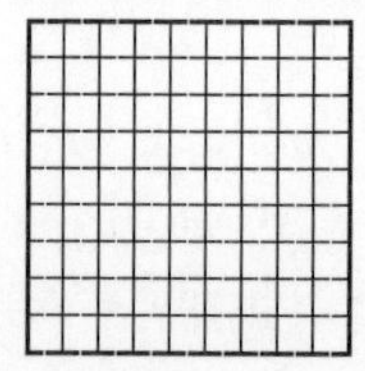

图3-6　10×10的五子棋棋盘

3.5 跳转语句

循环语句在条件满足的情况下会一直执行，但在某些情况下需要跳出循环，例如音乐播放器循环模式的切歌功能等。Python 提供了控制循环的跳转语句：break 语句和 continue 语句。本节将针对跳转语句进行详细讲解。

3.5.1 break 语句

break 语句用于结束循环，若循环中使用了 break 语句，程序执行到 break 语句时会结束循环；若循环嵌套中使用了 break 语句，程序执行到 break 语句时会结束本层循环。break 语句通常与 if 语句配合使用，以便在条件满足时结束循环。

例如，使用 for 循环遍历字符串"Python"，一旦遍历到字符'o'就使用 break 语句结束循环，具体代码如下：

```
for word in "Python":
    if word == 'o':
        break                        # 结束循环
    print(word, end="  ")
```

运行代码，结果如下所示：

```
P  y  t  h
```

从以上输出结果可以看出，程序没有输出字符'o'及其后面的字符，说明程序遍历到字符'o'时结束了循环。

3.5.2 continue 语句

continue 语句用于在满足条件的情况下跳出本次循环，该语句通常也与 if 语句配合使用。例如，在使用 for 语句遍历字符串"Python"时，若遍历到字符'o'则使用 continue 语句跳出本次循环，具体代码如下：

```
for word in "Python":
    if word == 'o':
        continue                     # 跳出本次循环
    print(word, end="  ")
```

运行代码，结果如下所示：

```
P  y  t  h  n
```

从以上输出结果可以看出，程序没有输出字符'o'，说明满足字符为'o'的条件时跳出了本次循环。

3.6 阶段案例——房贷计算器

案例详情

房贷计算器是一种用于计算购房贷款相关数据的工具，它可以帮助用户估算利率、还款总额以及总利息等数据，便于用户更好地规划和管理房贷。本案例要求编写程序开发一个房贷计算器，具体要求如下。

（1）用户选择贷款类型。贷款类型主要有商业贷款和公积金贷款，贷款类型不同，利率也是不同的。假定商业贷款 5 年以下（含 5 年）的基准利率是 4.75%，5 年以上的基准利率是 4.90%；假定公积金贷款 5 年以下（含 5 年）的贷款利率是 2.6%，5 年以上的贷款利率是 3.1%。

（2）用户输入贷款金额（元）、贷款期限（年），房贷计算器可以按照等额本息的还款方式计算得出每月月供参考（元）、还款总额（元）、总利息（元）这几项数据。

关于每月月供参考、还款总额、总利息这几项数据的计算公式具体如下。

- 每月月供参考 = 贷款金额 × [月利率 × (1 + 月利率) ^ 还款月数] ÷ { [(1 +月利率) ^ 还款月数] - 1}。其中，月利率指以月为计息周期计算的利率，它的计算公式为：月利率=利率÷12。
- 还款总额 = 每月月供参考 × 贷款期限 × 12。
- 总利息 = 还款总额 - 贷款金额。

如果用户在选择贷款类型时输入 exit，则直接退出房贷计算器。

3.7 本章小结

本章主要讲解了流程控制的相关知识，包括条件语句、循环语句、跳转语句，并结合众多实训案例演示了如何利用各种语句实现流程控制。通过对本章的学习，读者能够掌握程序的执行流程和流程控制语句的用法，为后续的学习打好扎实的基础。

3.8 习题

一、填空题

1. Python 中通过________实现程序中条件语句的嵌套逻辑。
2. Python 中的循环语句有________和________。
3. 若循环条件的值变为________，说明程序进入无限循环。
4. ________循环一般用于实现遍历循环。
5. ________语句可以跳出本次循环，执行下一次循环。

二、判断题

1. if-else 语句可以包含多个判断条件。(　　)
2. if 语句不支持嵌套使用。(　　)
3. elif 语句可以单独使用。(　　)
4. break 语句用于结束循环。(　　)
5. for 语句只能遍历字符串。(　　)

三、选择题

1. 下列选项中，程序运行后会输出 1、2、3 的是（　　）。

A.

```
for i in range(3):
    print(i)
```

B.

```
for i in range(2):
    print(i + 1)
```

C.

```
nums = [0, 1, 2]
for i in nums:
    print(i + 1)
```

D.

```
i = 1
while i < 3:
    print(i)
    i = i + 1
```

2. 现有如下代码：

```
sum = 0
for i in range(100):
    if(i % 10):
        continue
    sum = sum + i
print(sum)
```

若运行代码，输出的结果为（　　）。

A. 5050　　B. 4950　　C. 450　　D. 45

3. 已知 x=10，y=20，z=30，以下代码执行后 x、y、z 的值分别为（　　）。

```
if x < y:
    z = x
    x = y
    y = z
```

A. 10、20、30　　B. 10、20、20　　C. 20、10、10　　D. 20、10、30

4. 已知 x 与 y 的关系如表 3-3 所示。

表 3-3　x 与 y 的关系

x	y
x<0	x–1
x=0	x
x>0	x+1

以下选项中，可以正确地表达 x 与 y 之间关系的是（　　）。

A.

```
y = x + 1
if  x >= 0:
    if x == 0:
        y = x
    else:
        y = x - 1
```

B.

```
y = x - 1
if x! = 0:
    if x > 0:
        y = x + 1
    else:
        y = x
```

C.

```
if x <= 0:
    if x < 0:
        y = x - 1
    else:
```

```
        y = x
else:
    y = x + 1
```

D.

```
y = x
if x <= 0:
    if x < 0:
        y = x - 1
    else:
        y = x + 1
```

5. 下列语句中，可以跳出循环结构的是（　　）。

A. continue　　B. break　　C. if　　D. while

四、简答题

1. 简述 break 和 continue 语句的区别。
2. 简述 while 和 for 语句的区别。

五、编程题

1. 编写程序，实现利用 while 语句输出 100 以内偶数的功能。
2. 编写程序，实现判断用户输入的数是正数还是负数的功能。
3. 编写程序，实现输出 100 以内质数的功能。

第 4 章

字符串

拓展阅读

学习目标

- 掌握字符串的定义方式，能够根据需求准确定义字符串
- 掌握格式化字符串的方式，能够通过%、format()或 f-string 格式化字符串
- 掌握字符串的查找与替换，能够通过 find()和 replace()方法实现字符串的查找与替换操作
- 掌握字符串的分割与拼接，能够通过 split()和 join()方法或者运算符+实现字符串的分割与拼接操作
- 熟悉删除字符串的指定字符的方式，能够通过 strip()、lstrip()和 rstrip()方法删除字符串的指定字符
- 掌握字符串的大小写转换，能够实现字符串的大小写转换操作
- 熟悉字符串的对齐，能够通过 center()、ljust()、rjust()方法实现字符串的对齐

在计算机领域中，字符串是一种应用十分广泛的数据。它用于表示和处理文本类型的数据，比如账号、密码等。另外，Python 为字符串提供了丰富的功能，能够对字符串进行操作，包括字符串的查找与替换、字符串的分割与拼接、字符串大小写转换等。本章将对字符串的相关知识进行详细讲解。

4.1 字符串介绍

在 Python 中，字符串是由一系列字符组成的不可变序列，这些字符包括字母、数字、符号，以及其他如中文汉字或表情符号等的 Unicode 字符。Python 中支持使用单引号、双引号和三引号定义字符串，其中单引号和双引号通常用于定义单行字符串，三引号（包括三单引号和三双引号）通常用于定义多行字符串，示例代码如下：

```
print('千里之行，始于足下。')
print("千里之行，始于足下。")
print("""合抱之木，生于毫末；
九层之台，起于累土；
千里之行，始于足下。""")
```

运行代码，结果如下所示：

```
千里之行，始于足下。
千里之行，始于足下。
合抱之木，生于毫末；
九层之台，起于累土；
千里之行，始于足下。
```

引号除了可以定义字符串，还可以作为字符串的组成部分，例如，“let's learn Python”中包含一个单引号。此时若使用单引号进行定义，Python 解释器会将“let's learn Python”中的单引号与定义字符串的第一个单引号进行配对，认为字符串包含的内容至此结束，因此会出现语法错误，示例代码如下：

```
print('let's learn Python')
```

运行代码，结果如下所示：

```
File "E:\FastPrograms3\Chapter04\code01.py", line 1
    print('let's learn Python')
                             ^
SyntaxError: unterminated string literal (detected at line 1)
```

当遇到以上情景时，可以选择字符串本身不包含的双引号或三引号定义字符串。例如，将上述示例中定义字符串时使用的单引号分别修改为双引号或三引号，修改后的代码如下。

```
print("let's learn Python")
print("""let's learn Python""")
print('''let's learn Python''')
```

运行代码，结果如下所示：

```
let's learn Python
let's learn Python
let's learn Python
```

同理，若字符串中包含双引号，则可以使用单引号或三引号定义字符串；若字符串中包含三引号，则可以使用单引号或双引号定义字符串，以确保 Python 解释器可以按照预期对引号进行配对。

除此之外，还可以利用反斜线“\”对引号转义来实现以上功能。在字符串的引号前添加反斜线“\”，此时 Python 解释器会将反斜线“\”之后的引号视为一个普通字符，而非特殊符号。例如，使用单引号定义字符串'let's learn Python'，在该字符串中的单引号前面添加反斜线“\”，示例代码如下：

```
print('let\'s learn Python')
```

运行代码，结果如下所示：

```
let's learn Python
```

以上代码对字符串中的单引号进行转义，此方法同样适用于对字符串中的双引号或反斜线进行转义，示例代码如下：

```
print("How do you spell the word \"Python\"?")
print("E:\\Python\\new_features.txt")
```

运行代码，结果如下所示：

```
How do you spell the word "Python"?
E:\Python\new_features.txt
```

多学一招：转义字符

一些普通字符与反斜线组合后将失去其原有含义，产生新的含义。类似这样的由“\”组合而成的、具有特殊意义的字符就是转义字符。转移字符通常用于表示一些无法显示的字符，例如制表符、回车符等。Python 中常用的转义字符如表 4-1 所示。

表 4-1　Python 中常用的转义字符

转义字符	功能说明
\b	退格符，用于删除光标前面的一个字符
\n	换行符，用于另起一行
\v	纵向制表符
\t	横向制表符
\r	回车符，用于将光标移至当前行的起始位置

为了帮助读者更好地理解转义字符的作用，接下来，通过示例演示转义字符，示例代码如下：

```
print('转义字符中:\n表示换行;\r表示回车;\b表示退格')
```

运行代码，结果如下所示：

```
转义字符中:
表示回车表示退格
```

从上述结果可以看出，冒号后面的内容另起了一行，缺少了“表示换行;”这部分内容，“表示回车”与“表示退格”之间没有分号。

如果字符串中包含多个转义字符，但又不希望转义字符产生作用，此时可以使用原始字符串。在原始字符串中，任何字符都失去了其特殊含义，保持字面的含义。Python 中可以直接在字符串开始的引号之前添加前缀 r 或 R，使字符串成为原始字符串。示例代码如下：

```
print(r'转义字符中:\n表示换行;\r表示回车;\b表示退格')
```

运行代码，结果如下所示：

```
转义字符中:\n表示换行;\r表示回车;\b表示退格
```

从上述结果可以看出，字符串里面的内容按照原样输出，没有出现换行或者删除字符的效果。

4.2　格式化字符串

格式化字符串是指在字符串的指定位置暂时插入一些用于占位的格式符，这些用于占位的格式符在执行字符串时会被真实的值替换，从而动态地构建字符串的内容，以保持一致的格式。Python 中有 3 种格式化字符串的方式，分别是使用%格式化字符串、使用 format()方法格式化字符串和使用 f-string 格式化字符串。本节将针对格式化字符串的 3 种方式进行详细讲解。

4.2.1　使用%格式化字符串

字符串的格式化可以使用%实现，其语法格式如下：

```
format % values
```

以上语法格式中 format 表示一个字符串，该字符串中可以插入单个或多个为真实数据占位的格式符；values 表示单个或多个真实数据，多个真实数据以元组的形式进行存储；%代表执行格式化操作，即将 format 中的格式符替换为 values。

Python 中常见的格式符如表 4-2 所示。

表 4-2 Python 中常见的格式符

格式符	格式说明
%s	用于将对应的数据格式化为字符串
%d	用于将对应的数据格式化为有符号的十进制数
%o	用于将对应的数据格式化为有符号的八进制数
%x	用于将对应的数据格式化为有符号的十六进制数
%f	用于将对应的数据格式化为浮点数，可指定浮点数的精度，结果默认保留 6 位小数
%e	用于将对应的数据格式化为用科学记数法表示的浮点数，e 小写
%E	用于将对应的数据格式化为用科学记数法表示的浮点数，E 大写
%c	用于将对应的数据（整数或包含单个字符的字符串）格式化为字符

表 4-2 中罗列的格式符均由%和字符组成，其中%用于标识格式符的起始，它后面的字符表示真实数据被转换的类型。

接下来，使用%对字符串进行格式化操作，示例代码如下：

```
value = 10
format = '我今年%d 岁。'
print(format % value)
```

以上代码中首先定义了一个变量 value，它的值是十进制数 10，然后定义了一个字符串 format，该字符串中插入了一个用于格式化十进制数的格式符%d，最后使用%格式化字符串 format，将该字符串中的格式符%d 替换为 value 的值。

运行代码，结果如下所示：

```
我今年 10 岁。
```

需要注意的是，如果被替换数据的数据类型不符合格式符指定的数据类型，那么程序会出现类型异常的错误信息。例如，将上述示例代码中变量 value 的值修改为字符串，修改后的代码如下：

```
value = '10'
format = '我今年%d 岁。'              # 在字符串中插入用于格式化十进制数的格式符%d
print(format % value)               # 将%d 替换为变量 value 的值
```

运行代码，结果如下所示：

```
Traceback (most recent call last):
  File "E:\FastPrograms3\Chapter04\code02.py", line 3, in <module>
    print(format % value)        # 将%d 替换为变量 value 的值
          ~~~~~~~^~~~~~
TypeError: %d format: a real number is required, not str
```

从上述结果的最后一条信息“TypeError: %d format: a real number is required, not str”可以看出，当程序使用格式符%d 格式化字符串时，需要的真实数据是一个整数，而不是字符串。

此外，还可以使用%对插入了多个格式符的字符串进行格式化操作，这时需要将多个真实数据放入元组中，按照顺序用元组中对应位置的真实数据依次替换格式符。注意，真实数据与格式符的数量和位置必须一致，以确保替换的准确性。示例代码如下：

```
name = '小明'
age = 27
address = '北京市昌平区'
print('我叫%s，今年%d 岁了，来自%s。' % (name, age, address))
```

运行代码，结果如下所示：

```
我叫小明，今年 27 岁了，来自北京市昌平区。
```

4.2.2　使用 format()方法格式化字符串

虽然使用%可以对字符串进行格式化，但是这种方式并不是很直观，开发人员一旦遗漏了替换数据或选择了不匹配的格式符，就会导致字符串格式化失败。为了能更便捷地格式化字符串，Python 为字符串提供了一个格式化方法 format()。format()方法的语法格式如下：

```
str.format(values)
```

以上语法格式中，str 表示需要被格式化的字符串，该字符串中可以插入单个或多个为真实数据占位的符号{}；values 表示单个或多个待替换的真实数据，多个数据以英文逗号分隔。

接下来，通过示例演示使用 format()方法格式化字符串，具体代码如下：

```
name = '小明'
string = '我叫{}'
print(string.format(name))
```

运行代码，结果如下所示：

```
我叫小明
```

从以上输出结果可以看出，原来字符串里面的符号{}被替换为变量 name 的值'小明'。由此可见，使用 format()方法格式化字符串时无须关注替换数据的类型。

字符串中也可以插入多个符号{}，此时使用 format()方法对字符串进行格式化，默认会按从左到右的顺序逐个将符号{}替换为真实的数据。示例代码如下：

```
name = '小明'
age = 27
# 字符串中插入了两个符号{}
string = '我叫{}，今年{}岁了'
# 使用 format()方法格式化字符串，并指定两个真实数据
print(string.format(name, age))
```

运行代码，结果如下所示：

```
我叫小明，今年 27 岁了
```

从以上输出结果可以看出，原来字符串中的第一个符号{}替换为变量 name 的值'小明'，第二个符号{}替换为变量 age 的值 27。

字符串的符号{}中可以明确地指定编号，这样在使用 format()方法对字符串进行格式化时，会按照编号从 values 中取出对应位置的真实数据来替换{}。编号是从 0 开始计数的，即第一个真实数据的编号为 0，第二个真实数据的编号为 1，以此类推。示例代码如下：

```
name = '小明'
age = 27
# 字符串中插入两个符号{}，并在{}中指定编号
string = '我叫{1}，今年{0}岁了'
# 使用 format()方法格式化字符串
print(string.format(age, name))
```

运行代码，结果如下所示：

```
我叫小明，今年 27 岁了
```

从以上输出结果可以看出，原来字符串中编号为 1 的{}替换为变量 name 的值'小明'，编

号为 0 的{}替换为变量 age 的值 27。

字符串的符号{}中可以明确指定变量名，这样在使用 format()方法对字符串进行格式化时，会根据变量名绑定的真实数据进行替换。示例代码如下：

```
name = '小明'
age = 27
# 字符串中插入两个符号{}，并在{}中指定变量名
string = '我叫{arg_one}，今年{arg_two}岁了'
# 使用 format()方法格式化字符串
print(string.format(arg_one=name, arg_two=age))
```

运行代码，结果如下所示：

```
我叫小明，今年 27 岁了
```

从以上输出结果可以看出，原来字符串中指定了变量名为 arg_one 的{}替换为变量 name 的值'小明'，指定了变量名为 arg_two 的{}替换为变量 age 的值 27。

另外，当使用 format()方法对字符串进行格式化时，如果待替换的真实数据为浮点数，则可以在字符串的符号{}中指定浮点数的精度，具体的语法格式为{:.*n*f}，其中 *n* 为小数点后的位数。示例代码如下：

```
value = 3.141592653589793
# 字符串中插入一个符号{}，并在{}中指定保留两位小数
string = 'π 的值为：{:.2f}'
result = string.format(value)
print(result)
```

运行代码，结果如下所示：

```
π 的值为：3.14
```

4.2.3 使用 f-string 格式化字符串

f-string 是一种更为简洁的格式化字符串的方式，它在形式上以 f 或 F 标识字符串，在字符串中的指定位置使用符号{}标明要替换的真实数据，符号{}中可以嵌入变量、表达式等。

例如，使用 f-string 格式化字符串，具体代码如下：

```
name = '小明'
age = 27
string = f'我叫{name}，今年{age}岁了'
print(string)
```

运行代码，结果如下所示：

```
我叫小明，今年 27 岁了
```

字符串的符号{}中还可以使用各种表达式，将表达式的执行结果作为要替换的真实数据，示例代码如下：

```
num1 = 9
num2 = 9
string = f"{num1}×{num2}={num1 * num2}"
print(string)
```

运行代码，结果如下所示：

```
9×9=81
```

此外，字符串的符号{}中还可以使用英文冒号为变量的值指定格式化的规则，例如指定

小数位数，示例代码如下：

```
value = 3.141592653589793
print(f'π的值为：{value:.2f}.')
```

运行代码，结果如下所示：

```
π的值为：3.14.
```

4.3　实训案例

4.3.1　地区时间格式转换器

案例详情

地区时间格式转换器是用于将不同地区的时间表示格式进行转换的工具。根据用户选择的地区，该转换器将时间信息转换为对应地区的时间格式。本案例要求编写代码，制作一个地区时间格式转换器，具体要求如下。

（1）该转换器支持 8 个国家的时间格式转换，包括中国、美国、英国、澳大利亚、法国、德国、俄罗斯、加拿大。各国的标准时间格式如下。

- 中国：YYYY 年 MM 月 DD 日 HH:mm:ss。
- 美国：MM/DD/YYYY HH:mm:ss。
- 英国、澳大利亚、法国：DD/MM/YYYY HH:mm:ss。
- 德国、俄罗斯：DD.MM.YYYY HH:mm:ss。
- 加拿大：YYYY-MM-DD HH:mm:ss。

（2）用户需输入年、月、日、时、分、秒以及地区信息。

（3）该转换器根据用户选择的地区，将时间信息转换为对应地区的时间格式进行输出。

4.3.2　制作名片

案例详情

名片在当今社会交往活动中有着广泛的应用，用于介绍个人和公司信息，例如个人的姓名、职位、单位名称、电话号码、电子邮箱等信息，方便人们在交流后进行联系。本案例要求编写程序，实现根据用户输入的姓名、职位、电话号码、电子邮箱制作名片的功能。名片的样式具体如下。

```
==============================
姓名：××××××××××
职位：××××××××××
电话号码：××××××××××
电子邮箱：××××××××××
==============================
```

4.4　字符串的常见操作

字符串的操作在实际应用中是比较常见的。Python 内置了很多操作字符串的方法，使用这些方法可以轻松地实现字符串的查找、替换、拼接、大小写转换等操作。但需要注意的是，字符串一旦创建便不可修改；若对字符串进行修改，就会生成新的字符串。下面就结合 Python 内置方法对字符串的常见操作进行详细讲解。

4.4.1 字符串的查找与替换

为了维护良好的网络环境，一些平台会对用户发布的评论进行审核，一旦评论中包含敏感词，就需要将这些敏感词替换为*进行隐藏。评论通常是文本形式的字符串，查找与替换是实现文本过滤的基本操作，下面分别介绍如何实现字符串的查找与替换。

1. 字符串查找

Python 中提供了用于实现字符串查找操作的 find()方法。该方法可查找字符串中是否包含子串，若包含子串则返回子串首次出现的位置的索引，否则返回-1。

find()方法的语法格式如下所示：

```
find(sub[, start[, end]])
```

以上语法格式中各参数的含义如下。

- sub：用于指定要查找的子串。
- start：用于指定查找的开始索引，默认值为 0。
- end：用于指定查找的结束索引，默认值为字符串的长度。

例如，查找'鱼'是否在字符串'与其临渊羡鱼，不如退而结网。'中，具体代码如下：

```
words = '与其临渊羡鱼，不如退而结网。'
result_one = words.find('鱼')          # 从整个字符串中查找子串'鱼'
print(result_one)
result_two = words.find('鱼', 6)       # 从索引 6 的位置开始查找子串'鱼'
print(result_two)
```

运行代码，结果如下所示：

```
5
-1
```

从第一个结果可以看出，成功找到了子串，子串出现的位置的索引是 5；从第二个结果可以看出，没有找到子串。

2. 字符串替换

Python 中提供了用于实现字符串替换操作的 replace()方法。该方法用于将当前字符串中的指定旧子串替换成新子串，可以指定替换次数，并返回替换后的新字符串。

replace()方法的语法格式如下所示：

```
replace(old, new[, count])
```

以上语法格式中各参数的含义如下。

- old：表示被替换的旧子串。
- new：表示用于替换旧子串的新子串。
- count：表示替换旧子串的次数，默认替换所有的旧子串。

下面演示如何使用 replace()方法实现字符串替换，示例代码如下：

```
string = "All things Are difficult before they Are easy."
new_string = string.replace("Are", "are")          # 不指定替换次数
print(new_string)
```

运行代码，结果如下所示：

```
All things are difficult before they are easy.
```

使用 replace()方法替换字符串的内容时指定替换次数，示例代码如下：

```
new_string = string.replace('Are', 'are', 1)    # 指定替换次数
print(new_string)
```

运行代码，结果如下所示：

```
All things are difficult before they Are easy.
```

从第一个结果可以看出，字符串中所有的 Are 替换成了 are；从第二个结果可以看出，字符串中的第一个 Are 替换成了 are，其余 Are 没有发生变化。

4.4.2　字符串的分割与拼接

字符串的分割与拼接功能是处理文本数据时常用的功能，下面分别介绍如何实现字符串的分割与拼接。

1. 字符串分割

split()方法用于根据指定分隔符对字符串进行分割，分割后返回一个列表，该列表中保存多个子串。

split()方法的语法格式如下所示：

```
split(sep=None, maxsplit=-1)
```

以上语法格式中各参数的含义如下。

- sep：表示分隔符，默认值为空格，也可被设置为其他字符，例如换行符（\n）、制表符（\t）等。
- maxsplit：分割次数，默认值为-1，表示不限制分割次数。

例如，分别以空格、字母 m 和字母 e 为分隔符对字符串"The more efforts you make, the more fortune you get."进行分割，示例代码如下：

```
string_example = "The more efforts you make, the more fortune you get."
print(string_example.split())          # 根据空格分割字符串
print(string_example.split('m'))       # 根据字母 m 分割字符串
print(string_example.split('e', 2))    # 根据字母 e 分割字符串，并且分割两次
```

运行代码，结果如下所示：

```
['The', 'more', 'efforts', 'you', 'make,', 'the', 'more', 'fortune',
'you', 'get.']
['The ', 'ore efforts you ', 'ake, the ', 'ore fortune you get.']
['Th', ' mor', ' efforts you make, the more fortune you get.']
```

2. 字符串拼接

join()方法用于将某个字符串作为连接符，通过连接符拼接可迭代对象的每个元素，并返回一个新的字符串。可迭代对象可以是字符串、列表、元组、集合、字典。

join()方法的语法格式如下：

```
join(iterable)
```

以上语法格式中，参数 iterable 表示可迭代对象。

例如，使用“*”拼接字符串'Python'中的各个字母，具体代码如下：

```
symbol = '*'
world = 'Python'
print(symbol.join(world))
```

运行代码，结果如下所示：

```
P*y*t*h*o*n
```

Python 中还可以使用运算符“+”将两个字符串拼接成一个字符串，示例代码如下：

```
start = 'Py'
```

```
end = 'thon'
print(start + end)
```

运行代码，结果如下所示：

```
Python
```

4.4.3 删除字符串的指定字符

字符串头部或尾部可能包含一些无用的字符，比如空格，当在程序中处理这种字符串时往往需要先删除这些无用的字符。Python 中的 strip()、lstrip()和 rstrip()方法可以删除字符串头部或尾部的指定字符，如表 4-3 所示。

表 4-3 删除字符串的指定字符的方法

方法	功能说明
strip()	删除字符串头部和尾部指定的字符，默认删除空格
lstip()	删除字符串头部指定的字符，默认删除空格
rstrip()	删除字符串尾部指定的字符，默认删除空格

例如，分别删除字符串' Life is short, Use Python ! '头部和尾部的空格、头部的空格、尾部的空格，示例代码如下：

```
old_string = '  Life is short, Use Python !  '
strip_str = old_string.strip()                    # 删除字符串头部和尾部的空格
lstrip_str = old_string.lstrip()                  # 删除字符串头部的空格
rstrip_str = old_string.rstrip()                  # 删除字符串尾部的空格
print(f'strip()方法：{strip_str}】')
print(f'lstrip()方法：{lstrip_str}】')
print(f'rstrip()方法：{rstrip_str}】')
```

运行代码，结果如下所示：

```
strip()方法：Life is short, Use Python !】
lstrip()方法：Life is short, Use Python !】
rstrip()方法：  Life is short, Use Python !】
```

4.4.4 字符串大小写转换

在特定情况下，对于英文单词的大小写形式有一定的要求。例如，表示特殊简称时字母全大写，如 CBA；表示月份、周日、节假日时每个单词首字母大写，如 Monday。Python 中用于字符串大小写转换的方法有 upper()、lower()、capitalize()和 title()，如表 4-4 所示。

表 4-4 字符串大小写转换的方法

方法	功能说明
upper()	将字符串中的小写字母全部转换为大写字母
lower()	将字符串中的大写字母全部转换为小写字母
capitalize()	将字符串中的第一个字母转换为大写字母，其余字母转换为小写字母
title()	将字符串中每个单词的首字母转换为大写字母，其余字母转换为小写字母

例如，使用表 4-4 中提供的方法对字符串'hello woRld'进行大小写转换操作，示例代码如下：

```
old_string = 'hello woRld'
upper_str = old_string.upper()              # 将字符串的字母转换为大写字母
lower_str = old_string.lower()              # 将字符串的字母转换为小写字母
```

```
cap_str = old_string.capitalize()              # 将字符串的首字母转换为大写字母
title_str = old_string.title()                 # 将每个单词的首字母转换为大写字母
print(f'upper()方法: {upper_str}')
print(f'lower()方法: {lower_str}')
print(f'capitalize()方法: {cap_str}')
print(f'title()方法: {title_str}')
```

运行代码，结果如下所示：

```
upper()方法: HELLO WORLD
lower()方法: hello world
capitalize()方法: Hello world
title()方法: Hello World
```

4.4.5 字符串对齐

在使用 Word 处理文档时可能需要对文档的对齐方式进行调整，如标题居中、左对齐、右对齐等。Python 中提供了设置字符串对齐方式的方法，分别是 center()、ljust()和 rjust()，如表 4-5 所示。

表 4-5 字符串对齐的方法

方法	功能说明
center(width[,fillchar])	使用 fillchar 填充字符串至指定长度，原字符串居中显示
ljust(width[,fillchar])	使用 fillchar 填充字符串至指定长度，原字符串左对齐显示
rjust(width[,fillchar])	使用 fillchar 填充字符串至指定长度，原字符串右对齐显示

表 4-5 罗列的方法中都有相同的参数，即 width 和 fillchar，其中参数 width 表示对齐后的字符串长度，如果参数 width 指定的长度小于或等于原字符串的长度，那么以上各方法会返回原字符串；参数 fillchar 表示填充的字符，默认值为空格。

接下来，使用表 4-5 中的方法对字符串'hello world'进行对齐操作，示例代码如下：

```
sentence = 'hello world'
center_str = sentence.center(13,'-')       # 字符串的长度为 13，居中显示，使用-填充
ljust_str = sentence.ljust(13, '*')        # 字符串的长度为 13，左对齐，使用*填充
rjust_st = sentence.rjust(13, '%')         # 字符串的长度为 13，右对齐，使用%填充
print(f"居中显示: {center_str}")
print(f"左对齐显示: {ljust_str}")
print(f"右对齐显示: {rjust_st}")
```

运行代码，结果如下所示：

```
居中显示: -hello world-
左对齐显示: hello world**
右对齐显示: %%hello world
```

4.5 实训案例

案例详情

4.5.1 过滤不良词语

在互联网发展的初期，违法违规的乱象不断发生，严重危害了网络环境，侵犯了人民的正当权益。为了保障网络安全、维护国家和人民的利益、

推动信息化发展，大多数网络平台会采取过滤不良词语的策略来营造一个风清气正的网络环境。

在很多品牌的宣传中有些用词存在过度宣传的现象，没有客观依据证明，给消费者造成消费误导。这种过度宣传的用词属于不良词语。我们作为内容的生产者和发布者，都是网络语言生态的一分子，保持网络环境的健康纯洁，需要我们每个人从自身做起。

本案例要求对一段文本进行检测，一旦文本中出现不良词语“最优秀”，就将不良词语替换成“较优秀”，从而实现过滤不良词语的功能。文本内容如下。

我们拥有多年的品牌战略规划及标志设计、商标注册经验；专业提供公司标志设计与商标注册“一条龙”服务。我们拥有最优秀且具有远见卓识的设计师，因此我们的策略分析严谨，设计充满创意。我们有信心为您提供最优秀的品牌形象设计服务，为您的企业提升价值。

4.5.2 文字排版工具

案例详情

文字排版工具是一款强大的文章自动排版工具，会将文字按现代汉语习惯及发表出版要求进行规范编排。本案例要求编写代码，实现一个简易版的中文文字排版工具，具体要求如下。

（1）用户打开该工具时会看到欢迎提示信息，在该工具中可以输入要排版的文字。

（2）该工具一共有 5 个功能，分别是删除空格（编号 1）、英文标点替换（编号 2）、段落分割（编号 3）、字母大写（编号 4）和退出（编号 0），用户可以输入编号选择相应的功能。各功能的介绍如下。

- 删除空格：删除文字里面的任意位置的空格。
- 英文标点替换：将文字里面的英文逗号、句号、问号、感叹号、冒号分别替换为中文逗号、句号、问号、感叹号、冒号。
- 段落分割：将文字里面的\r\n 作为段落标记，使文字以多段内容进行显示。
- 字母大写：将文字里面的英文字母全部转换为大写英文字母。
- 退出：该工具输出感谢提示信息，并退出。注意，如果用户没有选择退出功能，则可以一直使用文字排版工具。

（3）该工具提供功能菜单，便于用户根据菜单的提示选择想要的功能。如果用户输入了错误的编号，则会输出无效选项提示信息。

4.6 本章小结

本章主要讲解了 Python 字符串的相关知识，包括字符串介绍、格式化字符串、字符串的常见操作，并结合实训案例演示了字符串的使用。通过对本章的学习，读者能够掌握字符串的使用。

4.7 习题

一、填空题

1. Python 中可以使用______、双引号和三引号定义字符串。

2. Python 中使用______方法可以删除字符串头部的空格。
3. Python 中可以使用______运算符拼接字符串。
4. 使用 find()方法查找子串时，若没有查找到则返回________。
5. f-string 在形式上以 f 或________标识字符串。

二、判断题

1. 字符串中不可以包含特殊字符。(　　)
2. 使用单引号或双引号定义的字符串，通过 print()输出的结果都一致。(　　)
3. rjust()方法用于将字符串的字符以右对齐方式进行显示。(　　)
4. find()方法返回-1 说明子串在指定的字符串中。(　　)
5. strip()方法默认会删除字符串头部和尾部的空格。(　　)

三、选择题

1. Python 中使用（　　）转义字符。

A. /　　B. \　　C. $　　D. %

2. 下列选项中，用于格式化字符串的是（　　）。

A. %　　B. format()　　C. f-string　　D. 以上全部

3. 下列关于字符串的说法中，描述错误的是（　　）。

A. 字符串创建后可以被修改
B. Python 中可以使用三引号定义字符串
C. 转义字符\n 表示换行符
D. 格式符均由%和表示转换类型的字符组成

4. 下列方法中，可以将字符串中的字母全部转换为大写字母的是（　　）。

A. upper()　　B. lower()　　C. title()　　D. capitalize()

5. 下列选项中，不属于字符串的是（　　）。

A. "1"　　B. 'python'　　C. """^"""　　D. '1'.23

四、简答题

1. 请简述什么是字符串。
2. 请简述 Python 中格式化字符串的几种方式。
3. 请简述 Python 中用于实现字符串对齐的内置方法。

五、编程题

1. 编写程序，已知字符串 s = 'AbcDeFGhIJ'，请计算该字符串中小写字母的数量。

2. 编写程序，检查字符串" Life is short. I use python"中是否包含字符串"python"，若包含则将其替换为"Python"后输出新字符串，否则输出原字符串。

第5章

组合数据类型

学习目标

- ◆ 了解组合数据类型，能够说出序列类型、集合类型和映射类型各自的特点
- ◆ 掌握列表的操作，能够创建列表并访问、添加、排列、删除列表的元素
- ◆ 掌握列表推导式，能够通过列表推导式创建列表
- ◆ 掌握元组的操作，能够独立创建元组并访问元组的元素
- ◆ 熟悉集合的操作，能够熟练地创建集合并操作集合的元素
- ◆ 掌握字典的操作，能够独立创建字典并操作字典的元素
- ◆ 掌握字典推导式，能够通过字典推导式创建字典
- ◆ 掌握运算符在组合数据类型中的使用规则，能够通过+、*、in、not in 这几个运算符对组合数据类型进行操作

程序中有时不仅要处理数字、字符串这些基础类型的数据，还需要处理一些混合数据。为此，Python 定义了可以表示和记录混合数据的组合数据类型。使用组合数据类型表示和记录数据，不仅能使数据表示得更为清晰，还能极大简化开发人员的开发工作，提高开发效率。本章将对 Python 中的组合数据类型进行详细讲解。

5.1 认识组合数据类型

组合数据类型可将多个相同类型或不同类型的数据组织为一个整体。根据数据组织方式的不同，Python 的组合数据类型可分成 3 类，分别是序列类型、集合类型和映射类型。关于它们的介绍如下。

1. 序列类型

序列类型来源于数学概念中的数列。数列是按一定顺序排成一列的一组数，每个数称为数列的项，每项不是在其他项之前，就是在其他项之后。具有 n 个项的数列 $\{a_n\}$ 的定义如下：

$$\{a_n\}=a_0,a_1,a_2,\cdots,a_{n-1}$$

需要注意的是，数列的索引是从 0 开始依次递增的。通过索引 i 可以访问数列中的第 $i+1$ 个项。例如通过索引 1 可以获取数列$\{a_n\}$中的第 2 个项 a_1。

序列类型在数列的基础上进行了扩展，Python 中的序列类型支持正向索引和反向索引，如图 5-1 所示。

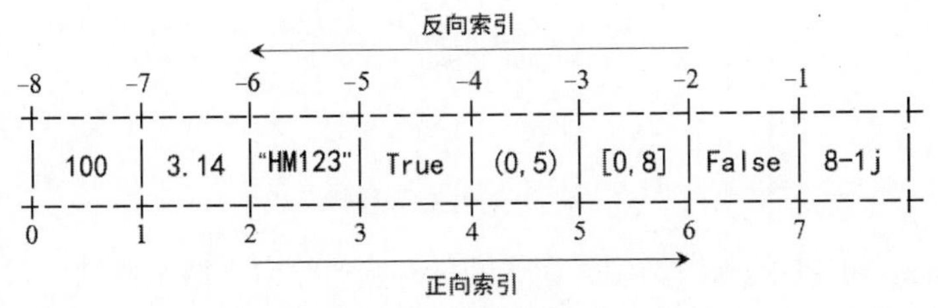

图5-1　序列的索引

正向索引从左向右依次递增，从左数的第 1 个元素的索引为 0，第 2 个元素的索引为 1，以此类推；反向索引从右向左依次递减，从右数的第 1 个元素的索引为-1，第 2 个元素的索引为-2，以此类推。这种双向索引可以方便用户快速访问序列中任意位置的元素，尤其是开头位置和结尾位置的元素。

Python 中常用的序列类型主要有 3 种，分别为字符串（str）、列表（list）和元组（tuple），其中字符串和元组是不可变的序列类型，一旦创建以后其内部的元素无法被修改，而列表是可变的序列类型。第 4 章已经详细介绍了字符串，本章将在 5.2 节和 5.3 节分别介绍列表和元组。

2. 集合类型

数学中的集合是指由具有某种特定性质的对象汇总而成的集体，其中组成集合的对象称为集合的元素。例如，成年人集合的每一个元素都是已满 18 周岁的人。集合中的元素具有以下 3 个特性。

- 确定性：对于给定的一个集合，其每个元素要么属于该集合，要么不属于该集合，不允许有模棱两可的情况出现。
- 互异性：集合中的元素必须是唯一的，不允许重复。如果尝试向集合中添加已经存在的元素，则会自动忽略添加元素的操作，不对集合进行任何修改，也就是说既不会添加元素，也不会覆盖已经存在的元素。
- 无序性：集合中的元素没有顺序，若多个集合中的元素仅顺序不同，那么这些集合本质上是同一集合。

Python 中的集合类型与数学中的集合概念一致，也具备以上 3 个特性。它用于存储一组元素，元素必须唯一，元素可以是无序的。另外，Python 要求放入集合中的元素必须是不可变数据类型的，例如整型、浮点型、复数类型、布尔类型、字符串类型和元组类型，列表、字典及集合类型都属于可变的数据类型，这些类型的数据都不能存放到集合中。

3. 映射类型

映射类型以键值对的形式存储元素，键值对中的键与值之间存在映射关系。在数学中，设 A、B 是两个非空集合，若按某个确定的对应法则 f，可使集合 A 中的任意一个元素 x 在集合 B 中都有唯一确定的对应元素 y，则称 f 为从集合 A 到集合 B 的一个映射。映射关系示例如图 5-2 所示。

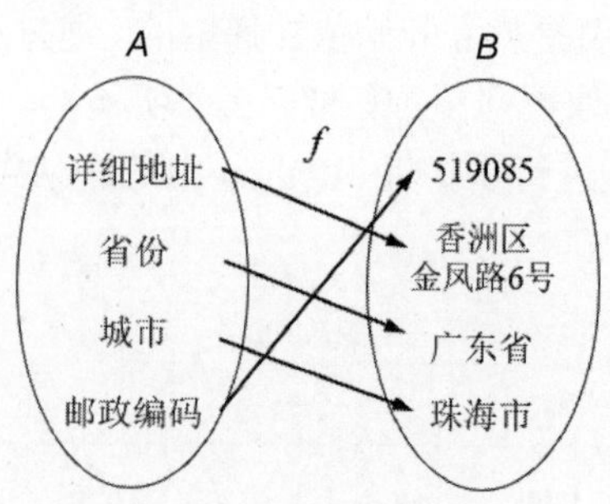

图5-2 映射关系示例

字典是 Python 中唯一的映射类型，字典的键必须遵循以下两个原则。

（1）每个键只能对应一个值，不允许重复出现。

（2）字典中的键是不可变数据类型的。

本章将在 5.6 节对 Python 中的字典进行详细介绍。

5.2 列表

列表是 Python 中最灵活的序列类型之一，它没有长度的限制，可以保存任意个任意类型的元素，用户可以自由地对列表中的元素进行各种操作，包括访问、添加、排序、删除等。本节将针对列表的相关操作进行讲解。

5.2.1 创建列表

Python 中有多种创建列表的方式，既可以直接使用中括号“[]”创建列表，也可以使用 list()函数创建列表，具体介绍如下。

1. 使用中括号“[]”创建列表

使用中括号“[]”可以直接创建一个空列表，示例代码如下：

```
list_one = []                              # 创建空列表，没有任何元素
```

在中括号中可以添加一个或多个元素，多个元素使用英文逗号分隔。列表的元素不仅可以为整型、浮点型等数字类型的数据，而且可以是字符串、列表、元组、字典等组合数据类型的数据，还可以是用户自定义的数据类型的数据。示例代码如下：

```
list_two = ['p', 'y', 't', 'h', 'o', 'n']        # 列表中的元素类型均为字符串
list_three = [1, 'a', '&', 2.3]                  # 列表中的元素类型不同
list_four = [1, 'a', '&', 2.3, list_three]       # 列表中嵌套了另一个列表
```

2. 使用 list()函数创建列表

list()函数需要接收一个可迭代对象，并根据可迭代对象创建一个列表。如果该函数没有接收任何可迭代对象，那么会创建一个空列表。示例代码如下：

```
# 创建空列表，结果为[]
li_one = list()
# 根据字符串创建列表，结果为['p', 'y', 't', 'h', 'o', 'n']
li_two = list('python')
# 根据另一个列表创建列表，结果为[1, 'python']
li_three = list([1, 'python'])
```

多学一招：可迭代对象

支持通过 for-in-语句迭代获取其内部元素的对象就是可迭代对象。我们已经学习了字符串和列表这两种数据类型，这两种数据类型的数据都是可迭代对象。同时，后续将学习的集合、字典的数据也是可迭代对象。

若希望知道一个目标对象是否可迭代，则可以使用 isinstance()函数，示例代码如下：

```
# 从 collections.abc 模块中导入 Iterable 类
from collections.abc import Iterable
ls = [3, 4, 5]
print(isinstance(ls, Iterable))
```

运行代码，结果如下所示：

```
True
```

由以上运行结果可知，列表 ls 是一个可迭代对象。

5.2.2 访问列表元素

Python 中既可以通过索引和切片这两种方式访问列表中的元素，也可以通过循环依次访问列表中的每个元素，下面分别介绍这 3 种访问列表元素的方式。

1. 通过索引访问列表元素

索引就像图书的目录，阅读时我们可以借助目录快速定位指定内容。类似地，每个列表元素都有唯一的索引来标识其在列表中的位置，通过索引可以快速定位列表中的元素，而无须遍历整个列表。通过索引访问列表元素的语法格式如下：

```
list[n]
```

以上语法格式中，list 表示列表或列表类型的变量，n 表示索引，其作用是访问列表 list 中索引为 n 的元素。

Python 中的序列类型支持双向索引，其中正向索引从 0 开始，自左至右递增；反向索引从-1 开始，自右向左递减。可分别通过正向索引和反向索引访问列表中的同一个元素，示例代码如下：

```
list_demo01 = ["Java", "C#", "Python", "PHP"]
print(list_demo01[1])                    # 通过正向索引访问列表元素
print(list_demo01[-3])                   # 通过反向索引访问列表元素
```

运行代码，结果如下所示：

```
C#
C#
```

2. 通过切片访问列表元素

切片是一种操作序列类型的方法，用于截取序列中的部分元素，从而得到一个新的子序列。下面以列表为例介绍如何通过切片访问列表的元素。通过切片访问列表元素的语法格式如下：

```
list[m:n:step]
```

以上语法格式表示按步长 step 获取列表 list 中索引 m～n-1 对应的元素，不包括索引 n 对应的元素。step 默认为 1；m 和 n 可以省略，若 m 省略，表示切片从列表头部开始，若 n 省略，表示切片到列表末尾结束。示例代码如下：

```
li_one = ['p', 'y', 't', 'h', 'o', 'n']
print(li_one[1:4:2])        # 按步长 2 获取 li_one 中索引 1～3 对应的元素
```

```
print(li_one[2:])          # 获取 li_one 中索引 2 到末尾对应的元素
print(li_one[:3])          # 获取 li_one 中索引 0～2 对应的元素
print(li_one[:])           # 获取 li_one 中的所有元素
```

运行代码，结果如下所示：

```
['y', 'h']
['t', 'h', 'o', 'n']
['p', 'y', 't']
['p', 'y', 't', 'h', 'o', 'n']
```

3. 通过循环依次访问列表元素

列表是一个可迭代对象，这意味着用户可以对列表进行迭代处理，逐个访问列表中的元素。Python 中使用 for 循环来遍历列表中的元素，示例代码如下：

```
li_one = ['p', 'y', 't', 'h', 'o', 'n']
for li in li_one:
    print(li, end=' ')
```

运行代码，结果如下所示：

```
p y t h o n
```

5.2.3 添加列表元素

添加列表元素是一种常见的列表操作，Python 中提供了 append()、extend()和 insert()这几个方法实现添加列表元素的操作，以满足向列表中动态添加元素的需求。关于这些方法的具体介绍如下。

1. append()方法

append()方法用于在列表末尾添加一个新元素，该方法需要接收一个参数，即要添加的新元素，新元素的类型是任意的，可以是整型、字符串、列表、元组、字典等。append()方法会将参数作为整体添加到列表的末尾，而不会将参数内部的多个元素逐个添加。示例代码如下：

```
list_one = [1, 2, 3, 4]
list_one.append(5)                        # 在列表末尾添加元素 5
print(list_one)
list_one.append(['论语', '诗经'])          # 继续在列表末尾添加另一个列表
print(list_one)
```

运行代码，结果如下所示：

```
[1, 2, 3, 4, 5]
[1, 2, 3, 4, 5, ['论语', '诗经']]
```

2. extend()方法

extend()方法用于将另一个序列中的每个元素逐个添加到列表的末尾，实现对原列表的扩展。示例代码如下：

```
list_str = ['a', 'b', 'c']
list_num = [1, 2, 3]
list_str.extend(list_num)        # 将 list_num 的所有元素添加到 list_str 的末尾
print(list_num)
print(list_str)
```

运行代码，结果如下所示：

```
[1, 2, 3]
['a', 'b', 'c', 1, 2, 3]
```

3. insert()方法

insert()方法用于在列表中的指定位置插入一个新元素，插入位置之后的元素会依次向后移动。如果新元素是列表、元组、字典，则会将其视为一个整体插入列表的指定位置。需要注意的是，如果指定位置超出了列表的长度，则 insert()方法会将元素插入列表的开头或者结尾。示例代码如下：

```
names = ['小明', '小红', '小兰']
# 在列表 names 中索引为 2 的位置插入新元素'小白'
names.insert(2, '小白')
print(names)
# 在列表 names 中索引为 1 的位置插入新元素('张三', '李四')
names.insert(1, ('张三', '李四'))
print(names)
names.insert(10, '王五')      # 在列表 names 的末尾插入新元素'王五'
print(names)
names.insert(-10, '王五')     # 在列表 names 的开头插入新元素'王五'
print(names)
```

运行代码，结果如下所示：

```
['小明', '小红', '小白', '小兰']
['小明', ('张三', '李四'), '小红', '小白', '小兰']
['小明', ('张三', '李四'), '小红', '小白', '小兰', '王五']
['王五', '小明', ('张三', '李四'), '小红', '小白', '小兰', '王五']
```

5.2.4 列表元素排序

列表元素排序指的是对列表中的元素按照一定规则进行重新排列的操作。Python 中列表元素排序常用的方法有 sort()、sorted()、reverse()，下面分别介绍这些方法。

1. sort()方法

sort()方法用于按特定顺序对列表中的所有元素进行排序，该方法的语法格式如下：

```
sort(key=None, reverse=False)
```

以上语法格式中各参数的含义如下。

- key：用于指定排序规则，该参数的取值可以是列表支持的函数或者匿名函数。例如，key=len 表示按元素的长度进行排序。该参数的默认值为 None，表示将按照元素的值进行排序。如果元素的类型是数字类型，则会按照数字的大小进行排序；如果元素的类型是字符串，则会按照字母顺序进行排序。
- reverse：用于控制列表元素排序的方式，该参数值可以取 True 或者 False，其中 True 表示降序排列，False（默认值）表示升序排列。

使用 sort()方法对列表元素排序后，排序后的元素会覆盖列表原有的元素，不产生新列表，示例代码如下：

```
li_one = [6, 2, 5, 3]
li_two = [7, 3, 5, 4]
li_three = ['python', 'java', 'php']
li_one.sort()                          # 采用升序的方式对列表中的元素进行排序
li_two.sort(reverse=True)              # 采用降序的方式对列表中的元素进行排序
li_three.sort(key=len)                 # 按照元素的长度对列表中的字符串进行排序
print(li_one)
```

```
print(li_two)
print(li_three)
```

以上代码首先创建了 3 个列表，即 li_one、li_two 和 li_three，然后使用 sort()方法分别对这 3 个列表进行排序，其中列表 li_one 采用默认的升序方式重新排列其内部的元素；列表 li_two 采用降序的方式重新排列其内部的元素；列表 li_three 按照元素的长度，并且采用升序的方式重新排列其内部的元素。

运行代码，结果如下所示：

```
[2, 3, 5, 6]
[7, 5, 4, 3]
['php', 'java', 'python']
```

2. sorted()函数

sorted()函数用于按升序的方式排列列表元素，该函数的返回值是升序排列后的新列表，排序操作不会对原列表产生影响。示例代码如下：

```
li_one = [4, 3, 2, 1]
li_two = sorted(li_one)          # 采用升序的方式对列表 li_one 的元素进行排序
print(li_one)
print(li_two)
```

运行代码，结果如下所示：

```
[4, 3, 2, 1]
[1, 2, 3, 4]
```

从上述结果可以看出，原列表中的元素没有任何变化，而新列表中的元素已经按照从小到大的顺序进行排列。

3. reverse()方法

reverse()方法用于逆置列表，即把原列表中的元素从右至左依次排列。示例代码如下：

```
li_one = ['a', 'b', 'c', 'd']
li_one.reverse()
print(li_one)
```

运行代码，结果如下所示：

```
['d', 'c', 'b', 'a']
```

5.2.5 删除列表元素

删除列表元素是一种常见的列表操作，它是指从一个列表中删除特定的元素或者所有的元素，使得列表中不再包含某元素或者任何元素。Python 中常用的删除列表元素的方式有 del 语句、remove()方法、pop()方法和 clear()方法，具体介绍如下。

1. del 语句

del 语句用于删除列表中指定位置的元素，示例代码如下：

```
names = ['小明', '小红', '小兰']
del names[0]                              # 从列表中删除索引为 0 的元素
print(names)
```

运行代码，结果如下所示：

```
['小红', '小兰']
```

此外，del 语句也可以删除整个列表，示例代码如下：

```
del names            # 删除列表 names
print(names)
```

以上程序运行后会出现错误，错误信息具体如下：

```
Traceback (most recent call last):
  File "E:\FastPrograms3\Chapter05\code02.py", line 5, in <module>
    print(names)
          ^^^^^
NameError: name 'names' is not defined
```

从最后一条错误信息可以看出，程序没有找到名为 names 的变量。之所以出现这种情况，是因为 Python 底层已经从命名空间中删除了变量 names，解除了变量 names 与列表的关联关系，并且触发了垃圾回收机制，将不再使用的列表当作垃圾进行回收，以后无法再访问变量 names 了。

2. remove()方法

remove()方法用于删除列表中的某个元素，若列表中有多个匹配的元素，remove()只删除匹配到的第一个元素，示例代码如下：

```
chars = ['h', 'e', 'l', 'l', 'e']
chars.remove('e')                              # 删除匹配到的第一个'e'
print(chars)
```

运行代码，结果如下所示：

```
['h', 'l', 'l', 'e']
```

3. pop()方法

pop()方法用于删除列表中指定位置的元素，并返回被删除的元素。若未指定具体元素，则该方法会删除列表中的最后一个元素。示例代码如下：

```
numbers = [1, 2, 3, 4, 5]
print(numbers.pop())         # 删除列表中的最后一个元素
print(numbers.pop(1))        # 删除列表中索引为 1 的元素
print(numbers)
```

运行代码，结果如下所示：

```
5
2
[1, 3, 4]
```

注意，如果指定位置超出了列表的长度，则会导致程序出错。

4. clear()方法

clear()方法用于清空列表中的所有元素，将列表变为空列表，示例代码如下：

```
names = [1, 2, 3]
names.clear()                # 清空列表中的所有元素
print(names)
```

运行代码，结果如下所示：

```
[]
```

从上述结果可以看出，names 列表中没有任何元素。

5.2.6　列表推导式

列表推导式是符合 Python 语法规则的复合表达式，用于以简洁的方式根据已有的列表构建满足特定需求的列表。基本列表推导式的语法格式如下：

```
[表达式 for 临时变量 in 目标对象]
```

以上语法格式由表达式及其后面的 for 语句组成，其中 for 语句用于遍历目标对象，并将每次遍历到的元素赋给临时变量，目标对象必须是一个可迭代对象，例如列表、字符串、元组等；表达式用于在每次循环中对临时变量进行处理或者计算，它可以是任何有效的、包含运算符的表达式，也可以是变量或者常量。

当程序执行列表推导式时，首先会创建一个空列表，然后执行 for 语句遍历目标对象的元素，在每次循环中将遍历到的元素赋给临时变量，之后执行表达式，将表达式的处理或计算结果添加到列表中，最后返回生成的新列表。

例如，使用列表推导式创建一个列表，该列表中的每个元素的值是另一个列表中每个元素的值的平方，示例代码如下：

```
ls = [1, 2, 3, 4, 5, 6, 7, 8]
ls = [data * data for data in ls]
print(ls)
```

运行代码，结果如下所示：

```
[1, 4, 9, 16, 25, 36, 49, 64]
```

除了上面介绍的语法格式外，还可以结合 if、if-else 语句或 for 循环嵌套构成比较复杂的列表推导式，进而更灵活地生成列表。下面对一些复杂的列表推导式进行介绍。

1. 带 if 语句的列表推导式

在基本列表推导式的 for 语句之后添加一个 if 语句，就组成了带 if 语句的列表推导式，其语法格式如下：

```
[表达式 for 临时变量 in 目标对象 if 判断条件]
```

以上列表推导式的执行过程是，先遍历目标对象，然后将遍历到的元素赋给临时变量，若临时变量的值符合判断条件，则按表达式对其进行处理或计算，并将处理或计算后的结果添加到新列表中。

例如，通过带 if 语句的列表推导式构建一个新列表，新列表中只保留列表 ls 中大于 4 的元素，具体代码如下：

```
new_ls = [temp for temp in ls if temp > 4]
print(new_ls)
```

运行代码，结果如下所示：

```
[9, 16, 25, 36, 49, 64]
```

2. 带 if-else 语句的列表推导式

在基本列表推导式的 for 语句之前添加一个 if-else 语句，就组成了带 if-else 语句的列表推导式，其语法格式如下：

```
[表达式1 if 判断条件 else 表达式2 for 临时变量 in 目标对象]
```

以上列表推导式的执行过程是，先遍历目标对象，然后将遍历到的元素赋给临时变量，若临时变量的值符合判断条件，则按表达式 1 对其进行处理或计算，否则按表达式 2 对其进行处理或计算，并将处理或计算后的结果添加到新列表中。

例如，通过带 if-else 语句的列表推导式构建一个新列表，新列表中保留列表 ls 中值为偶数的元素，以及值为奇数的元素加 1 的结果，具体代码如下：

```
new_ls = [temp if temp % 2 == 0 else temp + 1 for temp in ls]
print(new_ls)
```

运行代码，结果如下所示：

```
[2, 4, 10, 16, 26, 36, 50, 64]
```

3. 带 for 循环嵌套的列表推导式

在基本列表推导式的 for 语句之后添加一个 for 语句，就组成了带 for 循环嵌套的列表推导式，其语法格式如下：

```
[表达式 for 临时变量 1 in 目标对象 1 for 临时变量 2 in 目标对象 2]
```

以上语法格式中的 for 语句按从左至右的顺序分别是外层循环和内层循环。利用上述列表推导式可以根据两个目标对象快速生成一个新的列表。例如，将列表 ls_one 和列表 ls_two 中相同位置的元素相加后的结果作为列表 ls_three 的元素，示例代码如下：

```
ls_one = [1, 2, 3]
ls_two = [3, 4, 5]
ls_three = [x + y for x in ls_one for y in ls_two]
print(ls_three)
```

运行代码，结果如下所示：

```
[4, 5, 6, 5, 6, 7, 6, 7, 8]
```

5.3 元组

元组的表现形式为一组包含在小括号“()”中、由英文逗号分隔的元素，元素的个数、类型不受限制。使用小括号可以直接创建元组，示例代码如下：

```
t1 = ()                          # 创建空元组，结果为()
t2 = (1,)                        # 创建包含单个元素的元组，结果为(1,)
t3 = (1, 2, 3)                   # 创建包含多个元素的元组，结果为(1, 2, 3)
t4 = (1, 'c', ('e',2))           # 元组嵌套，结果为(1, 'c', ('e', 2))
```

需要注意的是，若元组中只有一个元素，则该元素之后的英文逗号是不能省略的。

使用内置函数 tuple()也可以创建元组。当该函数接收的参数为空时会创建一个空元组，当该函数接收的参数为可迭代对象时会创建非空元组，示例代码如下：

```
t1 = tuple()                     # 创建空元组，结果为()
t2 = tuple([1, 2, 3])            # 利用列表创建元组，结果为(1, 2, 3)
# 利用字符串创建元组，结果为('p', 'y', 't', 'h', 'o', 'n')
t3 = tuple('python')
t4 = tuple(range(5))             # 利用可迭代对象创建元组，结果为(0, 1, 2, 3, 4)
```

Python 中支持通过索引与切片的方式访问元组的元素，也支持通过循环依次访问元组的元素，示例代码如下：

```
print(t2[1])                     # 以索引的方式访问元组元素
print(t3[2:5])                   # 以切片的方式访问元组元素
for data in t3:                  # 通过循环遍历元组的元素
    print(data,end=' ')
```

运行代码，结果如下所示：

```
2
('t', 'h', 'o')
p y t h o n
```

需要注意的是，元组是不可变的数据类型，元组创建以后其内部的元素不能被修改，因此元组不支持添加元素、删除元素和元素排序等一些会修改元素的操作。

5.4 实训案例

5.4.1 成语接龙

案例详情

成语接龙是中华民族传统的文字游戏。它拥有悠久的历史和广泛的社会基础，是我国文字、文明的一个缩影，是老少皆宜的民间娱乐活动。成语接龙游戏的规则如下。

（1）成语必须由 4 个字组成。

（2）除了第 1 个成语外，其余成语的第一个字，都是上一个成语的最后一个字，例如，“叶公好龙”“龙马精神”“神采飞扬”“扬眉吐气”“气壮山河”。

（3）每轮成语不得有重复的。

现有一组成语，分别是“万事如意”“发愤图强”“笑容满面”“意气风发”“强颜欢笑”，本案例要求编写程序，从“万事如意”这个成语开始，完成其余成语的自动接龙。

5.4.2 中文数字对照表

案例详情

阿拉伯数字因其具有简单易写、方便使用的特点成为最流行的数字书写方式之一，但在使用阿拉伯数字记数时，可以将某些数字不留痕迹地修改成其他数字，例如，将数字“1”修改为数字“7”，将数字“3”修改为数字“8”。为了避免引起麻烦，可以使用中文大写数字壹、贰、叁、肆等替换对应的阿拉伯数字，替换规则如图 5-3 所示。

零	壹	贰	叁	肆	伍	陆	柒	捌	玖
0	1	2	3	4	5	6	7	8	9

图5-3　中文大写数字与阿拉伯数字的替换规则

本案例要求编写程序，实现将输入的阿拉伯数字转换为对应的中文大写数字的功能。

5.5 集合

Python 的集合本身是可变类型，但集合中的元素必须是不可变类型的。与列表和元组相比，集合的特点是元素无序且必须唯一。下面分别介绍创建集合和集合的常见操作。

1. 创建集合

集合的表现形式为一组包含在大括号“{}”中、由英文逗号“,”分隔的元素。使用“{}”可以直接创建集合，示例代码如下：

```
s1 = {1}                                # 创建包含一个元素的集合
s2 = {1, 'b', (2,5)}                    # 创建包含多个元素的集合
```

使用内置函数 set()也可以创建集合，如果该函数的参数列表为空，则创建的是一个空集合，示例代码如下：

```
s = set()
```

需要注意的是，使用{}不能创建空集合，空集合只能利用 set()函数创建。

若使用 set()函数创建非空集合，需为该函数传入一个可迭代对象，示例代码如下：

```
s1 = set([1, 2, 3])                      # 根据列表创建集合
s2 = set((2, 3, 4))                      # 根据元组创建集合
s3 = set('python')                       # 根据字符串创建集合
s4 = set(range(5))                       # 根据 range() 函数返回的结果创建集合
```

2. 集合的常见操作

集合是可变的，集合中的元素可以动态增加或删除。Python 提供了一些内置方法来操作集合，操作集合的常见方法如表 5-1 所示。

表 5-1　操作集合的常见方法

方法	功能说明
add(x)	向集合中添加元素 x，x 已存在时不做处理
remove(x)	删除集合中的元素 x，若 x 不存在则抛出 KeyError 异常
discard(x)	删除集合中的元素 x，若 x 不存在不做处理
pop()	随机返回集合中的一个元素，同时将该元素从集合中删除。若集合为空，抛出 KeyError 异常
clear()	清空集合
copy()	复制集合，返回值为集合
isdisjoint(T)	判断当前集合和集合 T 是否包含相同的元素，如果不包含则返回 True，否则返回 False

使用表 5-1 中的方法操作本节创建的集合，示例代码如下：

```
s1.add('s')                              # 向集合 s1 中添加元素 s
print(s1)
s2.remove(3)                             # 删除集合 s2 中的元素 3
print(s2)
s3.discard('p')                          # 删除集合 s3 中的元素 p
print(s3)
data = s4.pop()                          # 随机返回集合 s4 中的一个元素
print(data)
s3.clear()                               # 清空集合 s3
print(s3)
s5 = s2.copy()                           # 复制集合 s2 并赋给 s5
print(s5)
result = s4.isdisjoint(s2)               # 判断集合 s4 和 s2 是否有相同的元素
print(result)
```

运行代码，结果如下所示：

```
{1, 2, 3, 's'}
{2, 4}
{'h', 'y', 't', 'n', 'o'}
0
set()
{2, 4}
False
```

3. 集合推导式

集合推导式与列表推导式的格式相似，区别在于集合推导式外侧为大括号“{}”，其语法格式如下所示：

```
{表达式 for 临时变量 in 目标对象 if 判断条件}
```

以上语法格式中遍历的目标对象可以是集合或其他可迭代对象。通过集合推导式在列表 ls 的基础上生成只包含值为偶数的元素的新集合，示例代码如下：

```
ls = [1, 2, 3, 4, 5, 6, 7, 8]
s = {data for data in ls if data%2==0}
print(s)
```

运行代码，结果如下所示：

```
{8, 2, 4, 6}
```

集合推导式的更多语法格式可通过列表推导式类比，此处不赘述。

5.6 字典

“字典”这个词相信读者都不会陌生，在碰到不认识的字时，可以使用字典的汉字部首表查找对应的汉字。Python 中的字典也具备类似的功能，它以键值对的形式组织数据，可以通过“键”快速查找其对应的“值”。本节将对 Python 中的字典进行介绍。

5.6.1 创建字典

在 Python 中，字典的表现形式为一组包含在大括号“{}”中的键值对，每个键值对为一个字典元素。不同键值对使用英文逗号“,”分隔，键和值之间使用“:”分隔，语法格式如下：

```
{键1:值1, 键2:值2, …, 键N:值N}
```

字典的值可以是任意类型的数据，键可以是任意不可变类型的对象，如字符串、元组等。字典像集合一样使用“{}”包裹元素，字典中的元素无序，且键必须唯一。

使用“{}”可以直接创建字典，示例代码如下：

```
d1 = {}                                       # 创建空字典
d2 = {'A': '123', 'B': '135', 'C': '680'}     # 创建字典，键的类型都是字符串
d3 = {'A': 123, 12: 'python'}                 # 创建字典，键的类型不同
```

使用内置函数 dict()也可以创建字典，示例代码如下：

```
d4 = dict()                                   # 创建空字典
d5 = dict({'A': '123', 'B': '135'})           # 创建非空字典
```

5.6.2 字典的访问

Python 中可以使用字典的键访问其对应的值，具体的语法格式如下：

```
字典变量[键]
```

通过以上语法格式访问 5.6.1 小节创建的字典中的元素，示例代码如下：

```
print(d2['A'])
print(d3[12])
```

运行代码，结果如下所示：

```
123
python
```

Python 提供了内置方法 get()，该方法可以根据键从字典中获取对应的值，若指定的键不存在则返回指定的默认值。get()方法的语法格式如下：

```
d.get(key[, default])
```

在上述语法格式中，key 表示要获取值的键；default 是可选的参数，表示键不存在时返回的默认值。如果指定的键存在于字典中，则返回与该键关联的值；如果指定的键不存在，则返回指定的默认值；如果没有指定默认值，则返回 None。

示例代码如下：

```
print(d2.get('A'))
print(d3.get(12))
```

运行代码，结果如下所示：

```
123
python
```

除了利用键访问值的 get()外，Python 还提供了分别用于访问字典中所有键、值和元素的内置方法 keys()、values()和 items()，这些方法的示例代码如下：

```
dic = {'name': '小明', 'age':23, 'height':185}
print(dic.keys())                                    # 利用 keys()获取所有键
print(dic.values())                                  # 利用 values()获取所有值
print(dic.items())                                   # 利用 items()获取所有元素
```

运行代码，结果如下所示：

```
dict_keys(['name', 'age', 'height'])
dict_values(['小明', 23, 185])
dict_items([('name', '小明'), ('age', 23), ('height', 185)])
```

内置方法 keys()、values()、items()的返回值都是可迭代对象，利用循环可以遍历这些对象。以遍历 keys()的返回值为例，示例代码如下：

```
for key in dic.keys():
    print(key)
```

运行代码，结果如下所示：

```
name
age
height
```

5.6.3　字典元素的添加和修改

字典支持通过为指定的键赋值或使用 update()方法添加和修改元素，下面分别介绍如何添加和修改字典元素。

1. 字典元素的添加

当字典中不存在某个键时，利用如下语法格式可在字典中添加一个元素：

```
字典变量[键] = 值
```

例如，通过上述语法格式在字典中添加一个元素，具体代码如下：

```
add_dict = {'name': '小明', 'age':23, 'height':185}
add_dict['sco'] = 98                                     # 添加元素
print(add_dict)
```

以上代码通过为指定的键赋值实现了字典元素的添加。

运行代码，结果如下所示：

```
{'name': '小明', 'age': 23, 'height': 185, 'sco': 98}
```

当字典中不存在某个键时，使用 update()方法同样可以实现元素的添加。update()方法不仅能给字典添加一个元素，还可以一次性给字典添加多个元素。update()方法的语法格式如下：

```
update([other])
```

以上语法格式中，参数 other 是可选的，表示要添加的元素，它可以是一个字典，例如{'b': 3, 'c': 4}，也可以是一个由键值对元组组成的可迭代对象，例如[('b', 3), ('c', 4)]，还可以是形如“键 1=值 1, 键 2=值 2, …”的值，例如 b=3, c=4。

示例代码如下：

```
add_dict.update(weight=98)                       # 添加一个元素
print(add_dict)
add_dict.update(stu_id=1, address='北京')        # 添加多个元素
print(add_dict)
```

运行代码，结果如下所示：

```
{'name': '小明', 'age': 23, 'height': 185, 'sco': 98, 'weight': 98}
{'name': '小明', 'age': 23, 'height': 185, 'sco': 98, 'weight': 98, 'stu_id': 1,
'address': '北京'}
```

2. 字典元素的修改

修改字典元素的本质是通过键获取值，并重新对元素进行赋值。修改元素的操作与添加元素的操作基本相同，示例代码如下：

```
modify_dict = {'stu1': '小明', 'stu2': '小刚', 'stu3': '小兰'}
modify_dict.update(stu2='小强')          # 使用 update()方法修改元素
modify_dict['stu3'] = '小婷'             # 通过指定键修改元素
print(modify_dict)
```

以上代码通过 update()方法将 stu2 的值修改为“小强”，通过指定键将 stu3 的值修改为“小婷”。

运行代码，结果如下所示：

```
{'stu1': '小明', 'stu2': '小强', 'stu3': '小婷'}
```

5.6.4 字典元素的删除

Python 支持通过 pop()、popitem()和 clear()方法删除字典中的元素，下面分别介绍这几个方法。

1. pop()

pop()方法可根据指定键删除字典中的指定元素，若删除成功，该方法返回被删除的元素的值。示例代码如下：

```
per_info = {'001': '张三', '002': '李四',
            '003': '王五', '004': '赵六'}
print(per_info.pop('001'))           # 使用 pop()删除指定键为 001 的元素
print(per_info)
```

运行代码，结果如下所示：

```
张三
{'002': '李四', '003': '王五', '004': '赵六'}
```

由以上输出结果可知，元素“'001': '张三'”被成功删除。

2. popitem()

使用 popitem()方法可以随机删除字典中的一个元素。实际上 popitem()之所以能随机删除元素，是因为字典元素本身无序。若删除成功，popitem()方法会返回被删除的元素，示例代码如下：

```
per_info = {'001': '张三', '002': '李四',
            '003': '王五', '004': '赵六'}
print(per_info.popitem())                      # 使用 popitem()方法随机删除元素
print(per_info)
```

运行代码，结果如下所示：

```
('004', '赵六')
{'001': '张三', '002': '李四', '003': '王五'}
```

3. clear()方法

clear()方法用于清空字典中的元素，示例代码如下：

```
per_info = {'001': '张三', '002': '李四',
            '003': '王五', '004': '赵六'}
per_info.clear()                          # 使用 clear()方法清空字典中的元素
print(per_info)
```

运行代码，结果如下所示：

```
{}
```

由以上运行结果可知，字典 per_info 被清空，成为空字典。

5.6.5　字典推导式

使用字典推导式是一种快速构建字典的方法，它可以根据一定的规则从一个可迭代对象中创建字典。字典推导式与列表推导式的格式类似，区别在于字典推导式使用大括号包裹，且大括号内部的表达式需要包含键和值两个部分，其语法格式如下：

```
{键的表达式:值的表达式 for 临时变量 in 目标对象}
```

上述语法格式中总共包含两个部分，分别是键值对表达式和 for 语句，其中键值对表达式用于生成字典的键值对，键的表达式和值的表达式既可以是任何有效的包含运算符的表达式，也可以是变量或者常量；for 语句用于遍历目标对象中的元素，并将元素赋给临时变量。注意，临时变量的个数和目录对象的结构是匹配的，比如目标对象为字典时，由于字典里面的元素是一个键值对，它包括键和值两个部分，所以可以使用两个临时变量分别存储键和值。

当程序执行字典推导式时，首先会创建一个空字典，然后执行 for 语句遍历目标对象的元素，在每次循环中将遍历到的元素赋给临时变量，接着根据给定的表达式计算或处理键和值，将新的键值对添加到字典中，最后返回生成的新字典。

利用字典推导式可快速交换字典中的键和值，示例代码如下：

```
old_dict = {'name': '小明', 'age':23, 'height':185}
new_dict = {value:key for key, value in old_dict.items()}
print(new_dict)
```

运行代码，结果如下所示：

```
{'小明': 'name', 23: 'age', 185: 'height'}
```

字典推导式也支持 if 语句和 for 循环嵌套，此处不再讲解，有兴趣的读者可自行学习。

5.7 实训案例

5.7.1 词频统计

案例详情

词频统计是一种统计文本中单词出现次数的方法，它可以帮助我们了解文本中的哪些单词出现得最频繁，或者在某个特定的上下文中，某些单词的使用情况。本案例要求将用户输入的一段英文文本转变为小写形式后统计并输出每个单词的出现次数。

5.7.2 手机通讯录

案例详情

手机通讯录用于记录联系人的联系方式和基本信息，人们在手机通讯录中通过姓名可以方便地查看对应联系人的手机号、电子邮箱、联系地址等信息，也可以自由编辑联系人信息，包括新增、修改、删除联系人等。通讯录通常包含 6 个功能，每个功能都对应一个序号，用户选择序号执行相应的操作。手机通讯录中各功能的介绍如下。

（1）添加联系人：用户根据提示分别输入联系人的姓名、手机号、电子邮箱和联系地址，输入完成后输出保存成功的提示信息。注意，若输入的用户信息为空，会提示用户输入正确的信息。

（2）查看通讯录：如果通讯录不为空，按照固定的格式展示通讯录中每个联系人的信息。如果通讯录为空，则会直接提示通讯录无信息。

（3）删除联系人：如果通讯录不为空，则用户根据提示输入联系人的姓名，若该联系人在通讯录中，则删除该联系人，提示删除成功，否则提示该联系人不在通讯录中。如果通讯录为空，则会直接提示通讯录无信息。

（4）修改联系人：如果通讯录不为空，用户根据提示输入要修改的联系人的姓名，之后按照提示分别输入该联系人的新姓名、新手机号、新电子邮箱、新联系地址，并输出修改成功的提示信息。如果通讯录为空，则会直接提示通讯录无信息。

（5）查找联系人：如果通讯录不为空，用户根据提示输入联系人的姓名，若该联系人在通讯录中，则输出该联系人的所有信息，否则输出该联系人不在通讯录中的提示信息。如果通讯录为空，则会直接提示通讯录无信息。

（6）退出：退出手机通讯录。如果用户不主动选择退出，那么可以一直使用手机通讯录。

本案例要求编写程序，实现具有如上功能的手机通讯录。

5.8 组合数据类型使用运算符

2.6 节介绍的针对数字类型的运算符，对组合数据类型同样适用，但考虑到组合数据类型与数字类型之间存在差异，本节将说明“+”“*”“in”“not in”这几个运算符在组合数据类型中的使用规则。

1. “+”运算符

Python 的字符串、列表和元组支持“+”运算符，与数字类型不同，组合数据类型的变量相加时不进行数值的累加，而是进行变量的拼接。示例代码如下：

```
str_one = "hello "
str_two = "world"
print(str_one + str_two)
list_one = [1, 2, 3]
list_two = [4, 5, 6]
print(list_one + list_two)
tuple_one = (1, 2, 3)
tuple_two = (3, 4, 5)
print(tuple_one + tuple_two)
```

运行代码，结果如下所示：

```
hello world
[1, 2, 3, 4, 5, 6]
(1, 2, 3, 3, 4, 5)
```

2. “*”运算符

“*”运算符的运算规则与“+”运算符的类似，字符串、列表和元组可以和整数进行乘法运算，运算之后产生的新变量为原变量重复整数次的结果。以列表类型的变量为例，示例代码如下：

```
list_one = [1, 2, 3]
print(list_one * 3)
```

运行代码，结果如下所示：

```
[1, 2, 3, 1, 2, 3, 1, 2, 3]
```

3. “in”“not in”运算符

“in”“not in”运算符称为成员运算符，用于判断某个元素是否属于某个变量。Python 的字符串、列表、元组、集合和字典都支持成员运算符。以列表为例，示例代码如下：

```
list_one = [1, 2, 3]
print(1 in list_one)
print(1 not in list_one)
```

运行代码，结果如下所示：

```
True
False
```

5.9　本章小结

本章首先带领读者简单认识了 Python 中的组合数据类型；然后分别介绍了 Python 中常用的组合数据类型——列表、元组、集合、字典的创建和使用，并结合实训案例帮助读者巩固这些数据类型知识；最后介绍了组合数据类型使用运算符的规则。通过对本章的学习，读者能掌握并熟练运用 Python 中的组合数据类型。

5.10　习题

一、填空题

1. 使用内置的________函数可创建一个列表。
2. Python 中列表的元素可通过索引或________两种方式访问。
3. 使用内置的_______函数可创建一个元组。

4. 字典元素由________和________组成。

5. 字典中的键具有________性。

二、判断题

1. 列表只能存储同一类型的数据。(　　)

2. 元组支持添加、删除和修改元素的操作。(　　)

3. 列表的索引从 1 开始递增。(　　)

4. 字典中的键唯一。(　　)

5. 字典中的元素可通过索引的方式访问。(　　)

三、选择题

1. 下列方法中，可以对列表元素排序的是（　　）。

A. sort()　　B. reverse()　　C. max()　　D. list()

2. 阅读下面的程序：

```
li_one = [2, 1, 5, 6]
print(sorted(li_one[:2]))
```

运行程序，输出结果是（　　）。

A. [1 ,2]　　B. [2 ,1]　　C. [1 ,2 ,5 ,6]　　D. [6 ,5 ,2 ,1]

3. 下列方法中，默认删除列表中最后一个元素的是（　　）。

A. del　　B. remove()　　C. pop()　　D. extend()

4. 阅读下面的程序：

```
lan_info = {'01': 'Python', '02': 'Java', '03': 'PHP'}
lan_info.update({'03': 'C++'})
print(lan_info)
```

运行程序，输出结果是（　　）。

A. {'01': 'Python', '02': 'Java', '03': 'PHP'}　　B. {'01': 'Python', '02': 'Java', '03': 'C++'}

C. {'03': 'C++','01': 'Python', '02': 'Java'}　　D. {'01': 'Python', '02': 'Java'}

5. 阅读下面的程序：

```
set_01 = {'a', 'c', 'b', 'a'}
set_01.add('d')
print(len(set_01))
```

运行程序，输出结果是（　　）。

A. 5　　B. 3　　C. 4　　D. 2

四、简答题

1. 列举 Python 中常用的组合数据类型，并简单说明它们的异同。

2. 简单介绍删除字典元素的几种方式。

五、编程题

1. 已知列表 li_num1 = [4, 5, 2, 7]和 li_num2 = [3, 6]，请将这两个列表合并为一个列表，并将合并后的列表中的元素按降序排列。

2. 已知元组 tu_num1 = ('p', 'y', 't', ['o', 'n'])，请向元组的最后一个列表中添加新元素“h”。

3. 已知字符串 str_demo= 'skdaskerkjsalkj'，请统计该字符串中各字母出现的次数。

4. 已知列表 li_one = [1,2,1,2,3,5,4,3,5,7,4,7,8]，编写程序实现删除列表 li_one 中重复数据的功能。

第6章 函数

学习目标

- ◆ 了解函数，能够简述函数的概念以及在程序中使用函数的好处
- ◆ 掌握函数的定义和调用，能够根据需求定义和调用函数
- ◆ 掌握函数参数的传递方式，能够通过各种方式向函数内部传递数据
- ◆ 熟悉函数的返回值，能够在程序中处理一个或多个返回值
- ◆ 掌握局部变量和全局变量，能够在程序中使用局部变量和全局变量
- ◆ 掌握 global 或 nonlocal 关键字，能够通过这两个关键字修改变量的作用域
- ◆ 掌握递归函数的使用，能够运用递归函数解决阶乘的问题
- ◆ 掌握匿名函数的使用，能够运用匿名函数简化简单函数的定义

随着程序功能的增加，程序开发的难度和程序的复杂度也逐渐增加，如果仍然按照前面介绍的编写代码的方式开发程序，那么程序的阅读和后期管理与维护会给开发人员带来不少困扰。为了解决这些问题，也为了提高代码的复用性、更好地组织代码的结构与逻辑，Python 引入了函数这一概念。本章将针对函数的相关知识进行讲解。

6.1 函数概述

在程序开发中，函数是组织好的、用于实现单一功能或相关联功能的代码段。在前面我们已经接触过一些函数，例如，用于向控制台输出内容的 print()函数、用于接收用户输入内容的 input()函数等。我们可以将函数视为一段有名字的代码，这类代码可以在需要的地方以“函数名()”的形式调用。

为了帮助读者更直观地理解使用函数的好处，下面以非函数和函数两种形式编写程序，分别输出由 2×2、3×3、4×4 个星号组成的正方形，具体如图 6-1 所示。

对比图 6-1（a）和图 6-1（b）可知，使用了函数的程序的结构更加清晰、代码更加精简。

试想一下，若程序希望再输出一个 5×5 个星号的正方形，应该如何实现呢？对于未使用函数的程序而言，需要复制图 6-1（a）中用于输出任一正方形的代码，将循环次数修改为 5，如此，冗余代码增加；对于使用了函数的程序而言，只需要在调用用于输出正方形的函数时，将函数中的参数修改为 5 即可。

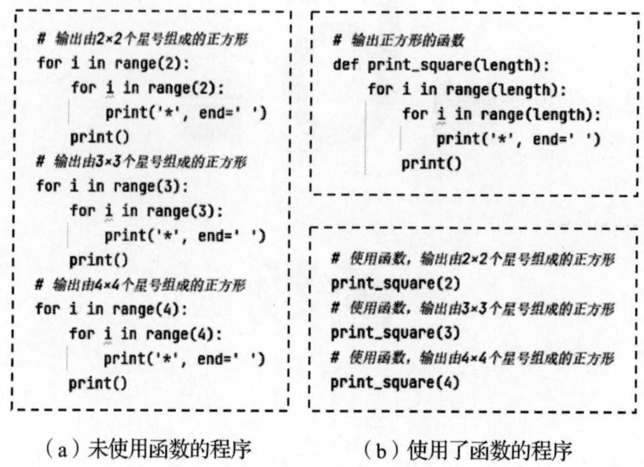

（a）未使用函数的程序　　（b）使用了函数的程序

图6-1　未使用和使用了函数的程序

综上所述，相较于之前的编程方法，函数式编程将程序模块化，可减少冗余代码，使程序结构更为清晰，这样不仅可以提高开发人员的编程效率，而且方便后期的程序维护与扩展。

6.2　函数的定义和调用

函数的使用分为定义和调用两个部分，本节将针对函数的定义和调用进行详细讲解。

6.2.1　定义函数

前面使用的 print()和 input()都是 Python 的内置函数，这些函数由 Python 官方定义，可以供开发人员直接使用。另外，开发人员也可以根据自己的需求定义函数。在 Python 中使用关键字 def 定义函数，定义函数的语法格式如下：

```
def 函数名([参数列表]):
    ['''文档字符串''']
    函数体
    [return 语句]
```

以上语法格式的相关说明如下。

- 关键字 def：用于标记函数的开始。
- 函数名：函数的唯一标识，其命名遵循标识符的命名规则。
- 参数列表：负责接收传入函数中的数据，可以包含一个或多个参数，也可以为空。
- 冒号：用于标记函数体的开始。
- 文档字符串：由一对三引号包裹的、用于说明函数功能的字符串，可以省略。
- 函数体：实现函数功能的具体代码，由一行或多行语句构成。
- return 语句：用于将函数的处理结果返回给函数的调用方，同时也标记函数的结束。若函数没有返回值，则可以省略 return 语句。

如果在定义某函数时参数列表为空，则这个函数称为无参函数。例如，定义一个计算两个数之和的函数，具体代码如下：

```
def add():
    result = 11 + 22
    print(result)
```

以上定义的 add()函数是一个无参函数，它只能计算 11 和 22 的和，具有很强的局限性。为了增强函数的灵活性，使函数能够计算任意两个数之和，这里可以定义一个带有参数的 add_modify()函数，使用该函数的参数接收从函数外部传入的数据，之后计算它们的和，示例代码如下：

```
def add_modify(a, b):
    result = a + b
    print(result)
```

6.2.2　调用函数

函数在定义完成后不会立刻执行，直到被程序调用时才会执行。调用函数的方式非常简单，其语法格式如下：

```
函数名([参数列表])
```

例如，调用 6.2.1 小节中定义的 add_modify()函数，代码如下：

```
add_modify(10, 20)
```

运行代码，结果如下所示：

```
30
```

实际上，程序在执行“add_modify(10, 20)”时经历了以下 4 个步骤。

（1）程序在调用函数的位置暂停执行，跳转到函数定义的位置。

（2）将数据传递给函数参数。在这个例子中，10 和 20 被分别传递给函数的参数 a 和 b。

（3）程序执行函数体中的语句。在这个例子中，函数体包含两条语句，用于计算并输出 a 与 b 的和。

（4）程序回到暂停处继续执行。

下面使用一张图来描述程序执行“add_modify(10, 20)”的整个过程，具体如图 6-2 所示。

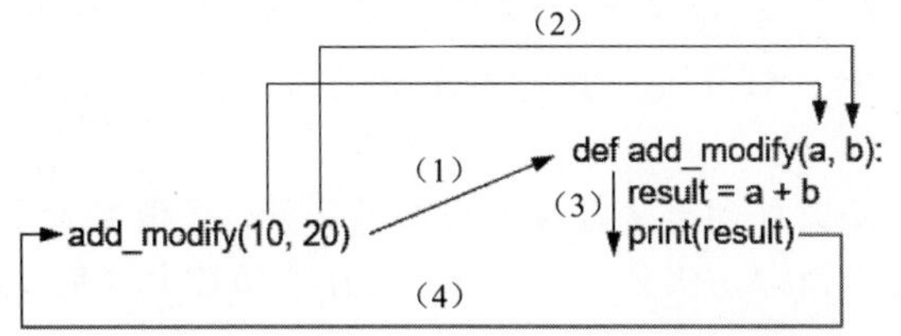

图6-2　程序执行“add_modify(10, 20)”的整个过程（1）

函数内部也可以调用其他函数，这称为函数的嵌套调用。例如，在 add_modify()函数内部增加调用 add()函数的代码，修改后的代码如下：

```
def add_modify(a, b):
    result = a + b
    add()                    # 在 add_modify()函数的内部调用 add()函数
    print(result)
```

运行代码，结果如下所示：

```
33
30
```

下面画图分析一下程序执行“add_modify(10, 20)”的整个过程，具体如图 6-3 所示。

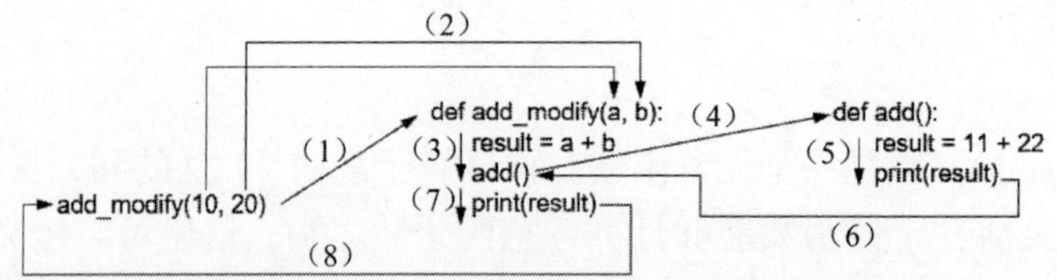

图6-3　程序执行“add_modify(10, 20)”的整个过程（2）

图 6-3 中的执行过程具体如下。

（1）程序在调用 add_modify()函数的位置暂停执行，跳转到该函数定义的位置。

（2）程序将数据 10 和 20 分别传递给函数的参数 a 和 b。

（3）程序执行 add_modify()函数的函数体。

（4）程序执行到调用 add ()函数的位置暂停执行，跳转到该函数定义的位置。

（5）程序执行 add ()函数的函数体。

（6）程序回到调用 add ()函数的位置继续执行。

（7）程序继续执行 add_modify()函数的函数体。

（8）程序回到调用 add_modify()函数的位置继续执行。

多学一招：函数的嵌套定义

在定义函数时可以在其内部嵌套定义另外一个函数，此时嵌套的函数称为外层函数，被嵌套的函数称为内层函数。例如，在 add_modify()函数中定义 test()函数，具体代码如下所示：

```
def add_modify(a, b):
    result = a + b
    print(result)
    def test():                        # 在 add_modify()函数中定义函数 test()
        print("我是内层函数")
add_modify(10, 20)
```

运行代码，结果如下所示：

```
30
```

由以上运行结果可知，程序没有执行内层函数的输出语句，只执行了外层函数的输出语句。

需要说明的是，在函数外部无法直接调用内层函数，只能在外层函数中调用内层函数，从而执行两个函数的输出语句。例如，在 add_modify()函数中调用 test()函数，修改后的代码如下：

```
def add_modify(a, b):
    result = a + b
    print(result)
    def test():                        # 在 add_modify()函数中定义函数 test()
        print("我是内层函数")
    test()                             # 在 add_modify()函数中调用函数 test()
add_modify(10, 20)
```

运行代码，结果如下所示：

```
30
我是内层函数
```

6.3　函数参数的传递

通常情况下，定义函数时设置的参数称为形式参数，简称为形参；调用函数时传入的参数称为实际参数，简称为实参。函数参数的传递是指将实参传递给形参的过程。函数参数的传递可以分为位置参数的传递、关键字参数的传递、默认参数的传递、参数的打包与解包以及混合传递。本节将针对函数参数的这几种传递方式进行详细讲解。

6.3.1　位置参数的传递

当调用函数传递位置参数时，实参会按照位置顺序依次传递给对应的形参。也就是说，第 1 个实参会传递给第 1 个形参，第 2 个实参会传递给第 2 个形参，以此类推。注意，实参的数量和位置必须与函数定义中位置参数的数量和位置保持一致，否则会导致解释器运行时出现异常信息，或者错误的参数匹配。

例如，定义一个用于获取两个数之间较大值的函数 get_max()，调用 get_max()函数，通过位置参数的方式传递实参，示例代码如下：

```
def get_max(a, b):
    if a > b:
        print(a, "是较大的值！")
    elif a < b:
        print(b, "是较大的值！")
    else:
        print("两个值一样大！")
get_max(8, 5)
```

以上函数执行后会将第一个实参 8 传递给第一个形参 a，第二个实参 5 传递给第二个形参 b。

运行代码，结果如下所示：

```
8 是较大的值！
```

6.3.2　关键字参数的传递

当函数有较多参数时，想要记住每个参数的位置和含义可能会很困难，因此按照位置参数的方式传递参数并不是一个好的选择。此时，可以使用关键字参数的方式传递参数。关键字参数的传递中，通过使用“形参=实参”的格式将实参与对应的形参关联起来，根据具体的参数名传递参数，从而避免记忆参数位置的困扰。

例如，定义一个用于连接设备的函数 connect()，调用 connect()函数，通过关键字参数的方式传递实参，示例代码如下：

```
def connect(ip, port):
    print(f"设备{ip}:{port}连接！")
connect(ip="127.0.0.1", port=8080)
```

以上代码执行后会将"127.0.0.1"传递给与其关联的形参 ip，将 8080 传递给与其关联的形参 port。

运行代码，结果如下所示：

```
设备 127.0.0.1:8080 连接！
```

多学一招：仅限位置

有人此时可能会产生一个疑问，实参无论采用位置参数的方式传递，还是采用关键字参数的方式传递，每个形参都是有名称的，怎么区分采用哪种方式传递呢？Python 新增了仅限位置的语法，使用符号"/"来限定部分形参只能接收通过位置参数的传递方式传递的实参，示例代码如下：

```
def func(a, b, /, c):               # 使用"/"限制其前面的形参 a、b
    print(a, b, c)
```

以上定义的 func()函数中，符号"/"之前的 a、b 只能接收通过位置参数的传递方式传递的实参；符号"/"之后的 c 为普通形参，可以接收采用位置参数的传递方式或关键字参数的传递方式传递的实参。

调用 func()函数，示例代码如下：

```
# 错误的调用方式
func(a=10, 20, 30)
func(10, b=20, 30)
# 正确的调用方式
func(10, 20, c=30)
```

运行代码，结果如下所示：

```
10 20 30
```

6.3.3 默认参数的传递

定义函数时可以指定形参的默认值，调用函数时可以选择是否给带有默认值的形参传值。若没有给带有默认值的形参传值，直接使用形参的默认值；若给带有默认值的形参传值，则使用实参的值覆盖默认值。

例如，定义一个用于连接设备的函数，在该函数中给一个参数指定默认值，对另一个参数不指定默认值，示例代码如下：

```
def connect(ip, port=8080):
    print(f"设备{ip}:{port}连接！")
```

接下来调用两次 connect()函数，分别使用默认值和不使用默认值，示例代码如下：

```
connect(ip="127.0.0.1")
connect(ip="127.0.0.1", port=3306)
```

以上代码中，第一次调用 connect()函数时，"127.0.0.1"会传递给与其关联的形参 ip，而形参 port 使用默认值 8080；第二次调用 connect()函数时，"127.0.0.1"会传递给与其关联的形参 ip，3306 会传递给与其关联的形参 port。

运行代码，结果如下所示：

```
设备127.0.0.1:8080连接！
设备127.0.0.1:3306连接！
```

6.3.4 参数的打包与解包

函数支持将实参以打包和解包的形式传递给形参，这样可以在不事先知道参数数量的情况下进行函数调用或参数传递，使函数的调用和参数的传递更加方便和灵活。关于打包和解包的介绍如下。

1. 打包

Python 中参数的打包是指将多个实参打包成一个元组或字典，在函数调用时将其作为一个整体传递给形参。如果形参的前面加上“*”，那么它可以接收以元组形式打包的多个值；如果形参的前面加上“**”，那么它可以接收以字典形式打包的多个值。

定义一个形参为*args 的函数，示例代码如下：

```
def test(*args):
    print(args)
```

调用 test()函数时传入多个实参，多个实参会以元组形式打包并传递给形参。示例代码如下：

```
test(11, 22, 33, 44, 55)
```

运行代码，结果如下所示：

```
(11, 22, 33, 44, 55)
```

由以上运行结果可知，Python 解释器将传给 test()函数的所有值打包成元组后传递给了形参*args。

定义一个形参为**kwargs 的函数，示例代码如下：

```
def test(**kwargs):
    print(kwargs)
```

调用 test()函数时传入多个关联形参名的实参，示例代码如下：

```
test(a=11, b=22, c=33, d=44, e=55)
```

运行代码，结果如下所示：

```
{'a': 11, 'b': 22, 'c': 33, 'd': 44, 'e': 55}
```

由以上运行结果可知，Python 解释器将传给 test()函数的所有实参打包成字典后传递给了形参**kwargs。

值得一提的是，虽然函数中添加“*”或“**”的形参名可以是符合命名规则的任意名称，但建议使用*args 和**kwargs。若函数没有接收到任何数据，参数*args 和**kwargs 为空，即它们分别为空元组和空字典。

2. 解包

Python 中参数的解包是指使用特殊语法将元组或字典拆分为多个值并赋给对应的形参。如果函数在调用时接收的实参是元组类型的数据，那么可以使用“*”将元组拆分成多个值，并按照位置参数的传递方式赋给对应的形参；如果函数在调用时接收的实参是字典类型的数据，那么可以使用“**”将字典拆分成多个键值对，并按照关键字参数的传递方式赋给与键名称对应的形参。

定义一个带有 5 个形参的函数，示例代码如下：

```
def test(a, b, c, d, e):
    print(a, b, c, d, e)
```

调用 test()函数时传入一个包含 5 个元素的元组，并使用“*”对该元组执行解包操作，示例代码如下：

```
nums = (11, 22, 33, 44, 55)
test(*nums)
```

运行代码，结果如下所示：

```
11 22 33 44 55
```

由以上运行结果可知，元组被解包成多个值。

调用 test()函数时传入一个包含 5 个元素的字典，并使用“**”对该字典执行解包操作，示例代码如下：

```
nums = {"a":11, "b":22, "c":33, "d":44, "e":55}
test(**nums)
```

运行代码，结果如下所示：

```
11 22 33 44 55
```

由以上运行结果可知，字典被解包成多个值。

6.3.5 混合传递

前面介绍的参数传递的方式在定义或调用函数时可以混合使用，但是需要遵循一定的优先级规则。函数参数的传递方式按优先级从高到低依次为位置参数的传递、关键字参数的传递、默认参数的传递、打包传递。

在定义函数时，带有默认值的参数必须在普通参数（不带有默认值或星号标识的参数）之后，带有“**”标识的参数必须在带有“*”标识的参数之后。

例如，定义一个有多种形参的函数，代码如下：

```
def test(a, b, c=33, *args, **kwargs):
    print(a, b, c, args, kwargs)
```

调用 test()函数，依次传入不同个数和形式的参数，示例代码如下：

```
test(1, 2)
test(1, 2, 3)
test(1, 2, 3, 4)
test(1, 2, 3, 4, e=5)
```

运行代码，结果如下所示：

```
1 2 33 () {}
1 2 3 () {}
1 2 3 (4,) {}
1 2 3 (4,) {'e': 5}
```

test()函数共有 5 个参数，以上代码多次调用 test()函数并传入不同个数和形式的参数，下面结合代码运行结果逐个说明函数调用过程中参数的传递情况。

第一次调用 test()函数时，该函数接收到实参 1、2，这两个实参分别被位置参数 a 和 b 接收；剩余 3 个形参 c、*args、**kwargs 没有接收到实参，都使用默认值，因此最后 3 个参数对应的输出的结果为 33、()和{}。

第二次调用 test()函数时，该函数接收到实参 1、2、3，前 3 个实参分别被位置参数 a、b、c 接收；剩余两个形参*args、**kwargs 没有接收到实参，都使用默认值，因此最后两个参数对应的输出的结果为()和{}。

第三次调用 test()函数时，该函数接收到实参 1、2、3、4，前 4 个实参分别被形参 a、b、c、*args 接收；形参**kwargs 没有接收到实参，因此最后一个参数对应的输出的结果为{}。

第四次调用 test()函数时，该函数接收到实参 1、2、3、4 和关联形参 e 的实参 5，所有的实参被相应的形参接收。

6.4 函数的返回值

函数中的 return 语句会在函数结束时将数据返回给程序，同时让程序回到函数被调用的位置继续执行。

例如，定义一个用于过滤敏感词的函数，代码如下：

```
def filter_sensitive_words(words):
    if "山寨" in words:
        new_words = words.replace("山寨", "**")
        return new_words
```

以上代码中的 filter_sensitive_words()函数会接收字符串，将该字符串中的"山寨"替换为"**"，并使用 return 语句返回替换后的字符串。

调用 filter_sensitive_words()函数，使用一个变量保存返回值，示例代码如下：

```
result = filter_sensitive_words("这个手机是山寨版吧！")
print(result)
```

运行代码，结果如下所示：

```
这个手机是**版吧！
```

以上定义的函数只返回了一个值，如果函数使用 return 语句返回了多个值，那么这些值将被保存到元组中。

下面定义一个用于控制游戏角色位置的函数，该函数使用 return 语句返回游戏角色目前所处位置的 x 坐标和 y 坐标，示例代码如下：

```
def move(x, y, step):
    nx = x + step
    ny = y - step
    return nx, ny  # 使用 return 语句返回多个值
result = move(100, 100, 60)
print(result)
```

运行代码，结果如下所示：

```
(160, 40)
```

6.5 变量作用域

Python 变量并不是在哪个位置都可以访问，具体的访问权限取决于变量定义的位置，变量的有效范围视为变量的作用域，作用域决定了在哪些位置能够访问变量。本节将针对变量作用域的相关知识进行详细讲解。

6.5.1 局部变量和全局变量

根据作用域的不同，变量可以分为局部变量和全局变量。下面分别对局部变量和全局变量进行介绍。

1. 局部变量

局部变量是指在函数内部定义的变量，它的作用域仅限于函数内部，只能在函数内部对它进行访问或使用。一旦函数执行结束，局部变量将无法被访问或使用。

例如，在 test_one()函数中定义一个局部变量 number，分别在该函数内部和函数外部访问局部变量 number，代码如下：

```
def test_one():
    number = 10                          # 局部变量
    print(number)                        # 在函数内部访问局部变量
```

```
test_one()
print(number)
```

运行代码，结果如下所示：

```
10
Traceback (most recent call last):
  File "E:\FastPrograms3\Chapter06\code04.py", line 5, in <module>
    print(number)
          ^^^^^^
NameError: name 'number' is not defined
```

结合代码运行结果分析，程序调用 test_one()函数后成功访问并输出了局部变量 number 的值，说明局部变量能够在函数内部使用；程序在调用 test_one()函数后继续在函数外部访问局部变量 number，这时出现“name 'number' is not defined”的错误信息，说明局部变量不能在函数外部使用。

不同函数内部可以包含同名的局部变量，这些局部变量的关系类似于不同目录下同名文件的关系，它们相互独立，互不影响。例如，在 test_one()函数中定义一个局部变量 number，在 test_two()函数中也定义一个局部变量 number，分别在每个函数的内部访问 number，代码如下：

```
def test_one():
    number = 10
    print(number)                          # 访问 test_one()函数的局部变量 number
def test_two():
    number = 20
    print(number)                          # 访问 test_two()函数的局部变量 number
test_one()
test_two()
```

运行代码，结果如下所示：

```
10
20
```

结合代码运行结果分析：程序在执行 test_one()函数时访问了局部变量 number，并且输出了 number 的值 10；程序在执行 test_two()函数时访问了局部变量 number，并且输出了 number 的值 20；由此可见，不同函数的局部变量之间互不影响。

2. 全局变量

全局变量是指在整个程序中都可以使用的变量，它们一般定义在函数外部，并且在整个程序运行期间占用存储单元。例如，在 test_one()函数的外部定义一个全局变量 number，分别在该函数的内部和外部访问全局变量 number，具体代码如下：

```
number = 10                                # 定义全局变量
def test_one():
    print(number)                          # 在函数内部访问全局变量
test_one()
print(number)                              # 在函数外部访问全局变量
```

运行代码，结果如下所示：

```
10
10
```

结合代码运行结果分析：程序在调用 test_one()函数时成功地访问了全局变量 number，并且输出了 number 的值；程序在执行完 test_one()函数后再次成功地访问了全局变量 number，并且输出了 number 的值；由此可知，全局变量可以在程序的任意位置被访问。

需要注意的是，全局变量在函数内部只能被访问，而无法被直接修改。下面对 test_one()函数进行修改，在该函数中添加给全局变量 number 重新赋值的语句，修改后的代码如下：

```
number = 10                                  # 定义全局变量
def test_one():
    print(number)                            # 在函数内部访问全局变量
    number += 1                              # 在函数内部直接修改全局变量
test_one()
print(number)
```

运行代码，结果如下所示：

```
Traceback (most recent call last):
  File "E:\FastPrograms3\Chapter06\code04.py", line 5, in <module>
    test_one()
  File " E:\FastPrograms3\Chapter06\code04.py ", line 3, in test_one
    print(number)                            # 在函数内部访问全局变量
          ^^^^^^
UnboundLocalError: cannot access local variable 'number' where it is not associated
with a value
```

在程序的开头明明已经定义了全局变量，但以上错误信息表示程序无法访问未声明的局部变量 number，这是为什么呢？这是因为函数内部的变量 number 被视为局部变量，而在执行“number+=1”这行代码之前并未声明过局部变量 number。由此可见，在函数内部只能访问全局变量，而无法直接修改全局变量。

多学一招：LEGB 原则

LEGB 是在程序中搜索变量时遵循的原则，该原则中的每个字母指代一种作用域，具体如下。

（1）L（Local）：局部作用域，例如，在函数内部定义的局部变量和形参的作用域。

（2）E（Enclosing）：嵌套作用域，例如，在嵌套函数中外层函数声明的变量的作用域。

（3）G（Global）：全局作用域，例如，在模块中定义变量的作用域。

（4）B（Built-in）：内置作用域，例如，Python 内置的模块或函数中声明的变量的作用域。

Python 在搜索变量时会按照“L→E→G→B”这个顺序依次在这 4 种作用域中搜索变量：若搜索到匹配的变量，则终止搜索并使用该变量；若搜索完 L、E、G、B 这 4 种作用域仍未找到变量，程序将抛出异常。

6.5.2　global 和 nonlocal 关键字

在函数内部无法直接修改全局变量或在嵌套函数的外层函数中声明的变量，但可以使用 global 或 nonlocal 关键字间接修改这些变量。下面分别介绍 global 和 nonlocal 关键字的用法。

1. global 关键字

global 关键字用于在函数内部声明一个全局变量，并允许在函数内部对该全局变量进行修改。global 关键字的语法格式如下：

```
global 变量名
```

下面对 6.5.1 小节的最后一个示例的代码进行修改，先在 test_one()函数中使用 global 关键字声明全局变量 number，然后在函数中重新给 number 赋值，最后输出修改后 number 的值，修改后的代码如下：

```
number = 10                              # 定义全局变量
def test_one():
    global number                        # 使用 global 声明变量 number 为全局变量
    number += 1
    print(number)
test_one()
print(number)
```

运行代码，结果如下所示：

```
11
11
```

由上述结果可知，程序能够正常运行，说明使用 global 关键字修饰后可以在函数中修改全局变量。

2. nonlocal 关键字

如果在嵌套函数内部访问和修改外层函数中的变量，而不是创建新的局部变量，可以使用 nonlocal 关键字。nonlocal 关键字的语法格式如下：

```
nonlocal 变量名
```

例如，在 test()函数嵌套的 test_in()函数中使用 nonlocal 关键字声明 number 变量是外部函数中定义的变量，之后修改这个变量的值，具体代码如下所示：

```
def test():
    number = 10                     # 定义变量
    def test_in():
        nonlocal number             # 使用 nonlocal 声明变量 number
        number = 20                 # 在内部函数中修改变量 number
    test_in()
    print(number)
test()
```

以上定义的 test()函数中嵌套了函数 test_in()，在 test()函数中定义了一个变量 number，在 test_in()函数中使用 nonlocal 关键字声明变量 number，并修改了变量 number 的值，调用 test_in()函数后输出变量 number 的值。

运行代码，结果如下所示：

```
20
```

从程序的运行结果可以看出，程序在执行 test_in()函数时成功地修改了变量 number，并且输出了 number 的值。

6.6 实训案例

6.6.1 智能聊天机器人

案例详情

近年来，智能聊天机器人在国内广泛应用于企业客户服务、教育、医疗等多个领域，为人们提供了更加便捷、高效、智能的服务。本案例要求实现一个简易智能聊天机器人（以下简称机器人）——小智，用于帮助用户解答百科知识的问题，具体要求如下。

（1）机器人默认解答 5 个问题，这 5 个问题分别是诗仙是谁、中国第一个朝代是哪个朝代、三十六计的第一计是什么、“天府之国”是中国的哪个地方、中国第一长河是哪条河，答案分别是李白、夏朝、瞒天过海、四川、长江。

（2）机器人有 3 项功能，分别是训练、对话和离开。若用户从键盘输入 t，说明用户想训练机器人，此时机器人需要记录训练的新问题及答案；若用户从键盘输入 c，说明用户想跟机器人对话，此时机器人需要回答用户提出的问题；若用户从键盘输入 l，说明用户想让机器人离开，此时机器人需要退出程序。

6.6.2　饮品自动售货机

案例详情

随着“无人零售”经济的兴起，商场、车站、大厦等很多场所都引入了饮品自动售货机，方便人们选购自己想要的饮品。购买者选择想要的饮品，通过投币或扫码的方式支付，支付成功后从出货口取出饮品。本案例要求编写代码，运用函数的知识实现饮品自动售货机的程序，模拟用户在饮品自动售货机选购饮品的流程，具体要求如下。

（1）用户开始使用时饮品自动售货机会展示饮品菜单，饮品菜单包括饮品名称及其价格，具体如下所示。

```
--------------------
可口可乐 : 2.5元
百事可乐 : 2.5元
冰红茶 : 3元
脉动 : 3.5元
果缤纷 : 3元
绿茶 : 3元
茉莉花茶 : 3元
尖叫 : 2.5元
--------------------
```

（2）用户可以根据自己的需要重复输入饮品名称和数量，如果用户输入的饮品名称不存在，则会输出饮品名称不正确的提示信息；如果用户输入的饮品数量为负数或者非整数，则会输出饮品数量不合法的提示信息；如果用户输入的饮品名称为 q，则会完成选择进入结算的流程。

（3）饮品自动售货机会根据饮品价格和数量计算总金额。

6.7　特殊形式的函数

除了前面按标准定义的函数之外，Python 还提供了两种具有特殊形式的函数：递归函数和匿名函数。本节将针对递归函数和匿名函数进行详细讲解。

6.7.1　递归函数

函数在定义时可以直接或间接地调用其他函数。若函数内部调用了自身，则这个函数被称为递归函数。递归函数通常用于解决结构相似的问题，它采用递归的方式，将一个复杂的大型问题转化为与原问题结构相似的、规模较小的若干子问题，之后对最小化的子问题求解，从而得到原问题的解。

递归函数在定义时需要满足两个基本条件：一个是有递归公式，另一个是有边界条件。

其中，递归公式描述如何通过解决子问题来解决原问题；边界条件是最小化的子问题，也是递归结束的条件。

递归函数的执行可以分为以下两个阶段。

（1）递推：递归的执行基于上一次的运算结果，将问题规模逐渐缩小，通过不断调用自身来求解子问题，这一阶段也称为递归调用。

（2）回溯：当递归达到边界条件时，递归开始，逐级返回函数调用过程中得到的结果，将得到的部分结果组合成最终的解。

递归函数的一般语法格式如下所示：

```
def 函数名([参数列表]):
    if 边界条件:
        return 结果
    else:
        return 递归公式
```

递归最经典的应用之一便是阶乘。在数学中，求正整数 $n!$（n 的阶乘）问题根据 n 的取值可以分为以下两种情况。

（1）当 $n=1$ 时，所得的结果为 1。

（2）当 $n>1$ 时，所得的结果为 $n\times(n-1)!$。

那么利用递归求解阶乘问题时，$n=1$ 是边界条件，$n\times(n-1)!$是递归公式。

编写代码实现 $n!$的求解，示例代码如下：

```
def func(num):
    if num == 1:
        return 1
    else:
        return num * func(num - 1)
num = int(input("请输入一个整数："))
result = func(num)
print("5!=%d"%result)
```

运行代码，按提示输入整数 5，结果如下所示：

```
请输入一个整数：5
5!=120
```

func(5)的求解过程如图 6-4 所示。

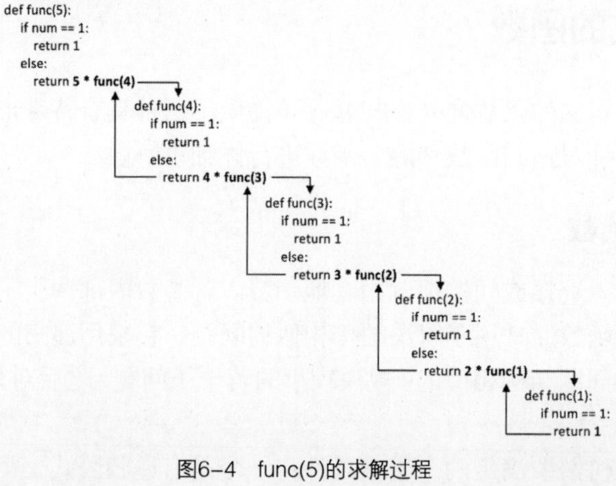

```
def func(5):
    if num == 1:
        return 1
    else:
        return 5 * func(4)
            def func(4):
                if num == 1:
                    return 1
                else:
                    return 4 * func(3)
                        def func(3):
                            if num == 1:
                                return 1
                            else:
                                return 3 * func(2)
                                    def func(2):
                                        if num == 1:
                                            return 1
                                        else:
                                            return 2 * func(1)
                                                def func(1):
                                                    if num == 1:
                                                        return 1
```

图6-4　func(5)的求解过程

结合图 6-4 分析 func(5)的求解过程可知：程序将求解 func(5)转化为求解 5*func(4)，想要得到 func(5)的结果，必须先得到 func(4)的结果；求解 func(4)又会被转换为求解 4*func(3)，同样地，想要得到 func(4)的结果必须先得到 func(3)的结果。以此类推，直到程序开始求解 2*func(1)，此时触发临界条件，func(1)的值可以直接计算，之后结果开始向上逐级传递，直到最终返回 func(5)的位置，求得 5!。

6.7.2 匿名函数

匿名函数是一类不需要命名的函数，它与普通函数一样可以在程序的任何位置使用。Python 中使用 lambda 关键字定义匿名函数，它的语法格式如下：

```
lambda <形参列表> :<表达式>
```

以上语法格式中，形参列表可以包含零个、一个或多个参数，多个参数使用英文逗号分隔，表达式定义匿名函数要执行的操作。

关于匿名函数与普通函数的主要区别如下。

（1）普通函数在定义时有函数名，而匿名函数没有函数名。

（2）普通函数的函数体中包含多条语句，而匿名函数的函数体只能是一个表达式。

（3）普通函数可以实现比较复杂的功能，而匿名函数可实现的功能比较简单。

定义好的匿名函数不能直接使用，最好使用一个变量保存它，以便后期可以随时使用这个函数。例如，定义一个计算数值平方的匿名函数，并将匿名函数返回的结果赋给一个变量，具体代码如下：

```
temp = lambda x : pow(x, 2)
```

此时，变量 temp 可以作为匿名函数的临时名称来调用函数，示例代码如下：

```
print(temp(10))
```

运行代码，结果如下所示：

```
100
```

6.8 实训案例

6.8.1 兔子数列

案例详情

兔子数列又称斐波那契数列、黄金分割数列，它从兔子繁殖的例子中引出，故此得名。兔子繁殖的故事如下。

兔子一般在出生两个月之后就有了繁殖能力，每对兔子每月可以繁殖一对小兔子，假如所有的兔子都不会死，试问一年以后一共有多少对兔子？

本案例要求编写代码，利用递归函数实现根据月份计算兔子总数量的功能。

6.8.2 商品排序

案例详情

某电商平台统计了近一周内华为手机的销量等信息，具体如表 6-1 所示。

本实例要求编写程序，使用匿名函数定义排序规则，实现按销量对所有手机信息进行降序排列的功能。

表 6-1 华为手机的销量等信息

名称	价格/元	销量
华为 P60	4887.00	210
华为 Mate 40E Pro	4699.00	90
华为 nova 10 青春版	1698.00	102
华为 P50 Pro	3987.00	88
华为畅享 70	999.00	152

6.9 阶段案例——学生管理系统

案例详情

学生信息是高等院校的一项重要数据资源，具有数量庞大、更新频繁等特点，给管理人员带来了许多挑战。随着计算机应用的普及，人们设计了针对学生信息特点及实际需要的学生管理系统，减轻了管理人员的工作负担。本案例要求开发一个简易版学生管理系统，该系统的功能菜单如图 6-5 所示。

```
================================
学生管理系统 V10.0
1.添加学生信息
2.删除学生信息
3.修改学生信息
4.查询所有学生信息
0.退出系统
================================
```

图6-5 学生管理系统的功能菜单

由图 6-5 可知，学生管理系统总共有 5 个功能，各个功能的说明如下。

（1）添加学生信息：用户按照系统提示依次输入学生的姓名、性别和手机号，输入完成后会收到系统的"添加成功!"提示信息。

（2）删除学生信息：用户按照系统提示输入学生的序号，输入完成后会收到系统的"删除成功!"提示信息。

（3）修改学生信息：用户按照系统提示先输入待修改学生的序号，再依次输入修改后的学生姓名、性别和手机号。若学生管理系统中还没有添加过学生信息，提示"学生信息为空"。

（4）查询所有学生信息：系统按照固定格式输出所有学生信息。

（5）退出系统：退出学生管理系统。

6.10 本章小结

本章主要讲解了函数的相关知识，包括函数概述、函数的定义和调用、函数参数的传递、函数的返回值、变量作用域、特殊形式的函数，并配套了实训案例。通过对本章的学习，读者能够深入理解函数的相关知识，并熟练地在实际开发中应用函数。

6.11 习题

一、填空题

1. Python 中使用关键字________定义一个函数。
2. ________函数是一类不需要命名的函数。
3. 若函数内部调用了自身，则这个函数被称为________。
4. Python 中使用________关键字可以在函数内部声明全局变量。
5. ________变量是指在函数内部定义的变量，它只能在函数内部被使用。

二、判断题

1. 函数在定义完成后会立刻执行。(　　)
2. 变量在程序的任意位置都可以被访问。(　　)
3. 函数可以提高代码的复用性。(　　)
4. 在任何函数内部都可以直接访问和修改全局变量。(　　)
5. 当按照位置给函数传递参数时，多个参数之间有严格的位置关系。(　　)

三、选择题

1. 下列关于函数的说法中，错误的是（　　）。
   A. 函数可以减少重复的代码，使得程序更加模块化
   B. 不同的函数中可以使用相同名字的变量
   C. 调用函数时，实参的传递顺序与形参的传递顺序可以不同
   D. 匿名函数与使用关键字 def 定义的函数没有区别
2. Python 使用哪个关键字定义一个匿名函数？（　　）
   A. function　　B. func　　C. def　　D. lambda
3. Python 使用哪个关键字自定义一个函数？（　　）
   A. function　　B. func　　C. def　　D. lambda
4. 请阅读下面的代码：

```
num_one = 12
def sum(num_two):
    global num_one
    num_one = 90
    return num_one + num_two
print(sum(10))
```

运行代码，输出结果为（　　）。
   A. 102　　B. 100　　C. 22　　D. 12

5. 请阅读下面的代码：

```
def many_param(num_one, num_two, *args):
    print(args)
many_param(11, 22, 33, 44, 55)
```

运行代码，输出结果为（　　）。
   A. (11,22,33)　　B. (22,33,44)　　C. (33,44,55)　　D. (11,22)

四、简答题

1. 简述位置参数的传递、关键字参数的传递、默认参数的传递的区别。
2. 简述函数参数混合传递的规则。
3. 简述局部变量和全局变量的区别。

五、编程题

1. 编写函数，输出 1～100 中偶数之和。
2. 编写函数，计算 20×19×18×…×3 的结果。
3. 编写函数，判断用户输入的整数是否为回文数。回文数是一个正向和逆向都相同的整数，如 123454321、9889。
4. 编写函数，判断用户输入的 3 个数字是否能作为边长构成三角形。
5. 编写函数，计算两个正整数的最小公倍数。

第7章 文件与数据格式化

学习目标

- ◆ 了解文件，能够说出计算机中文件的完整标识和文件分类
- ◆ 掌握文件的基础操作，能够实现文件的打开、关闭、读写、定位读写操作
- ◆ 掌握文件与目录管理，能够通过 os 模块中的函数管理计算机中的文件与目录
- ◆ 了解数据的分类，能够区分一维数据、二维数据和多维数据
- ◆ 熟悉数据的存储与读写方式，能够归纳一维数据和二维数据的存储方式，以及实现一维数据和二维数据的读写操作
- ◆ 熟悉多维数据的格式化，能够归纳 JSON 和 XML 数据的特点

程序中通常会使用变量保存运行时产生的临时数据，但这些临时数据在程序运行结束后消失。然而，有些程序中的数据需要持久地保存，例如游戏程序中的角色属性数据、装备数据、物品数据等。那么，有没有一种方法可以持久地保存这些数据呢？答案是肯定的，计算机可以使用文件持久地保存数据。本章将从计算机中文件的分类、基础操作、管理方式与数据维度等方面对文件与数据格式化的相关知识进行介绍。

7.1 文件概述

在计算机中，文件是广泛应用的数据存储方式。它们以硬盘等外部介质为载体，在计算机内部存储各种数据，如文本文档、图像、程序、音频、视频等。

类似于程序中使用的变量，计算机中的每个文件也有唯一确定的标识，它用于识别和引用文件。文件标识由路径、文件名主干和扩展名 3 个部分组成，关于它们的介绍如下。

（1）路径：路径是文件在计算机中的位置表示，用于指明文件所在的目录结构，以帮助操作系统定位文件。路径可以分为相对路径或绝对路径，其中相对路径是相对于当前工作目录或某个特定目录的路径，绝对路径从根目录开始完整地指定文件的位置。

（2）文件名主干：文件名主干通常是用于描述文件的内容、用途或其他相关信息的字符串，有助于用户识别和区分不同的文件。

（3）扩展名：扩展名是文件名中表示文件类型或格式的部分，用于帮助操作系统和应用程序辨识和处理不同种类的文件，通常紧跟在文件名主干之后。

Windows 操作系统中一个文件的完整标识如图 7-1 所示。

```
D:\itcast\chapter10\example.dat
```

路径　文件名主干　扩展名

图7-1　Windows 操作系统中一个文件的完整标识

操作系统以文件为单位对数据进行管理，若想找到存放在外部介质上的数据，必须先按照文件标识找到指定的文件，再从文件中读取数据。根据图 7-1 所示的文件完整标识，用户可以在 Windows 操作系统中找到 D:\itcast\chapter10 路径下文件名主干为 example，扩展名为.dat 的文件。

根据数据的逻辑存储结构，人们将计算机中的文件分为文本文件和二进制文件，具体介绍如下。

1. 文本文件

文本文件是由字符组成的文件，包含可被人类读取和理解的文本信息。文本文件中的字符可以是字母、数字、标点符号和其他可输出字符。一般情况下，文本文件以纯文本形式存储，并使用 ASCII（American Standard Code for Information Interchange，美国信息交换标准代码）、Unicode 或其他编码方式来表示其中的字符。常见的文本文件格式包括 TXT、CSV（Comma-Separated Values，逗号分隔值）、XML（Extensible Markup Language，可扩展标记语言）、HTML（Hypertext Markup Language，超文本标记语言）、JSON（JavaScript Object Notation，JavaScript 对象表示法）等。

由于文本文件以可读的文本形式存储，其内容在计算机以及不同操作系统和应用程序之间具有良好的可移植性和互操作性。文本文件可以被文本处理工具和编程语言读取、写入和处理，这使得文本文件格式成为广泛应用于各种场景的通用数据存储格式。

2. 二进制文件

二进制文件是由字节组成的文件。它以二进制形式存储数据，包含计算机能够直接解读和处理的信息。二进制文件可以包含各种类型的数据，如图像、音频、视频等，这类文件不能直接使用文字处理程序正常读写，必须使用相关程序才能正确获取文件信息。

在计算机中，文本文件和二进制文件这两种类型的文件是根据数据的逻辑存储结构而非物理存储结构进行划分的，由于计算机中的数据都是以二进制形式存储的，所以文本文件和二进制文件在物理层面上并没有区别。

多学一招：标准文件

Python 的 sys 模块中定义了 3 个标准文件，分别为 stdin（标准输入文件）、stdout（标准输出文件）和 stderr（标准错误文件）。标准输入文件对应输入设备，如键盘；标准输出文件和标准错误文件对应输出设备，如显示器。每个终端都有其对应的标准文件，这些文件在终端启动的同时打开。

在 Python 解释器中导入 sys 模块后便可对标准文件进行操作。以标准输出文件为例，向该文件中写入数据的示例代码如下：

```
import sys
file = sys.stdout
file.write("hello")
```

以上代码将标准输出文件赋给文件对象 file，又通过文件对象 file 调用内置方法 write()向标准输出文件中写入数据。程序执行后，字符串"hello"将被写入标准输出文件，即输出到终端。

7.2 文件的基础操作

文件的打开、关闭与读写是文件的基础操作，任何复杂的文件操作都离不开这些操作。本节将介绍这些基础操作。

7.2.1 文件的打开与关闭

当用户需要对文件进行读取或写入操作时，首先需要将文件打开，建立与文件的连接，然后在完成操作以后将文件关闭，断开与文件的连接，以便及时释放资源并确保数据的完整性。下面介绍如何在程序中打开和关闭文件。

1. 打开文件

Python 中的内置函数 open()用于打开文件并返回相应的文件对象，该函数的语法格式如下：

```
open(file, mode='r', buffering=-1, encoding=None, errors=None,
     newline=None, closefd=True, opener=None)
```

open()函数中的参数 file 用于指定文件名或文件路径；参数 encoding 用于指定文件的编码方式，默认值为 None，表示使用系统默认的编码方式，常见的编码方式包括'utf-8'、'gbk'等；参数 mode 用于设置文件的打开模式，基本的打开模式有 r、w、a，它们也可以与 b、+组合使用，以满足不同打开文件操作的需求。常用的文件打开模式如表 7-1 所示。

表 7-1 常用的文件打开模式

打开模式	名称	描述
r 或 rb	读取或二进制读取模式	以只读的方式打开文本文件或二进制文件，若文件不存在或无法找到，则将无法成功打开文件。r 为默认的打开模式
w 或 wb	写入或二进制写入模式	以只写的方式打开文本文件或二进制文件。若文件已经存在，则会先清空文件内容再写入新的文本数据或二进制数据；若文件不存在，则会创建一个新的文件
a 或 ab	追加或二进制追加模式	以只写的方式打开文本文件或二进制文件，并在文件末尾追加数据，而不会清空文件原有的数据。若文件不存在，则会创建一个新的文件
r+或 rb+	读写或二进制读写模式	以读写的方式打开文本文件或二进制文件，允许在文件中进行读取和写入操作。若文件不存在或无法找到，则将无法成功打开文件
w+或 wb+	读写或二进制读写模式	以读写的方式打开文本文件或二进制文件，允许在文件中进行读取和写入操作。若文件已经存在，则会先清空文件内容再进行读取和写入的操作；若文件不存在，则会创建一个新的文件
a+或 ab+	追加或二进制追加读写模式	以读写的方式打开文本文件或二进制文件，允许在文件中进行读取和写入操作，写入的数据会直接追加到已有数据的后面，而不会清空文件原有的数据。若文件不存在，则会创建一个新的文件

若 open()函数成功打开文件，则会返回一个文件对象。打开文件的示例代码如下：

```
file1 = open('E:\\a.txt')          # 以只读的方式打开 E 盘的文本文件 a.txt
file2 = open('b.txt', 'w')         # 以只写的方式打开当前目录的文本文件 b.txt
file3 = open('c.txt', 'w+')        # 以读写的方式打开文本文件 c.txt
file4 = open('d.txt', 'wb+')       # 以二进制读写的方式打开文本文件 d.txt
```

以只读的方式打开文件时，若待打开的文件不存在，则文件会打开失败，导致程序出现报错信息。假设以上代码要打开的文件 a.txt 不存在，执行上述代码后出现的报错信息如下：

```
Traceback (most recent call last):
  File "E:\FastPrograms3\Chapter07\code02.py", line 1, in <module>
    file1 = open('E:\\a.txt')      # 以只读的方式打开 E 盘的文本文件 a.txt
            ^^^^^^^^^^^^^^^^^
FileNotFoundError: [Errno 2] No such file or directory: 'E:\\a.txt'
```

由上述报错信息“[Errno 2] No such file or directory: 'E:\\a.txt'”可知，程序在 E 盘下没有找到文本文件 a.txt。

2. 关闭文件

Python 中可通过 close()方法关闭文件，也可以使用 with 语句实现文件的自动关闭。下面分别介绍这 2 种关闭文件的方式。

（1）close()方法

close()方法是为文件对象提供的方法，用于关闭已经打开的文件。该方法无须传入任何参数，直接调用即可。例如，调用 close()方法关闭之前打开的文件对象 file，具体代码如下：

```
file.close()
```

（2）with 语句

当操作文件时，如果打开文件与关闭文件之间的操作较多，我们很容易遗漏关闭文件操作，为此 Python 引入 with 语句预定义清理操作，实现文件的自动关闭。with 语句的语法格式如下：

```
with open(文件路径, 打开模式) as 变量名:
    代码段
```

上述语法格式中，as 及其后面的变量名都是可选的。当程序执行 with 语句时，首先会调用 open()函数打开指定路径下的文件，并将该函数返回的文件对象赋给变量，然后执行 with 语句内的代码段，并在代码段执行完毕后自动调用 close()方法关闭已打开的文件。使用 with 语句可以简化文件操作的代码，并确保在任何情况下都会正确关闭文件。

使用 with 语句打开与关闭文件 a.txt 的示例代码如下：

```
with open('a.txt', 'w+') as file:
    print('我是 with 语句')
```

以上示例代码中的变量 file 用于接收 with 语句打开的文件对象。程序中无须调用 close()方法关闭文件，文件对象使用完毕后，with 语句会自动关闭文件。

思考：为什么要及时关闭文件？

虽然程序执行完毕后，系统会自动关闭由程序打开的文件，但计算机中可打开的文件数量是有限的，每打开一个文件，可打开的文件数量就减 1。打开的文件占用系统资源，若打开的文件过多，会降低系统性能。当文件以缓冲方式打开时，磁盘文件与内存间的读写并非即时的，若程序因异常关闭，可能产生数据丢失。因此，编写代码时应在程序中主动关闭不再使用的文件。

7.2.2 文件的读写

Python 提供了一系列读写文件的方法，包括读取文件的 read()、readline()、readlines()方法和写文件的 write()、writelines()方法，下面将介绍如何使用这些方法实现文件的读写。

1. 读取文件

（1）read()方法

read()方法用于从指定文件中读取一定数量的字节或字符，并将读取到的数据返回。read()方法的语法格式如下：

```
read(size=-1)
```

以上语法格式中的参数 size 用于指定从文件中读取的数据的字节数或字符数，默认值为-1，表示一次性从文件中读取所有数据。

下面以文件 test.txt 为例，演示使用 read()方法读取该文件中指定数量的字符，test.txt 文件中的内容具体如下：

```
合抱之木，生于毫末；
九层之台，起于累土；
千里之行，始于足下。
老子《老子》
```

使用 read()方法读取 test.txt 文件的示例代码如下：

```
with open('test.txt') as file:
    result = file.read(3)                # 读取 3 个字符
    print(result)
    result = file.read(3)                # 继续读取 3 个字符
    print(result)
    result = file.read()                 # 继续读取剩余的全部数据
    print(result)
```

运行代码，结果如下所示：

```
合抱之
木，生
于毫末；
九层之台，起于累土；
千里之行，始于足下。
老子《老子》
```

（2）readline()方法

readline()方法用于从指定文件中读取一行数据，并保留该行数据末尾的换行符\n。readline()方法的语法格式如下：

```
readline()
```

下面以文件 test.txt 为例，演示使用 readline()方法读取该文件中的数据，示例代码如下：

```
with open('test.txt') as file:
    result = file.readline()  # 第 1 次读取，读取第 1 行数据
    print(result)
    result = file.readline()  # 第 2 次读取，读取第 2 行数据
    print(result)
    result = file.readline()  # 第 3 次读取，读取第 3 行数据
    print(result)
    result = file.readline()  # 第 4 次读取，读取第 4 行数据
    print(result)
```

运行代码，结果如下所示：

```
合抱之木，生于毫末；
```

```
九层之台，起于累土；

千里之行，始于足下。

老子《老子》
```

（3）readlines()方法

readlines()方法用于一次性读取文件中的所有数据，若读取成功返回一个列表，文件中的每一行对应列表中的一个元素。readlines()方法的语法格式如下：

```
readlines(hint=-1)
```

以上语法格式中，参数 hint 的单位为字节，它用于控制要读取的行数，如果一行中数据的总大小超出了 hint 指定的字节，readlines()方法将不会继续读取文件，返回的列表中的行数可能会少于指定的行数。

下面以文件 test.txt 文件为例，演示使用 readlines()方法读取该文件的所有数据，示例代码如下：

```
with open('test.txt') as file:
    print(file.readlines())      # 使用 readlines() 方法读取所有的数据
```

运行代码，结果如下所示：

```
['合抱之木，生于毫末；\n', '九层之台，起于累土；\n', '千里之行，始于足下。\n', '老子《老子》']
```

以上介绍的 3 个方法中，read()和 readlines()方法都可一次性读取文件中的全部数据，但这两个方法可能会引起内存问题。因为计算机的内存是有限的，若文件较大，read()和 readlines()的一次性读取便会耗尽系统内存，这显然是不可取的。为了保证读取安全，通常会采用 read(size)方法，通过多次调用 read()方法每次读取 size 个字节或字符。

2. 写入文件

（1）write()方法

write()方法可以将字符串写入文件，其语法格式如下：

```
write(data)
```

以上语法格式中的参数 data 表示要写入文件的数据，若数据写入成功，write()方法会返回本次写入文件的数据的字节数或字符数。

使用 write()方法向 write_file.txt 文件中写入数据，示例代码如下：

```
string = "Nothing in the world is difficult " \
         "for one who sets his mind to it."
with open('write_file.txt', mode='w') as file:
    size = file.write(string)              # 向文件中写入数据
    print(size)                            # 输出字符数
```

运行代码，结果如下所示：

```
66
```

此时打开 write_file.txt 文件，可以在该文件中看到“Nothing in the world is difficult for one who sets his mind to it.”，具体如图 7-2 所示。

（2）writelines()方法

writelines()方法用于将字符串或字符串列表写入文件，其语法格式如下：

```
writelines(lines)
```

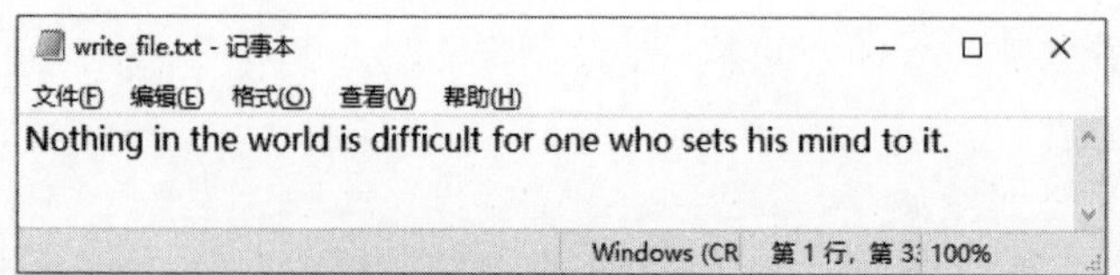

图7-2 使用write()方法写入文件的字符串

以上语法格式中的参数 lines 表示要写入文件中的数据，该参数可以是一个字符串或字符串列表。需要说明的是，若写入文件的数据在文件中需要换行，应显式插入换行符。

使用 writelines()方法向文件 write_file.txt 中写入数据，示例代码如下：

```
string_list = ["Interest is the best teacher!\n",
               "Interest is the best teacher!\n",
               "Interest is the best teacher!"]
with open('write_file.txt', mode='w') as file:
    file.writelines(string_list)
```

运行代码，控制台没有输出信息。此时打开 write_file.txt 文件，可在该文件中看到写入的多个字符串，具体如图 7-3 所示。

图7-3 使用writelines()方法写入文件的字符串

多学一招：字符与编码方式

文本文件支持多种编码方式，不同编码方式下字符数与字节数的对应关系不同，常见的编码方式以及字符数与字节数的对应关系如表 7-2 所示。

表 7-2 常见的编码方式及字符数与字节数的对应关系

编码方式	语言	字符数	字节数
ASCII	中文	1	
	英文	1	1
UTF-8	中文	1	3 或 4
	英文	1	1
UTF-16	中文	1	2
	英文	1	2
UTF-32	中文	1	4
	英文	1	4
GBK	中文	1	2
	英文	1	1

7.2.3 文件的定位读写

7.2.2 小节使用 read()方法读取了文件 test.txt，结合代码与运行结果分析后可以发现，程序第 1 次读取到了 3 个字符，第 2 次从第 4 个字符“木”开始读取。之所以出现上述情况，是因为在文件的一次打开与关闭之间进行的读写操作是连续的，程序总是从上次读写的位置继续往后进行读写操作。

实际上，每个文件对象都有一个称为“读写指针”的属性，该属性用于记录当前的读写位置，默认值为 0，即文件读写位置默认在文件开头位置。Python 中提供了一些获取与修改文件读写位置的方法，以实现文件的定位读写，下面分别对这些方法进行详细讲解。

1. tell()方法

tell()方法用于获取文件当前的读写位置，会返回一个表示文件读写位置的整数，这个整数以字节为单位。例如，当程序从文件开头位置读取了 3 个英文字符后，通过 tell()方法获取的文件读写位置为 3，说明文件读写位置当前为从文件开头偏移 3 个字节的位置。

下面以文件 write_file.txt 为例，演示通过 tell()方法获取当前的文件读写位置，具体代码如下：

```
with open('write_file.txt') as file:
    read_location = file.tell()    # 获取文件读写位置
    print(read_location)
    file.read(5)                   # 通过 read()方法读取数据，移动文件读写位置
    read_location = file.tell()    # 再次获取文件读写位置
    print(read_location)
```

运行代码，结果如下所示：

```
0
5
```

由上述代码的运行结果可知，程序第 1 次获取到的文件读写位置为 0，说明文件读写位置当前为文件开头位置；第 2 次获取到的文件读写位置为 5，说明文件读写位置当前为从文件开头偏移 5 个字节的位置。

2. seek()方法

为了满足程序在读写文件时从指定位置开始的需求，Python 中提供了 seek()方法。该方法用于移动文件读写位置到指定的位置，以便用户能够从任意位置开始读写文件。seek()方法的语法格式如下：

```
seek(offset, whence=os.SEEK_SET, /)
```

seek()方法中的参数 offset 表示偏移量，即文件读写位置需要移动的字节数，它的取值可以为正数、负数或 0，其中正数表示相对于指定位置向文件末尾移动的字节数，负数表示相对于指定位置向文件开头移动的字节数，0 表示不移动，即保持位置不变；参数 whence 用于指定偏移量的参考位置，该参数支持的取值及其代表的含义分别如下。

- os.SEEK_SET 或 0：默认值，表示从文件开头位置开始偏移。
- os.SEEK_CUR 或 1：表示从当前位置开始偏移。
- os.SEEK_END 或 2：表示从文件末尾位置开始偏移。

seek()方法调用成功后会返回当前的文件读写位置。

下面以文件 write_file.txt 为例，演示通过 seek()移动文件读写位置，具体代码如下：

```
with open('write_file.txt') as file:
    read_location = file.seek(5, 0)        # 从文件开头移动 5 个字节
    print(read_location)                   # 输出当前的文件读写位置
    result = file.read(3)                  # 读取 3 个字符
    print(result)
```

以上代码中首先通过文件对象 file 调用 seek()方法移动文件读写位置。seek()方法的第 1 个参数为 5，第 2 个参数为 0，说明从文件开头位置开始移动 5 个字节，然后通过文件对象调用 read()方法继续读取 3 个字符，也就是说，读取文件中的第 6～8 个字符。

运行代码，结果如下所示：

```
5
est
```

需要注意的是，当使用 seek()方法操作文本文件时，只能在 from 参数值为 0 的情况下从文件开头位置开始移动文件读写位置，而不能在 from 参数值为 1 或 2 的情况下进行相对移动，这样会导致程序出现错误。示例代码如下：

```
with open('write_file.txt') as file:            # 打开文本文件
    read_location = file.seek(5, 0)             # 从文件开头移动 5 个字节
    print(read_location)
    read_location = file.seek(-3, 2)            # 从文件末尾向前移动 3 个字节
    print(read_location)
```

运行代码，结果如下所示：

```
5
Traceback (most recent call last):
  File "E:\FastPrograms3\Chapter07\code02.py", line 4, in <module>
    read_location = file.seek(-3, 2)                # 从文件末尾向前移动 3 个字节
                    ^^^^^^^^^^^^^^^^
io.UnsupportedOperation: can't do nonzero end-relative seeks
```

若要相对于当前的文件读写位置或文件末尾移动文件读写位置，则需要以二进制读取的方式打开文件，示例代码如下：

```
with open('write_file.txt', 'rb') as file:      # 以二进制读取的方式打开文件
    read_location = file.seek(5, 0)             # 从文件开头移动 5 个字节
    print(read_location)
    read_location = file.seek(-3, 2)            # 从文件末尾向前移动 3 个字节
    print(read_location)
```

运行代码，结果如下所示：

```
5
88
```

7.3 文件与目录管理

对于用户而言，文件和目录以不同的形式展现，但对于计算机而言，目录是文件属性信息的集合，其本质上也是一种文件。除了 Python 的内置方法外，os 模块中也定义了与文件操作相关的函数，利用这些函数可以实现删除文件、重命名目录或文件、创建或删除目录、获取当前目录、更改默认目录与获取文件名列表等操作。本节将对 os 模块中的常用函数进行讲解。

1. 删除文件——remove()函数

os 模块中的 remove()函数用于删除指定路径下的文件，若待删除的文件不存在，则会导致程序报错。remove()函数的语法格式如下：

```
remove(path)
```

以上语法格式中，参数 path 表示待删除文件的路径，其取值可以为绝对路径或相对路径，

若该参数的值为一个文件的名称，则表明删除当前目录下指定名称的文件。

例如，使用 remove()函数删除文件 a.txt，具体代码如下：

```
import os
os.remove('a.txt')
```

2. 重命名目录或文件——rename()函数

使用 os 模块中的 rename()函数可以重命名目录或文件，该函数要求目标目录或文件必须存在，若不存在会导致程序报错。rename()函数的语法格式如下：

```
rename(src, dst, *, src_dir_fd=None, dst_dir_fd=None)
```

以上语法格式中各参数的含义如下。

- src：表示旧的目录名或文件名。
- dst：表示新的目录名或文件名。
- src_dir_fd：表示旧目录或文件对应的文件描述符，文件描述符是操作系统用来标识已经打开的文件的一种方式，如果指定了此参数，则会将 src 视为 src_dir_fd 指定的目录的相对路径。例如，重命名/home/user/documents/file.txt，src_dir_fd 参数指定的文件描述符为/home/user，src 参数的值可以简化为 documents/file.txt，而不需要使用绝对路径。
- dst_dir_fd：表示新目录或文件对应的文件描述符，如果指定了此参数，则会将 dst 视为 dst_dir_fd 指定的目录的相对路径。

例如，使用 rename()函数重命名文件 write_file.txt，具体代码如下：

```
os.rename('a.txt', 'test.txt')
```

3. 创建或删除目录——mkdir()或 rmdir()函数

os 模块中的 mkdir()函数用于创建目录，rmdir()函数用于删除目录，这两个函数都必须传入一个目录名。例如，使用 mkdir()函数创建名称为 dir 的目录，具体代码如下：

```
os.mkdir('dir')
```

运行以上代码后，当前路径下增加了一个名称为 dir 的目录。需要注意的是，待创建的目录不能与已有目录重名，否则将创建失败。

例如，使用 rmdir()函数删除名称为 dir 的目录，具体代码如下：

```
os.rmdir('dir')
```

4. 获取当前目录——getcwd()函数

当前目录即 Python 当前的工作路径。os 模块中的 getcwd()函数用于获取当前目录，调用该函数可获取当前目录的绝对路径。示例代码如下：

```
result = os.getcwd()
print(result)
```

5. 更改默认目录——chdir()函数

os 模块中的 chdir()函数用于更改默认目录。若对文件或文件夹进行操作时传入的是文件名而非路径，Python 解释器会从默认目录中查找指定文件，或在默认目录下创建新的文件。若没有特别设置，当前目录即为默认目录。

使用 chdir()函数更改默认目录为“E:\”，再次使用 getcwd()函数获取当前目录，示例代码如下：

```
os.chdir('E:\\')                    # 更改默认目录
result = os.getcwd()                # 获取当前目录
print(result)
```

运行代码，结果如下所示：

```
'E:\'
```

6. 获取文件名列表——listdir()函数

实际应用中常常需要先获取指定目录下的所有文件，再对目标文件进行相应操作。os 模块中提供了 listdir()函数，使用该函数可方便快捷地获取指定目录下所有文件的文件名列表。例如，获取当前目录下的所有文件的文件名列表，具体代码如下：

```
dirs = os.listdir('./')          # 获取文件名列表
print(dirs)
```

7.4　实训案例

7.4.1　信息安全策略——文件备份

案例详情

当今是“信息时代”，信息在当今社会占据的地位不言而喻，信息安全问题更是人们当前重视的问题之一。人们考虑从传输和存储两个方面来保障信息的安全，备份是在存储方面保障信息安全的有效方式。

本案例要求编写程序，根据用户输入的要备份的文件或目录，实现一个具有备份文件与目录功能的备份工具。备份工具的具体要求如下。

（1）如果用户输入的要备份的文件或目录不存在，则会创建该文件或目录后再进行备份操作；如果用户输入的要备份的文件或目录存在，则会直接进行备份操作。

（2）如果用户输入的要备份的目录是一个文件夹，则遍历该文件夹下的所有文件并逐个备份。

（3）如果用户输入的要备份的文件存在，则会直接对该文件进行备份操作，否则提示用户要备份的文件不存在，并退出程序。

（4）备份操作是将源文件内容逐行复制到新文件中，保存在备份目录下，并以原文件名命名新文件。

7.4.2　用户账户管理

案例详情

如今，许多网站要求访问者在访问网站内容之前进行登录；若访问者没有该网站的账户，则需要先进行注册。注册后，网站的服务器会保存账户信息，以便访问者下次访问时可根据保存的信息验证身份。为了保障账户安全，访问者应定期修改密码；若决定不再访问此网站，可以选择注销账户。

作为网络环境中的一员，我们需要加强自身信息安全意识，提高密码的复杂度和使用频率，定期更换和更新密码，从而保障在网络上的信息安全。

本案例要求编写一个用户账户管理程序，使用文件存储用户的账户信息。用户账户管理程序的具体要求如下。

（1）开始使用时用户账户管理程序提供一个功能菜单，便于提示用户程序具有哪些功能。功能菜单如下所示。

```
欢迎使用用户账户管理程序！
====================
1.用户注册
```

```
2.用户登录
3.用户注销
4.修改密码
5.退出
====================
```

（2）用户账户管理程序总共有 5 个功能，用户可以根据需要输入相应的编号选择相应的功能。如果用户选择退出功能，则会直接退出程序，否则可以重复选择相应的功能。其他功能的说明如下。

- 用户注册：接收用户输入的用户名，判断用户输入的用户名是否已经存在，如果存在，则输出用户已注册的提示信息；如果不存在，则继续接收用户输入的密码，并将用户名和密码保存到文件中。
- 用户登录：接收用户输入的用户名和密码，依次判断用户名与密码是否正确，如果都正确则输出登录成功的提示信息，否则输出用户名或密码不正确的提示信息。
- 用户注销：接收用户输入的要注销的用户名和密码，依次判断用户名与密码是否正确，如果都正确则将对应的用户信息从文件中删除，输出注销成功的提示信息，否则输出用户不存在或者密码不正确的提示信息。
- 修改密码：接收用户输入的用户名和旧密码，依次判断用户名和密码是否正确，如果都正确则要求用户输入新密码，并将修改后的用户信息保存到文件中；如果用户名或者密码不正确，则输出用户名或密码不正确的提示信息。

7.5　数据维度与数据格式化

从广义上讲，维度是描述事物之间联系的概念的数量，根据概念的数量，事物可以被分为不同的维度。例如，长度是与线有联系的概念，因此线是一维事物；长度和宽度是与长方形面积有联系的概念，因此面积为二维事物；长度、宽度和高度是与长方体体积有联系的概念，因此体积为三维事物。

在计算机领域中，数据根据与其关联的参数数量分为不同的维度，本节将对数据维度和与不同维度数据格式化的相关知识进行讲解。

7.5.1　基于维度的数据分类

根据组织数据时与数据有联系的参数的数量，数据可分为一维数据、二维数据和多维数据。

1. 一维数据

一维数据是一组具有对等关系的线性数据，类似于数学中的集合和一维数组。Python 中可以使用一维列表、一维元组和一维集合表示一维数据。一维数据的各个元素可以通过英文逗号、空格等符号进行分隔。例如，我国 2023 年公布的“新一线”城市便是一组一维数据，通过英文逗号分隔此组数据，具体如下所示：

```
成都,重庆,杭州,西安,武汉,苏州,郑州,南京,天津,长沙,东莞,宁波,昆明,合肥,青岛
```

2. 二维数据

二维数据是具有两个关联参数的数据集合，类似于数学中的矩阵和二维数组。Python 中可以使用二维列表、二维元组等表示二维数据。表格是日常生活中比较常见的二维数据组织

形式，因此二维数据也常被称为表格数据。高三一班考试的成绩表就是一种表格数据，如图 7-4 所示。

姓名	语文	数学	英语	理综
小红	124	137	145	260
小明	116	143	139	263
小白	120	130	148	255
小兰	115	145	131	240
小刚	123	108	121	235
小华	132	100	112	210

图7-4 高三一班考试的成绩表

3. 多维数据

多维数据利用键值对等简单的二元关系展示数据的复杂结构，Python 中可以使用字典表示多维数据。多维数据在网络应用中非常常见，计算机中常见的多维数据格式有 HTML、JSON 等。例如，使用 JSON 格式描述高三一班考试的成绩，具体如下所示：

```
"高三一班考试成绩":[
                {"姓名": "小红",
                 "语文": "124",
                 "数学": "137",
                 "英语": "145",
                 "理综": "260" };
                {"姓名": "小明",
                 "语文": "116",
                 "数学": "143",
                 "英语": "139",
                 "理综": "263" };
                 …
              ]
```

7.5.2 一维数据和二维数据的存储与读写

程序中与数据相关的操作分为数据的存储与读写，本小节将对如何存储与读写不同维度的数据进行讲解。

1. 数据存储

数据通常存储在文件中。为了方便后续的读写操作，数据通常需要按照约定的组织方式进行存储。

一维数据呈线性排列，一般用特殊字符分隔，具体示例如下。

- 使用空格分隔：成都 杭州 重庆 武汉 苏州 西安 天津。
- 使用英文逗号分隔：成都,杭州,重庆,武汉,苏州,西安,天津。
- 使用&分隔：成都&杭州&重庆&武汉&苏州&西安&天津。

由此可见，在存储一维数据时可使用不同的特殊字符（即分隔符）分隔数据元素，但有以下几点需要注意。

（1）同一文件或同组文件一般使用同一种分隔符分隔。

（2）用于分隔数据的分隔符不应出现在数据中。

（3）分隔符为英文符号，一般不使用中文符号作为分隔符。

二维数据可视为多个一维数据的集合，当二维数据只有一个元素时，这个二维数据被视为一维数据。国际上通用的一维数据和二维数据的存储格式为 CSV。CSV 文件以纯文本形式存储表格数据，文件的每一行对应表格中的一条数据记录，每条记录由一个或多个字段组成，字段之间使用英文逗号分隔。因为字段之间可能使用除英文逗号外的其他分隔符，所以 CSV 也称为字符分隔值。具体示例如下：

```
姓名,语文,数学,英语,理综
小红,124,137,145,260
小明,116,143,139,263
小白,120,130,148,255
小兰,115,145,131,240
小刚,123,108,121,235
小华,132,100,112,210
```

CSV 广泛应用于不同体系结构下网络应用程序之间表格信息的交换，它本身并无明确格式标准，具体标准一般由传输双方协商决定。

2. 数据读取

计算机中采用 CSV 格式存储数据的文件的扩展名一般为.csv，此种文件在 Windows 平台上，可通过办公软件 Excel 或记事本打开。例如，将以上示例中 CSV 格式的数据存储到当前路径下的 score.csv 文件中，之后通过 Python 程序读取该文件中的数据并以列表形式输出，具体代码如下：

```
csv_file = open('score.csv')
lines = []
for line in csv_file:
  line = line.replace('\n', '')
  lines.append(line.split(','))
print(lines)
csv_file.close()
```

以上程序首先调用 open()函数打开 score.csv 文件，然后通过 for 循环对打开的文件对象进行迭代，在循环中逐条获取文件中的记录，去掉每条记录末尾的换行符，利用分隔符“,”分隔记录，将记录存储到列表 lines 中。

运行程序，结果如下所示：

```
[['姓名', '语文', '数学', '英语', '理综'], ['小红', '124', '137', '145', '260'], ['小明', '116', '143', '139', '263'], ['小白', '120', '130', '148', '255'], ['小兰', '115', '145', '131', '240'], ['小刚', '123', '108', '121', '235'], ['小华', '132', '100', '112', '210']]
```

3. 数据写入

将一维数据、二维数据写入文件中，即按照数据的组织形式，在文件中添加新的数据。在保存学生成绩的文件 score.csv 中写入每名学生的总分，具体代码如下：

```
csv_file = open('score.csv')
file_new = open('count.csv', 'w+')
lines = []
for line in csv_file:
    line = line.replace('\n', '')
    lines.append(line.split(','))
# 添加表头字段
lines[0].append('总分')
# 添加总分
for i in range(len(lines) - 1):
    idx = i + 1
    sun_score = 0
```

```
        for j in range(len(lines[idx])) :
            if lines[idx][j].isnumeric():
                sun_score += int(lines[idx][j])
        lines[idx].append(str(sun_score))
    for line in lines:
        print(line)
        file_new.write(','.join(line) + '\n')
    csv_file.close()
    file_new.close()
```

执行以上代码后，当前目录中会新建写有学生每科成绩与总分的文件 count.csv，使用 Excel 打开该文件，该文件的内容如图 7-5 所示。

姓名	语文	数学	英语	理综	总分
小红	124	137	145	260	666
小明	116	143	139	263	661
小白	120	130	148	255	653
小兰	115	145	131	240	631
小刚	123	108	121	235	587
小华	132	100	112	210	554

图7-5 count.csv文件的内容

由图 7-5 可知，内容比之前多了“总分”一列，说明程序成功将总分写入 count.csv 文件。

7.5.3 多维数据的格式化

二维数据可以看作一维数据的集合，三维数据可以看作二维数据的集合，以此类推。然而，通过层层嵌套的方式组织数据会导致多维数据的表示变得非常复杂。为了直观地表示多维数据，并方便地组织和操作多维数据，通常采用键值对的形式对三维及以上的多维数据进行格式化。

在网络应用中，经常传递的数据大多是多维数据。其中，JSON 是一种常见的轻量级数据交换格式，JSON 格式的数据本质上是一种格式化的字符串，既易于被人们阅读和编写，也容易被机器解析和生成。JSON 语法是 JavaScript 语法的子集，因此它以 JavaScript 对象的形式来表示数据。

JSON 格式的数据遵循以下语法规则。

（1）数据存储在键值对中，例如"姓名":"张华"。

（2）数据的字段由英文逗号分隔，例如"姓名":"张华","语文":"116"。

（3）一个大括号保存一个 JSON 对象，例如{"姓名":"张华","语文":"116"}。

（4）一个中括号保存一个数组，例如[{"姓名":"张华","语文":"116"}]。

假设目前有高三一班考试成绩的 JSON 数据，具体如下所示：

```
"高三一班考试成绩":[
                    {"姓名": "小红",
                     "语文": "124",
                     "数学": "137",
                     "英语": "145",
                     "理综": "260" };
                    {"姓名": "小明",
                     "语文": "116",
                     "数学": "143",
                     "英语": "139",
                     "理综": "263" };
                     …
                 ]
```

以上数据包含多个键值对，其中一个键为“高三一班考试成绩”，之后跟着以英文冒号分隔的值。此值本身是一个数组，该数组中存储了多名学生的成绩，通过中括号组织，其中的元素通过英文分号“;”分隔；作为数组元素的学生成绩亦为键值对，通过英文逗号“,”分隔。

除了 JSON 外，网络平台也会使用 XML、HTML 等格式组织多维数据，XML 和 HTML 格式通过标签组织数据。例如，将学生成绩以 XML 格式存储，具体如下所示：

```
<高三一班考试成绩>
 <姓名>小红</姓名><语文>124</语文><数学>137<数学/><英语>145<英语/><理综>260<理综/>
 <姓名>小明</姓名><语文>116</语文><数学>143<数学/><英语>139<英语/><理综>263<理综/>
 …
</高三一班考试成绩>
```

对比 JSON 格式与 XML 格式可知，采用 JSON 格式组织的多维数据更为直观，且数据的键只需存储一次，在网络中进行数据交换时耗费的流量更少。

7.6　本章小结

本章主要介绍了文件与数据格式化的相关知识，包括文件概述、文件的基础操作、文件与目录管理、数据维度与数据格式化。通过学习本章的内容，读者能够对计算机中的文件有基本的认识，熟练进行文件操作、文件和目录管理，并掌握常见的不同维度数据的格式化操作。

7.7　习题

一、填空题

1. 打开文件并对文件进行读写后，应调用________方法关闭文件以释放资源。
2. seek()方法用于移动文件读写位置，该方法的________参数表示要偏移的字节数。
3. ________是一组具有对等关系的线性数据，类似于数学中的集合和一维数组。
4. os 模块中的________ 函数用于创建目录。
5. ________路径从根目录开始完整地指定文件的位置。

二、判断题

1. Python 中打开文件时默认使用的模式为读取。(　　)
2. 以读写的方式打开一个文件，若文件已存在，文件内容会被清空。(　　)
3. 使用 write()方法写入文件时，数据会追加到文件的末尾。(　　)
4. Python 中使用 os 模块中的函数可实现与目录相关的操作。(　　)
5. 使用 read()方法只能一次性读取文件中的所有数据。(　　)

三、选择题

1. 若打开一个已有文件后在文件末尾添加数据，则应该使用下列哪种模式打开文件？(　　)

   A. r　　B. w　　C. a　　D. w+

2. 通过 open()方法打开不存在的文件时，使用以下哪种模式会使程序报错？（　　）

   A. r　　B. w　　C. a　　D. w+

3. 假设 file 是文本文件对象，下列哪个选项用于读取 file 的一行内容？（ ）

A. file.read() B. file.read(200) C. file.readline() D. file.readlines()

4. 下列函数或方法中，用于向文件中写入数据的是（ ）。

A. open() B. write() C. close() D. read()

5. 下列函数或方法中，用于获取当前目录的是（ ）。

A. open() B. write() C. getcwd() D. read()

6. 下列代码要打开的文件应该在（ ）。

```
f = open('itheima.txt', 'w')
```

A. C 盘根目录 B. D 盘根目录 C. Python 安装目录 D. 程序所在目录

7. 假设文本文件 abc.txt 中的内容如下：

```
abcdef
```

编写程序读取上述文本文件的数据，具体如下：

```
file = open('abc.txt', 'r')
data = file.readline()
data_list = list(data)
print(data_list)
```

以上程序执行后结果为（ ）。

A. ['abcdef'] B. ['abcdef\n']

C. ['a', 'b', 'c', 'd', 'e', 'f'] D. ['a', 'b', 'c', 'd', 'e', 'f', '\n']

四、简答题

1. 请简述文本文件和二进制文件的区别。

2. 请简述读取文件的 3 种方法 read()、readline()、readlines()的区别。

五、编程题

1. 假设现有一个文件 file.txt，该文件中的内容具体如下：

```
# 这是一首李白写的诗
金樽清酒斗十千，玉盘珍羞直万钱。
停杯投箸不能食，拔剑四顾心茫然。
欲渡黄河冰塞川，将登太行雪满山。
闲来垂钓碧溪上，忽复乘舟梦日边。
行路难！行路难！多歧路，今安在？
长风破浪会有时，直挂云帆济沧海。
```

编写程序，从 file.txt 文件中逐行读取内容，但不读取以#开头的行。

2. 编写程序，实现备份文件 file.txt 内容的功能，新文件的名称为 file[复件].txt。

3. 假设现有一个文件 num.txt，该文件中的内容具体如下：

```
10 6 55
20
80
30
50
5
8
```

编写程序，从 num.txt 文件中逐行读取内容，之后继续将每行的内容按照空格分割得到所有的数字，并将所有的数字排序后输出。

第8章

面向对象

学习目标

- ◆ 了解面向对象，能够区分面向过程和面向对象的编程思想
- ◆ 熟悉类和对象的关系，能够归纳出类和对象的关系
- ◆ 掌握类的定义和对象的创建方式，能够定义类和创建类的对象，并通过对象访问属性或调用方法
- ◆ 掌握属性的基本用法，能够在程序中正确定义、访问和修改类属性、实例属性和私有属性
- ◆ 掌握方法的基本用法，能够在程序中正确调用实例方法、类方法、静态方法和私有方法
- ◆ 掌握构造方法的使用，能够在构造方法中初始化实例属性
- ◆ 熟悉析构方法的使用，能够在对象被销毁时执行清理操作
- ◆ 掌握封装的实现方式，能够在程序中实现类的封装
- ◆ 掌握单继承、多继承的语法，能够在类中实现单继承和多继承
- ◆ 掌握重写的方式，能够在子类中重写父类方法，并通过super()函数调用父类中被重写的方法
- ◆ 掌握多态的特性，能够在程序中以多态的形式调用类中定义的方法
- ◆ 掌握运算符的重载方式，能够使用运算符对自定义类进行运算操作

面向对象是程序开发领域的重要思想。它自然地模拟了人类认识客观世界的思维方式，将开发中遇到的事物皆视为对象，并通过对象之间的协作来完成任务。Python 是一门支持面向对象编程的语言，而 Python 3.x 的源码完全基于面向对象的思想设计。因此，了解面向对象编程思想对于学习 Python 编程非常重要。本章将详细讲解与面向对象相关的知识。

8.1 面向对象概述

面向对象是一种成熟的软件构建思想，自 20 世纪 60 年代被提出以来逐渐成为软件开发领域的主流思想。在面向对象出现之前，开发人员主要采用面向过程的编程思想进行程序开发。

面向过程是早期程序开发中广泛采用的编程思想，基于此思想开发程序时通常会先分析解决问题的步骤和操作流程，将这些步骤中涉及的功能交由函数进行处理，并按照操作流程依次调用这些函数。面向过程关注的主要是函数内部的代码逻辑，而对于函数的归属关系关注较少。

相比之下，面向对象的关注点不同，它注重用于解决问题的对象。基于面向对象的思想开发程序时，我们会先分析问题，并根据一定的规则提炼出多个对象，将这些对象的特征和行为封装起来，之后通过控制对象的行为来解决问题。

下面通过一个五子棋游戏的程序，介绍基于面向过程编程和基于面向对象编程有哪些区别。

1. 基于面向过程编程

五子棋游戏的过程可以拆分为以下步骤。

（1）开始游戏。

（2）绘制棋盘初始画面。

（3）落黑子。

（4）绘制棋盘落子画面。

（5）判断是否有输赢方。若有输赢方或为平局，则结束游戏，否则继续步骤（6）。

（6）落白子。

（7）绘制棋盘落子画面。

（8）判断是否有输赢方。若有输赢方或为平局，则结束游戏，否则返回步骤（3）。

以上步骤涉及的功能都可以封装为函数，按以上步骤逐个调用函数，即可实现一个五子棋游戏。五子棋游戏的过程如图 8-1 所示。

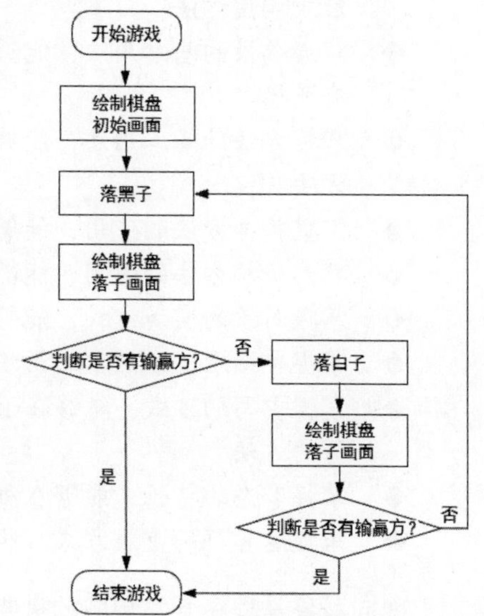

图8-1　五子棋游戏的过程

2. 基于面向对象编程

五子棋游戏开始时，棋盘为空，先手执黑子，后手执白子。玩家交替落子，并实时更新棋盘画面，规则系统会时刻判断游戏的输赢情况。

根据以上分析可知，五子棋游戏中可以提炼出 3 种对象，分别是玩家、棋盘和规则系统，这 3 种对象具体如下。

（1）玩家：代表执黑子和白子的双方，负责决定落子的位置。

（2）棋盘：负责绘制当前棋盘的画面，并向玩家及时反馈棋盘的状况。

（3）规则系统：负责判断游戏的输赢情况。

五子棋游戏每种对象的特征和行为如表 8-1 所示。

表 8-1　五子棋游戏每种对象的特征和行为

分类	玩家	棋盘	规则系统
特征	棋子（黑子或白子）	棋盘数据	无
行为	落子	显示棋盘、更新棋盘	判断输赢

在表 8-1 中，每种对象都具有自身的特征和行为，程序通过对象控制行为，每个对象既互相独立，又互相协作。

面向对象编程有助于保证程序的整体统一性和灵活性。比如，现在要在五子棋游戏中添加悔棋功能，如果使用面向过程的开发方式，就需要修改游戏的整个流程，涉及输入、判断和绘制等一系列步骤，这无疑是非常烦琐的。但是，如果使用面向对象的开发方式，由于棋盘对象保存了棋盘状况，只需要在棋盘对象中添加悔棋功能即可，玩家和规则系统对象无须做任何修改。由此可见，面向对象编程更便于后续代码的维护和功能扩展。

8.2　类与对象的基础应用

面向对象编程中有两个核心概念：类和对象。其中对象映射了现实生活中真实存在的事物，它既可以是有形的，比如你现在手里的这本书就是一个对象，也可以是无形的，比如个人的思想。类是抽象的，它对一群具有共同特征和行为的事物进行抽象和总结，通过忽略个体的特性，找出这些事物的共性。例如，“书是人类进步的阶梯”中提到的书并不具体指哪一本，它就是一个类。

简单地说，类是现实中具有共同特征的一些事物的抽象，对象是类的实例。本节将针对类的定义以及对象的创建使用进行详细讲解。

8.2.1　类的定义

现实生活中，一类事物具有相似的特征或行为，人们通常会对这一类事物进行命名以便区别于其他事物。同理，程序中的每个类都有一个名称，并且包含描述类特征的数据成员，以及描述类行为的成员函数，其中数据成员称为属性，成员函数称为方法。

Python 使用关键字 class 来定义一个类，其语法格式如下所示：

```
class 类名:
    属性名 = 属性值
    def 方法名(self, 参数 1, 参数 2, …):
        方法体
```

以上语法格式中的关键字 class 标识类的开始；类名代表类的标识符，使用大驼峰命名法，首字母一般为大写；冒号是必不可少的，冒号之后定义了属性和方法，其中属性类似于前面所学的变量，方法类似于前面所学的函数，但方法的参数列表中第一个参数是指代当前方法所属对象的默认参数 self；属性和方法没有数量限制，可以有零个、一个或多个。

值得一提的是，以上语法格式只是定义类的基本形式，类里面的属性其实是类属性，方法是实例方法。除此之外，类里面还可以定义更多类型的属性和方法，这些将在本章后续内容详细探讨。

下面根据现实中汽车的特征和行为定义一个表示汽车的类，示例代码如下：

```
class Car:
    wheels = 4                              # 定义属性，表示汽车的车轮数量
    def drive(self):                        # 定义方法，用于实现汽车行驶的行为
        print('行驶')
```

以上代码定义了一个名称为 Car 的类，该类中定义了一个表示汽车车轮数量的属性 wheels，

它的初始值为 4；还定义了一个方法 drive()，用于实现汽车行驶的行为，此处只是输出简单的语句。

8.2.2 对象的创建与使用

类定义完成后不能直接使用，这就好比画好了一张汽车设计图纸，此图纸只能帮助用户了解汽车的基本结构以及功能，但不能直接给用户驾驶。为了满足用户的驾驶需求，需要根据汽车设计图纸生产实际的汽车。同理，程序中的类需要实例化为对象才能实现其意义。

创建对象的语法格式如下所示：

```
对象名 = 类名()
```

例如，根据刚刚定义的 Car 类创建一个对象，代码如下：

```
car = Car()
```

Python 中可以通过对象名访问对象的属性和调用对象的方法，语法格式如下所示：

```
对象名.属性名                                                # 访问属性
对象名.方法名(参数 1, 参数 2, …)                              # 调用方法
```

需要注意的是，当通过对象名调用方法时无须为 self 显式传递参数，这是因为 Python 解释器会自动将调用方法的对象作为第一个参数传递给方法。

例如，使用 car 对象访问 wheels 属性，以及调用 drive()方法，代码如下：

```
print(car.wheels)                                           # 访问属性
car.drive()                                                 # 调用方法
```

运行代码，结果如下所示：

```
4
行驶
```

8.3 类的成员

类的成员包括属性和方法，默认它们可以在类的外部被访问或调用，但考虑到数据的安全性，有时我们需要将其设置为私有成员，限制只能在类内部对其进行访问或调用。本节将从属性、方法和私有成员这 3 个方面对类的成员进行详细讲解。

8.3.1 属性

属性在类中起着关键的作用，用于表示类所拥有的状态或特征。按照作用范围的不同，属性可以分为两类，分别是类属性和实例属性，其中类属性属于整个类，实例属性属于类实例化以后的对象。下面结合示例分别介绍类属性和实例属性。

1. 类属性

类属性指的是定义在类内部、方法外部的属性，例如，前面示例中 Car 类内部定义的 wheels 属性就是一个类属性。类属性具有以下几个特性。

（1）共享性

类属性是属于整个类的，类实例化后的所有对象共享同一个类属性。类属性在被定义时需要设置默认值，这意味着所有对象在没有单独修改类属性时，都将使用类属性的默认值。当类属性的值发生改变时，所有对象都会受到影响。

（2）持久性

类属性在类被定义后一直存在，并且会在类的整个生命周期始终存在，除非程序退出或者类属性被删除才会被销毁。无论是否创建了类的对象，类属性都可以被访问和修改。

（3）便捷性

类属性可以通过类直接访问或修改，无须提前创建类的对象，这使得类属性的访问更加方便。另外，类属性也可以通过对象访问，但不能通过对象进行修改。

例如，定义一个只包含类属性的类 Car，创建 Car 类的对象，并分别通过类和对象访问、修改类属性，具体代码如下：

```
class Car:
    wheels = 4                                       # 定义类属性
car = Car()
print(Car.wheels)                                    # 通过类 Car 访问类属性
print(car.wheels)                                    # 通过对象 car 访问类属性
Car.wheels = 3                                       # 通过类 Car 修改类属性
print(Car.wheels)
print(car.wheels)
car.wheels = 4                                       # 通过对象 car 修改类属性
print(Car.wheels)
print(car.wheels)
```

以上代码首先创建了一个 Car 类的对象 car，分别通过类 Car 和对象 car 访问类属性 wheels，然后通过类 Car 修改了类属性 wheels 的值，分别通过类 Car 和对象 car 访问类属性，最后通过对象 car 修改类属性 wheels 的值，分别通过类 Car 和对象 car 访问类属性。

运行代码，结果如下所示：

```
4
4
3
3
3
4
```

分析输出结果中的前两个数据可知，通过 Car 类和 car 对象成功地访问了类属性，结果都为 4；分析中间的两个数据可知，通过 Car 类成功地修改了类属性的值，Car 类和 car 对象访问的结果变为 3；分析最后的两个数据可知，Car 类访问的类属性的值仍然是 3，而 car 对象访问的结果为 4，说明 car 对象不能修改类属性的值。

有人此时可能会有一个疑问：为什么通过 car 对象最后一次访问的类属性的值为 4？之所以出现这种情况，其实是因为“car.wheels = 4”语句执行后会在程序中动态地添加一个与类属性同名的实例属性 wheels，当执行“car.wheels”语句后访问到的属性其实是实例属性，而不是类属性，后续会有相应的介绍。

2. 实例属性

实例属性指的是在方法内部通过“self.属性名”定义的属性，通常定义在构造方法中，也可以定义在其他方法中。每个对象在根据类创建时，都会单独分配自己的实例属性，因此，每个对象都有属于自己的实例属性，这些属性相互独立。当修改了一个对象的实例属性后，其他对象的实例属性不会受到任何影响。此外，Python 支持动态添加实例属性。

下面针对访问实例属性、修改实例属性和动态添加实例属性这 3 个部分的内容对实例属性进行介绍。

（1）访问实例属性

实例属性可以在类外部通过对象进行访问，不能通过类进行访问。例如，定义一个包含方法和实例属性的类 Car，创建 Car 类的对象，并访问实例属性，代码如下：

```
class Car:
    def drive(self):
        self.wheels = 4                          # 定义实例属性
car = Car()                                      # 创建对象 car
car.drive()
print(car.wheels)                                # 通过对象 car 访问实例属性
print(Car.wheels)                                # 通过类 Car 访问实例属性
```

以上代码首先定义了 Car 类，该类中包含一个 drive()方法，drive()方法中使用关键字 self 定义了一个实例属性 wheels；然后创建了一个 Car 类的对象 car，通过调用 drive()方法为 Car 类添加实例属性；最后分别通过对象 car 和类 Car 访问实例属性。

运行代码，结果如下所示：

```
4
Traceback (most recent call last):
  File "E:\FastPrograms3\Chapter08\code02.py", line 7, in <module>
    print(Car.wheels)                        # 通过类 Car 访问实例属性
          ^^^^^^^^^^
AttributeError: type object 'Car' has no attribute 'wheels'
```

分析以上运行结果可知，程序通过对象 car 成功地访问了实例属性，通过类 Car 访问实例属性时出现了错误，说明实例属性只能通过对象访问，不能通过类访问。

（2）修改实例属性

实例属性可以在类外部通过对象进行修改，示例代码如下：

```
class Car:
    def drive(self):
        self.wheels = 4                      # 定义实例属性
car = Car()                                  # 创建对象 car
car.drive()
car.wheels = 6                               # 修改实例属性
print(car.wheels)                            # 通过对象 car 访问实例属性
```

运行代码，结果如下所示：

```
6
```

由运行结果可知，程序访问到的实例属性的值为 6，说明通过对象成功修改了实例属性的值。

（3）动态添加实例属性

Python 支持在类的外部使用对象动态地添加实例属性。例如，在以上示例代码的末尾动态地添加实例属性 color，增加的代码如下：

```
car.color = "红色"                  # 动态地添加实例属性
print(car.color)
```

运行代码，结果如下所示：

```
6
红色
```

由运行结果可知，程序成功地添加了实例属性，并通过对象访问了动态添加的实例属性。

需要注意的是，动态添加的实例属性只会影响指定的对象，而不会影响其他对象。例如，在以上示例代码的末尾再次创建一个 Car 类的对象，通过该对象访问前面动态添加的实例属性 color，具体代码如下。

```
car2 = Car()                          # 创建另一个对象
print(car2.color)                     # 尝试用另一个对象访问动态添加的实例属性
```

运行代码，控制台中出现了以下报错信息：

```
Traceback (most recent call last):
  File "E:\FastPrograms3\Chapter08\code02.py", line 11, in <module>
    print(car2.color)                 # 尝试用另一个对象访问动态添加的实例属性
          ^^^^^^^^^^
AttributeError: 'Car' object has no attribute 'color'
```

由上述报错信息可知，对象 car2 没有实例属性 color，说明动态添加的实例属性只属于特定的对象 car。

8.3.2　方法

方法是类的核心组成部分，用于描述类的行为和功能。不同的方法可以处理不同的任务或实现不同的功能。Python 中的方法按定义方式和用途主要可以分为 3 类：实例方法、类方法和静态方法。

1．实例方法

实例方法形似函数，定义在类内部、以 self 为第一个形参。例如，8.2.2 小节中定义的 drive()就是一个实例方法。实例方法中的 self 参数代表对象本身，会在实例方法被调用时自动接收由系统传递的调用该方法的对象。

实例方法只能通过对象调用。例如，定义一个包含实例方法 drive()的类 Car，创建 Car 类的对象，分别通过对象和类调用实例方法，具体代码如下：

```
class Car:
    def drive(self):                          # 定义实例方法
        print("我是实例方法")
car = Car()
car.drive()                                   # 通过对象调用实例方法
Car.drive()                                   # 通过类调用实例方法
```

运行代码，结果如下所示：

```
我是实例方法
Traceback (most recent call last):
  File "E:\FastPrograms3\Chapter08\code02.py", line 6, in <module>
    Car.drive()                               # 通过类调用实例方法
    ^^^^^^^^^^^
TypeError: Car.drive() missing 1 required positional argument: 'self'
```

从以上结果可以看出，程序通过对象成功地调用了实例方法，通过类无法调用实例方法。

在实例方法中可以使用参数 self 访问实例属性或者调用实例方法。例如，在以上示例代码中定义实例属性和另一个实例方法，并在 drive()方法内部通过 self 参数访问实例属性以及调用实例方法，修改后的代码如下：

```
class Car:
    def create_arr(self):                     # 定义另一个实例方法
        self.color = "红色"                   # 定义实例属性
```

```
    def drive(self):                       # 定义实例方法
        print("我是实例方法")
        self.create_arr()                  # 通过 self 调用另一个实例方法
        print(self.color)                  # 通过 self 访问实例属性
car = Car()
car.drive()                                # 通过对象调用实例方法
```

运行代码，结果如下所示：

```
我是实例方法
红色
```

从以上结果可以看出，程序输出了实例属性的值，说明成功通过 self 参数调用了另一个实例方法并访问了实例属性。

2. 类方法

类方法是定义在类内部、使用装饰器@classmethod 修饰的方法，定义类方法的语法格式如下所示：

```
@classmethod
def 类方法名(cls, 参数 1, 参数 2, …):
    方法体
```

上述语法格式中，装饰器@classmethod 用于标识类方法，类方法的第一个参数为 cls，表示当前方法所属的类，它会在类方法被调用时自动传递调用该方法的类，无须用户主动传递。

例如，定义一个包含类方法 stop()的类 Car，具体代码如下：

```
class Car:
    @classmethod
    def stop(cls):                              # 定义类方法
        print("我是类方法")
```

类方法不依赖于类实例化的对象，这意味着类方法可以在没有创建类的对象的情况下通过类调用。另外，类方法也可以通过对象调用，示例代码如下：

```
car = Car()
car.stop()                                      # 通过对象调用类方法
Car.stop()                                      # 通过类调用类方法
```

运行代码，结果如下所示：

```
我是类方法
我是类方法
```

从以上结果可以看出，程序通过对象和类成功地调用了类方法。

类方法中可以使用 cls 访问和修改类属性。例如，定义一个包含类属性、类方法的类 Car，并在类方法中访问和修改类属性，之后创建 Car 类的对象，通过该对象调用类方法，具体代码如下：

```
class Car:
    wheels = 3                                  # 定义类属性
    @classmethod
    def stop(cls):                              # 定义类方法
        print(cls.wheels)                       # 使用 cls 访问类属性
        cls.wheels = 4                          # 使用 cls 修改类属性
        print(cls.wheels)
car = Car()
car.stop()
```

运行代码，结果如下所示：

```
3
4
```

从以上结果可以看出，程序在类方法中成功地访问和修改了类属性。

3. 静态方法

静态方法是定义在类内部、使用装饰器@staticmethod 修饰的方法，定义静态方法的语法格式如下所示：

```
@staticmethod
def 静态方法名(参数 1, 参数 2, …):
    方法体
```

与实例方法和类方法相比，静态方法没有任何默认参数。它适用于一些与类相关但无须使用类成员的操作，通常是一些独立功能的封装。

例如，定义一个包含静态方法的类 Car，代码如下：

```
class Car:
    @staticmethod
    def test():                              # 定义静态方法
        print("我是静态方法")
```

静态方法可以通过类和对象调用，但实际上不推荐通过对象调用，这是因为静态方法不依赖于对象，它们是属于整个类的，通过对象调用静态方法可能会造成混淆和误解。例如，通过 Car 类调用静态方法，具体代码如下：

```
Car.test()                                   # 通过类调用静态方法
```

运行代码，结果如下所示：

```
我是静态方法
```

静态方法中不能直接访问类属性或调用类方法，但可以使用类名访问类属性或调用类方法，示例代码如下：

```
class Car:
    wheels = 3                               # 定义类属性
    @staticmethod
    def test():
        print("我是静态方法")
        print(f"类属性的值为{Car.wheels}")        # 在静态方法中访问类属性
Car.test()
```

运行代码，结果如下所示：

```
我是静态方法
类属性的值为 3
```

为了帮助读者更好地区分实例方法、类方法和静态方法，下面分别从定义方式、默认参数、操作限制、调用方式这几个方面，通过一张表格归纳这几种方法的特点，具体如表 8-2 所示。

表 8-2　实例方法、类方法和静态方法的特点

方面	实例方法	类方法	静态方法
定义方式	在类中直接使用关键字 def 定义，无须任何装饰器修饰	在类中直接使用关键字 def 定义，需要使用@classmethod 装饰器修饰	在类中直接使用关键字 def 定义，需要使用@staticmethod 装饰器修饰

续表

方面	实例方法	类方法	静态方法
默认参数	第一个参数通常为 self，表示当前方法所属的对象	第一个参数通常为 cls，表示当前方法所属的类	无特殊限制
操作限制	（1）在方法内部可以使用 self 关键字访问和修改实例属性。 （2）在方法内部可以使用 self 关键字调用实例方法	（1）在方法内部可以使用 cls 访问和修改类属性。 （2）在方法内部可以使用 cls 调用其他类方法	（1）在方法内部不能访问实例属性或调用实例方法。 （2）在方法内部可以使用类名访问类属性或调用类方法
调用方式	通过对象调用	通过类或对象调用	通过类调用

8.3.3 私有成员

默认情况下，类的成员具有公有访问权限，这意味着它们在类的内部和外部都可以被随意访问、修改或调用。然而，这种公有访问权限可能存在安全风险。为了提高类的安全性，可以将类的成员设置为私有成员，以限制其只能在类的内部被访问、修改或调用，防止在类的外部随意修改属性或调用方法。

Python 通过在类成员的名称前面添加双下画线（__）的方式来表示私有成员，语法格式如下：

```
__属性名
__方法名
```

例如，定义一个包含私有属性__wheels 和私有方法__drive()的类 Car，代码如下：

```
class Car:
    __wheels = 4                                    # 私有属性
    def __drive(self):                              # 私有方法
        print("开车")
```

私有成员在类的内部可以直接被访问或调用，而在类的外部不能直接被访问或调用，但可以通过调用类的公有方法的方式进行访问或调用。

在以上定义的 Car 类中增加一个公有方法 test()，并在公有方法 test()中访问私有属性__wheels、调用私有方法__drive()，修改后的代码如下：

```
class Car:
    __wheels = 4                                    # 私有属性
    def __drive(self):                              # 私有方法
        print("行驶")
    def test(self):
        print(f"汽车有{self.__wheels}个车轮")         # 在公有方法中访问私有属性
        self.__drive()                              # 在公有方法中调用私有方法
```

创建 Car 类的对象 car，通过对象 car 访问私有属性，分别调用私有方法__drive()和公有方法 test()，示例代码如下：

```
car = Car()
print(car.__wheels)                                 # 在类外部访问私有属性
car.__drive()                                       # 在类外部调用私有方法
car.test()
```

运行代码，控制台中显示如下报错信息：

```
Traceback (most recent call last):
  File "E:\FastPrograms3\Chapter08\code02.py", line 9, in <module>
```

```
    print(car.__wheels)                              # 在类外部访问私有属性
          ^^^^^^^^^^^^
AttributeError: 'Car' object has no attribute '__wheels'
```

以上输出的报错信息显示 Car 类的对象中没有__wheels 属性，说明在类的外部无法直接访问私有属性。

注释代码“print(car.__wheels)”，再次运行程序后控制台中又会出现如下报错信息：

```
AttributeError: 'Car' object has no attribute '__drive'
```

以上报错信息显示 Car 类的对象中没有__drive()方法，说明在类的外部无法直接调用私有方法。

注释代码“car.__drive()”，再次运行程序后控制台中输出的结果如下所示：

```
汽车有 4 个车轮
行驶
```

从以上输出结果可以看出，在类的外部通过公有方法成功地访问了私有属性，并且调用了私有方法。

由此可知，类的私有成员只能在类的内部直接访问或调用，但我们可以在类的外部通过类的公有方法间接访问或调用私有成员。

8.4　特殊方法

除了 8.3 节介绍的方法之外，类中还包括两个特殊的方法：构造方法和析构方法。这两个方法都是 Python 中预定义的方法，这些方法的名称通常以两个下画线开始和结束。本节将针对构造方法和析构方法的使用进行详细讲解。

8.4.1　构造方法

构造方法即__init__()方法，是类中定义的特殊方法，用于在创建对象时进行初始化操作，比如给属性赋初始值等。每个类都有一个默认的构造方法，如果定义一个类时没有显式定义构造方法，那么 Python 解释器会自动调用默认的构造方法。如果在定义一个类时显式地定义了构造方法，则创建对象时 Python 解释器会自动调用显式定义的构造方法。

构造方法与实例方法的定义类似，只不过它的名称是固定的。定义构造方法的语法格式如下：

```
def __init__(self, 参数 1, 参数 2, …):
    方法体
```

构造方法按照参数（self 除外）的有无可分为无参构造方法和有参构造方法。

- 无参构造方法：不接收任何参数，用于在创建对象时对属性进行默认或预先定义的初始化。如果在类中没有显式定义构造方法，则会使用默认的无参构造方法。
- 有参构造方法：接收参数，用于在创建对象时根据外部传入的值对属性进行初始化。它可以定义多个不同的参数。例如，可以定义一个参数用于指定姓名，定义另一个参数用于指定性别。

创建对象时会自动调用相应的构造方法。如果调用的构造方法是有参构造方法，那么在创建对象时需要传入相应的参数，语法格式如下。

```
对象名 = 类名(参数 1, 参数 2, …)
```

当使用无参构造方法创建多个对象后，由于每个对象都使用构造方法给属性设置了默认值，所以它们的属性都有相同的初始值。当使用有参构造方法创建对象时，可以在构造方法中传入参数，之后将属性的初始值设置为参数的值，这样一来，每个对象的属性可以有不同的初始值。

下面定义一个包含无参构造方法和实例方法 drive()的类 Car，分别创建 Car 类的两个对象 car_one 和 car_two，通过对象 car_one 和 car_two 调用 drive()方法，示例代码如下：

```
class Car:
    def __init__(self):                         # 无参构造方法
        self.color = "红色"
    def drive(self):
        print(f"车的颜色为：{self.color}")
car_one = Car()                                 # 创建对象并初始化
car_one.drive()
car_two = Car()                                 # 创建对象并初始化
car_two.drive()
```

运行代码，结果如下所示：

```
车的颜色为：红色
车的颜色为：红色
```

从以上结果可以看出，对象 car_one 和 car_two 在调用 drive()方法时都成功地访问了 color 属性，说明程序在创建这两个对象的同时也调用__init__()方法对 color 属性进行了初始化。

下面定义一个包含有参构造方法和实例方法 drive()的类 Car，创建 Car 类的对象 car_one 和 car_two，通过对象 car_one 和 car_two 调用 drive()方法，示例代码如下：

```
class Car:
    def __init__(self, color):                  # 有参构造方法
        self.color = color                      # 将形参 color 赋给属性
    def drive(self):
        print(f"车的颜色为：{self.color}")
car_one = Car("红色")                           # 创建对象，并根据实参初始化属性
car_one.drive()
car_two = Car("蓝色")                           # 创建对象，并根据实参初始化属性
car_two.drive()
```

运行代码，结果如下所示：

```
车的颜色为：红色
车的颜色为：蓝色
```

从以上结果可以看出，对象 car_one 和 car_two 在调用 drive()方法时都成功地访问了 color 属性，且它们的属性具有不同的初始值。

8.4.2 析构方法

析构方法即__del__()方法，是销毁对象时系统自动调用的方法。每个类默认都有一个__del__()方法，如果一个类中显式地定义了__del__()方法，那么销毁该类的对象时会调用显式定义的__del__()方法；如果一个类中没有定义__del__()方法，那么销毁该类的对象时会调用默认的__del__()方法。

下面定义一个包含构造方法和析构方法的类 Car，创建 Car 类的对象，分别在 del 语句执行前后访问 Car 类的对象的属性，示例代码如下：

```
class Car:
    def __init__(self):
        self.color = "蓝色"
        print("对象被创建")
    def __del__(self):                          # 析构方法
        print("对象被销毁")
car = Car()
print(car.color)
del car                                         # 使用 del 语句删除对象
print(car.color)
```

以上示例代码首先定义一个类 Car，Car 类中包含构造方法和析构方法，其中构造方法中添加了一个 color 属性，然后创建 Car 类的对象 car，并使用 del 语句删除对象 car，分别在删除前后访问对象 car 的 color 属性。

运行代码，结果如下所示：

```
对象被创建
蓝色
对象被销毁
Traceback (most recent call last):
  File "E:\FastPrograms3\Chapter08\code03.py", line 10, in <module>
    print(car.color)
          ^^^
NameError: name 'car' is not defined. Did you mean: 'Car'?
```

从以上结果可以看出，程序在删除 Car 类的对象之前成功地访问了 color 属性，在删除 Car 类的对象后调用了析构方法，输出“对象被销毁”的语句，在销毁 Car 类的对象后因无法使用 Car 类的对象访问属性而报错。

多学一招：销毁对象

与文件类似，每个对象都会占用系统的一块内存，使用之后若不及时销毁，将会浪费系统资源。那么对象什么时候被销毁呢？Python 通过引用计数器记录所有对象的引用（可以理解为对象所占用的内存空间的别名）数量，一旦某个对象的引用计数器的值为 0，系统就会销毁这个对象，收回这个对象所占用的内存空间。

8.5 实训案例

8.5.1 航天器信息查询工具

案例详情

2023 年 6 月 4 日，神舟十五号载人飞船成功完成使命，预示着我国航天发展迎来了新的里程碑。从神舟一号试飞成功起，我国航天在过去的 20 多年中不断攻克技术难关，靠着航天人的勇毅坚韧和过硬的专业能力，不断发展壮大，如今已经达到世界先进水平。20 多年中出现了一系列卫星发射、载人航天和火星探测等伟大成就。我们作为新时代的接班人，也需要学习航天人那种沉着冷静的进取精神，勤学苦练，为祖国的航天事业献出自己的一份力量。

本实例要求利用所学的面向对象的知识，设计一个航天器信息查询工具，该工具提供查询功能，用于根据用户输入的航天器或火箭的名称输出其对应的详细信息。航天器和火箭的简介信息如表 8-3 所示。

表 8-3 航天器和火箭的简介信息

名称	发射时间	简介
天问一号	2020 年	天问一号是我国自行研制的探测器，负责执行我国第一次自主火星探测任务
长征十一号运载火箭	2015 年	长征十一号运载火箭是我国自主研制的一型四级全固体运载火箭，主要用于快速机动发射应急卫星，满足自然灾害、突发事件等应急情况下微小卫星发射需求
长征五号 B 运载火箭	2020 年	长征五号 B 运载火箭是专门为我国载人航天工程空间站建设而研制的一型新型运载火箭，以长征五号火箭为基础改进而成，是我国近地轨道运载能力最大的新一代运载火箭

8.5.2 生词本

案例详情

背单词是英语学习中基础的一环，不少人在背诵单词的过程中会记录生词，以不断增加自己的词汇量。生词本是一款专门为背单词而设计的软件，有查看单词、背单词、添加新单词、删除单词、清空生词本、退出这些基本功能。

本案例要求基于面向对象编程思想，实现一个具有上述功能的生词本程序，具体要求如下。

（1）用户开始使用生词本时会提供一个功能菜单，便于提示用户程序具有哪些功能。功能菜单如下所示。

```
====================
1.查看单词
2.背单词
3.添加新单词
4.删除单词
5.清空生词本
6.退出
====================
```

用户可以反复输入编号以选择相应的功能，直到选择退出功能。如果用户输入了功能菜单上不存在的编号，则会显示无效选项的提示信息。

（2）生词本总共有 6 个功能，分别是查看单词、背单词、添加新单词、删除单词、清空生词本和退出功能，除了退出功能外，其他功能的逻辑稍微复杂。关于这些功能的说明如下。

- 查看单词：展示生词本的所有单词及其翻译。如果生词本中没有添加过单词，则会输出生词本为空的提示信息。
- 背单词：逐个选取单词，接收用户输入的翻译，如果翻译正确则输出太棒了的提示信息，如果翻译错误则输出再想想的提示信息。注意，单词是随机选取的。如果生词本中没有添加过单词，则会输出生词本为空的提示信息。
- 添加新单词：用户依次输入要添加的新单词及其翻译，输入完成后输出添加成功的提示信息。如果该单词已经在生词本中，则输出单词已存在的提示信息。
- 删除单词：用户输入要删除的单词，如果这个单词存在生词本中，则直接删除这个单词，否则输出单词不存在的提示信息。如果生词本中没有添加过单词，则会输出生词本为空的提示信息。
- 清空生词本：删除生词本的所有单词，并输出清空成功的提示信息。
- 退出：退出生词本程序。

（3）将生词本中的单词数据全部保存到文件中，只要用户不主动删除单词，它们就会一直保留在生词本中。

8.6 封装

封装是面向对象的重要特性之一，它的基本思想是将类的细节隐藏起来，只向外部提供用于访问类成员的公开接口。如此，类的使用者无须知道类的实现细节，只需要使用公开接口便可访问类的内容，这在一定程度上保证了类内数据的安全。

为了契合封装思想，在定义类时需要满足以下两点要求。

（1）将属性声明为私有属性。

（2）添加两个供外界调用的公有方法，分别用于设置和获取私有属性的值。

下面结合以上两点要求定义一个 Person 类，示例代码如下：

```
class Person:
    def __init__(self, name):
        self.name = name                          # 姓名
        self.__age = 1                            # 年龄，默认为 1 岁，私有属性
    # 设置私有属性值的方法
    def set_age(self, new_age):
        if 0 < new_age <= 120:                    # 判断年龄是否合法
            self.__age = new_age
    # 获取私有属性值的方法
    def get_age(self):
        return self.__age
```

以上示例代码定义的 Person 类中包含公有属性 name、私有属性__age、公有方法 set_age()和 get_age()。其中__age 属性的默认值为 1；set_age()方法为外界提供了设置__age 属性值的接口；get_age()方法为外界提供了获取__age 属性值的接口。

创建 Person 类的对象 person，通过 person 对象调用 set_age()方法，将__age 属性的值设置为 20，通过 person 对象调用 get_age()方法获取__age 属性的值。示例代码如下：

```
person = Person("小明")
person.set_age(20)
print(f"年龄为{person.get_age()}岁")
```

运行代码，结果如下所示：

```
年龄为 20 岁
```

从运行结果可知，程序获取到的私有属性__age 的值为 20，说明成功通过 set_age()方法为私有属性__age 进行赋值，通过 get_age()方法访问到私有属性__age 的值。

将调用 set_age()方法时传入的值修改为-10，再次运行代码，结果如下所示：

```
年龄为 1 岁
```

从运行结果可知，程序获取到的私有属性__age 的值为 1，说明 set_age()方法对不合法的值进行了过滤，没有重新为私有属性__age 赋值，而是使用了私有属性__age 的默认值。

由此可见，程序通过类提供的方法能够访问私有属性，这既保证了类的属性的安全，又避免了随意地给属性赋值的问题。

8.7 继承

继承是面向对象的重要特性之一，主要用于描述类与类之间的关系。通过继承，可以在不改变原有类的基础上扩展其功能。当一个类继承自另一个类时，被继承的类称为父类或基类，而继承其他类的类称为子类或派生类，子类会自动拥有父类的公有成员。本节将针对继承的相关知识进行详细讲解。

8.7.1 单继承

单继承即子类只继承一个父类。现实生活中，波斯猫、折耳猫、短毛猫都属于猫类，它们之间存在的继承关系即单继承，如图 8-2 所示。

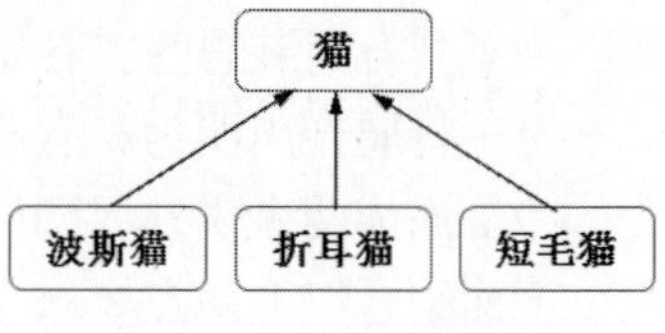

图8-2 单继承关系示意

Python 中单继承的语法格式如下所示：

```
class 子类名(父类名):
```

子类继承父类的同时会自动拥有父类的公有成员。若在定义类时不指明该类的父类，那么该类默认继承基类 object。

下面通过一个示例演示如何在程序中实现单继承。定义一个猫类 Cat 和一个继承 Cat 类的折耳猫类 ScottishFold，具体代码如下：

```
class Cat(object):
    def __init__(self, color):
        self.color = color
    def walk(self):
        print("走猫步~")
# 定义继承Cat的ScottishFold类
class ScottishFold(Cat):
    pass
fold = ScottishFold("灰色")                    # 创建子类的对象
print(f"{fold.color}的折耳猫")                 # 子类访问从父类继承的属性
fold.walk()                                    # 子类调用从父类继承的方法
```

以上示例代码首先定义了一个类 Cat，Cat 类中包含 color 属性和 walk()方法；然后定义了一个继承 Cat 类的子类 ScottishFold，ScottishFold 类中没有任何属性和方法；最后创建了 ScottishFold 类的对象 fold，使用 fold 对象访问 color 属性，并调用 walk()方法。

运行代码，结果如下所示：

```
灰色的折耳猫
走猫步~
```

从以上结果可以看出，程序使用子类的对象成功地访问了父类的属性和方法，说明子类继承父类后会自动拥有父类的公有成员。

需要注意的是，子类不会拥有父类的私有成员，也不能访问父类的私有成员。在以上示例代码的 Cat 类中增加一个私有属性__age 和一个私有方法__test()，修改后 Cat 类的代码如下所示：

```
class Cat(object):
    def __init__(self, color):
        self.color = color
        self.__age = 1                # 增加私有属性
    def walk(self):
```

```
        print("走猫步～")
    def __test(self):                          # 增加私有方法
        print("我是私有方法")
```

在上述示例代码末尾增加访问私有属性和调用私有方法的代码，具体代码如下：

```
print(fold.__age)                              # 子类访问父类的私有属性
fold.__test()                                  # 子类调用父类的私有方法
```

运行代码，出现如下所示的报错信息：

```
AttributeError: 'ScottishFold' object has no attribute '__age'
```

注释子类访问父类私有属性的代码，再次运行代码，出现如下所示的报错信息：

```
AttributeError: 'ScottishFold' object has no attribute '__test'
```

由两次的报错信息可知，子类继承父类后不会拥有父类的私有成员。

8.7.2　多继承

现实生活中很多事物是多个事物的组合，它们同时具有多个事物的特征或行为。比如沙发床是沙发与床的组合，既可以折叠成沙发，也可以展开成床；房车是房屋和汽车的组合，既具有房屋的居住功能，也具有汽车的行驶功能，它们的多继承关系示意如图 8-3 所示。

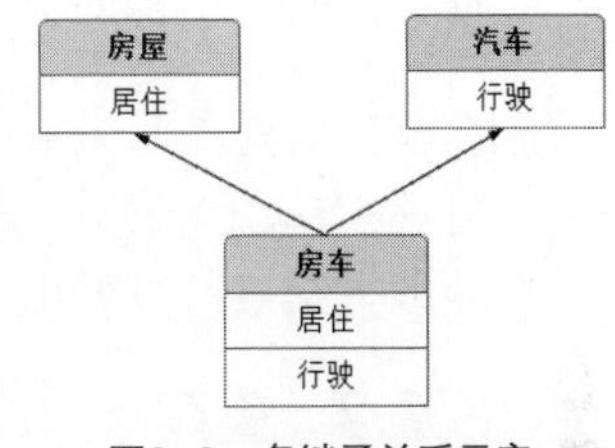

图8-3　多继承关系示意

程序中的一个类可以继承多个类，如此子类具有多个父类，也自动拥有所有父类的公有成员。Python 中多继承的语法格式如下所示：

```
class 子类名(父类名 1, 父类名 2, …):
```

例如，定义一个表示房屋的类 House、一个表示汽车的类 Car 和一个继承 House 和 Car 的子类 TouringCar，代码如下：

```
# 定义一个表示房屋的类 House
class House(object):
    def live(self):                            # 居住
        print("供人居住")
# 定义一个表示汽车的类 Car
class Car(object):
    def drive(self):                           # 行驶
        print("行驶")
# 定义一个表示房车的类，继承 House 和 Car 类
class TouringCar(House, Car):
    pass
tour_car = TouringCar()
tour_car.live()                                # 子类对象调用父类 House 的方法
tour_car.drive()                               # 子类对象调用父类 Car 的方法
```

以上示例代码首先定义了包含 live()方法的类 House 和包含 drive()方法的类 Car，然后定义了一个继承 House、Car 类，但自身未额外定义任何成员的子类 TouringCar，最后创建了 TouringCar 类的对象 tour_car，并使用 tour_car 对象依次调用 live()和 drive()方法。

运行代码，结果如下所示：

```
供人居住
行驶
```

从以上结果可以看出，子类继承多个父类后自动拥有了多个父类的公有成员。

试想一下，如果 House 类和 Car 类中有一个同名的方法，那么子类会调用哪个父类的同名方法呢？如果子类继承的多个父类是具有平行关系的类，那么子类先继承哪个类，便会先调用哪个类的方法。

在本小节定义的 House 和 Car 类中分别添加一个 test()方法，代码如下。

House 类：

```
def test(self):
    print("House 类测试")
```

Car 类：

```
def test(self):
    print("Car 类测试")
```

在本小节示例代码末尾调用 test()方法，代码如下所示：

```
tour_car.test()        # 子类对象调用两个父类的同名方法
```

运行代码，结果如下所示：

```
供人居住
行驶
House 类测试
```

从以上结果可以看出，子类调用了先继承的 House 类的 test()方法。

8.7.3 重写

现实生活中，与他人见面时通常都会跟对方礼貌地打招呼，但不同国家的人打招呼的方式有所不同，例如英国人打招呼时通常会说“hello”，而中国人打招呼时通常会问“吃了吗”。程序中，子类会原封不动地继承父类的方法，但有时子类需要按照自己的需求对继承来的方法进行调整，也就是在子类中重写从父类继承来的方法。

Python 中实现方法重写的方式非常简单，只要在子类中定义与父类方法同名的方法，在方法中按照子类需求重新编写代码即可。例如，定义一个表示人的类 Person 和一个继承了 Person 类的、表示中国人的子类 Chinese，在 Chinese 类中重写 Person 类的方法，代码如下：

```
# 定义一个表示人的类
class Person(object):
    def say_hello(self):
        print("打招呼！")
# 定义一个表示中国人的类
class Chinese(Person):
    def say_hello(self):                          # 重写的方法
        print("吃了吗？")
```

若子类重写了父类的方法，子类对象默认调用的是子类重写的方法。在以上示例代码的末尾增加创建子类对象和调用 say_hello()方法的代码，具体如下所示：

```
chinese = Chinese()
chinese.say_hello()                               # 子类调用重写的方法
```

运行代码，结果如下所示：

```
吃了吗？
```

从以上结果可以看出，chinese 对象调用的是子类 Chinese 重写的 say_hello()方法。

子类重写了父类的方法之后，无法直接访问父类的同名方法，但可以使用 super()函数间接调用父类中被重写的方法。

接下来对上述示例代码进行修改，在Chinese类的say_hello()方法中调用父类的say_hello()方法，修改后 Chinese 类的定义如下：

```
class Chinese(Person):
    def say_hello(self):
        super().say_hello()                              # 调用父类中被重写的方法
        print("吃了吗？")
```

运行代码，结果如下所示：

```
打招呼！
吃了吗？
```

从以上结果可以看出，程序输出了 Person 类中 say_hello()方法的输出语句，说明子类通过 super()函数成功地调用了父类中被重写的方法。

8.8　多态

多态是面向对象的重要特性之一，它的直接表现是让不同类的同一功能可以通过同一个接口调用，表现出不同的行为。例如，定义一个表示猫的类 Cat 和一个表示狗的类 Dog，在这两个类中都定义 shout()方法，示例代码如下：

```
class Cat:
    def shout(self):
        print("喵喵喵～")
class Dog:
    def shout(self):
        print("汪汪汪！")
```

定义一个函数 test()，该函数需要接收一个表示任意对象的参数，在函数内部调用 shout()方法，示例代码如下：

```
def test(obj):
    obj.shout()
```

分别创建 Cat 类和 Dog 类的对象，调用 test()函数，将这两个对象作为参数传入函数，示例代码如下：

```
cat = Cat()
dog = Dog()
test(cat)
test(dog)
```

运行代码，结果如下所示：

```
喵喵喵～
汪汪汪！
```

以上示例代码通过同一个函数 test()调用了 Cat 类和 Dog 类的 shout()方法，同一操作获取了不同结果，这体现出面向对象中多态这一特性。

利用多态这一特性编写代码不会影响类的内部设计，还可以提高代码的兼容性，让代码的调用更加灵活。

8.9　运算符重载

运算符重载是指赋予内置运算符新的功能，以使其能操作更多的数据类型。当定义一个类时，如果这个类中重写了 Python 基类 object 中与运算符有关的特殊方法，那么这些特殊方法对应的运算符将能够对该类的实例进行运算。

基类 object 的一些特殊方法及其对应的运算符如表 8-4 所示。

表 8-4　基类 object 的一些特殊方法及其对应的运算符

特殊方法	运算符
__add__()	+
__sub__()	-
__mul__()	*
__truediv__()	/
__mod__()	%
__pow__()	**
__contains__()	in
__eq__()、__ne__()、__lt__()、__le__()、__gt__()、__ge__()	==、!=、<、<=、>、>=
__and__()、__or__()、__invert__()、__xor__()	&、|、~、^
__iadd__()、__isub__()、__imul__()、__itruediv__()	+=、-=、*=、/=

下面定义一个表示计算器的 Calculator 类，并重写方法__add__()、__sub__()、__mul__()、__truediv__()，使运算符+、-、*、/能够支持针对 Calculator 类的对象的运算，具体代码如下：

```
# 定义一个表示计算器的类
class Calculator(object):
    def __init__(self, number):
        self.number = number                          # 记录数值
    def __add__(self, other):                         # 重载运算符+
        self.number = self.number + other
        return self.number
    def __sub__(self, other):                         # 重载运算符-
        self.number = self.number - other
        return self.number
    def __mul__(self, other):                         # 重载运算符*
        self.number = self.number * other
        return self.number
    def __truediv__(self, other):                     # 重载运算符/
        self.number = self.number / other
        return self.number
```

以上的 Calculator 类中，首先定义了一个有参构造方法，该方法中的属性 number 用于记录数值；然后重写了__add__()、__sub__()、__mul__()、__truediv__()方法，分别用于实现重载运算符+、-、*、/的功能，使这些运算符能够将 number 与其他数进行相应的运算操作，并将运算结果重新赋给 number。

创建 Calculator 类的对象 calculator，并传入参数 10，之后分别输出 calculator 对象与数值 5 相加、相减、相乘、相除后的结果，具体如下所示：

```
calculator = Calculator(10)
print(calculator + 5)                 # calculator 对象与数值 5 相加
print(calculator - 5)                 # calculator 对象与数值 5 相减
print(calculator * 5)                 # calculator 对象与数值 5 相乘
print(calculator / 5)                 # calculator 对象与数值 5 相除
```

运行代码，结果如下所示：

```
15
10
50
10.0
```

从以上结果可以看出，对运算符进行重载后，自定义类 Calculator 可以进行四则运算。

8.10　实训案例

8.10.1　人机猜拳游戏

案例详情

你是否曾经对人机之间的智力对决感兴趣？较经典的人机猜拳游戏就是一个具体应用。人机猜拳游戏简单有趣，有石头、剪刀、布 3 种手势，判定规则也比较清晰：石头胜剪刀，剪刀胜布，布胜石头。人机猜拳游戏有两个玩家角色，分别是计算机玩家和人类玩家，人类玩家猜拳的手势由自己决定，计算机玩家比较智能，可以根据人类玩家以往的出拳规律选择概率比较高的手势以取得胜利。

本案例要求编写程序，使用面向对象编程思想完成符合上述规则的人机猜拳游戏。

8.10.2　自定义列表

案例详情

列表是 Python 内置的数据类型，可以灵活地增加、删除、修改、查找其中的元素，但列表即使只包含数值，仍不支持与数字类型进行四则运算。为使列表支持四则运算，我们可以自定义一个列表类，在该类中重载运算符，使列表中各元素分别与某数值相加、相减、相乘或相除，所得的结果成为该列表的新元素。

本案例要求编写代码，运用重载运算符的知识，使列表支持四则运算功能。

8.11　阶段案例——银行管理系统

案例详情

银行管理系统是一个集开户、查询、取款、存款、转账、锁定、解锁、退出等一系列业务功能的管理系统。随着计算机技术在金融行业的广泛应用，银行企业采用银行管理系统替代了传统手动记账的方式，这极大地缩短了用户办理基础储蓄业务的时间，提升了银行企业的形象。

假设现有一个银行管理系统，该系统的欢迎登录银行管理系统界面和功能菜单界面分别如图 8-4 和图 8-5 所示。

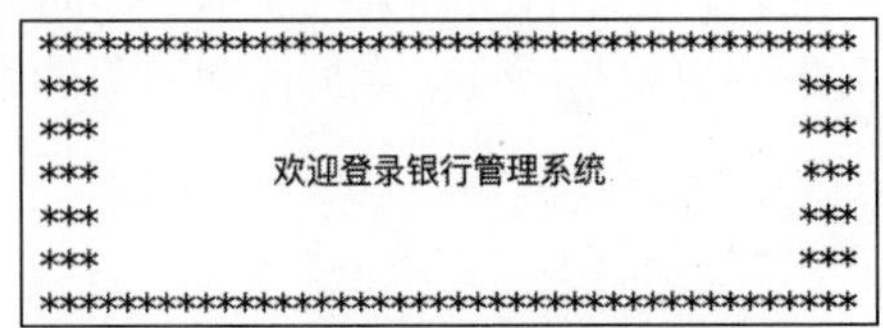

图8-4　欢迎登录银行管理系统界面

```
**********************************************
***                                        ***
***   1.开户(1)                 2.查询(2)   ***
***   3.取款(3)                 4.存款(4)   ***
***   5.转账(5)                 6.锁定(6)   ***
***   7.解锁(7)                            ***
***                                        ***
***   退出(Q)                              ***
***                                        ***
**********************************************
```

图8-5　功能菜单界面

银行管理系统启动后会显示欢迎登录银行管理系统界面，并要求工作人员按照提示输入管理员的账户与密码，输入正确的账户与密码后方可进入功能菜单界面，否则直接退出银行管理系统。管理员信息输入正确和错误的提示信息如图 8-6 所示。

```
请输入管理员账户：admin
请输入密码：12345
操作成功，请稍后
```

```
请输入管理员账户：ad
管理员账户输入错误
```

```
请输入管理员账户：admin
请输入密码：123
输入密码有误
```

图8-6　管理员信息输入正确和错误的提示信息

图 8-5 的功能菜单界面显示了银行管理系统的全部功能，包括开户、查询、取款、存款、转账、锁定、解锁和退出，每个功能的介绍如下。

- 开户：用户根据提示依次输入姓名、身份证号、手机号、预存金额、密码等信息，输入无误后会获取系统随机生成的一个不重复的 6 位数字的卡号。
- 查询：用户根据提示输入正确的卡号、密码，查询卡中余额，若连续 3 次输入错误的密码，则卡号会被锁定。
- 取款：用户根据提示输入正确的卡号、密码后，可以看到系统显示卡中余额，之后输入取款金额，会看到系统显示卡中余额。如果用户连续 3 次输入错误的密码，那么用户的卡号会被锁定；如果用户输入的取款金额大于卡中余额或小于 0，那么系统会进行提示并返回功能菜单界面。
- 存款：用户根据提示输入正确的卡号、密码后，可以看到系统显示卡中余额，之后输入存款金额，会看到系统显示卡中余额。如果用户输入的存款金额小于 0，那么系统会进行提示并返回功能菜单界面。
- 转账：用户根据提示分别输入转出卡号与转入卡号，之后输入转账金额，并再次确认是否执行转账功能，确定执行转账功能后，转出卡与转入卡做相应金额计算；取消执行转账功能后，回退到之前的操作。如果用户连续 3 次输入错误的密码，那么用户的卡号会被锁定。
- 锁定：用户根据提示输入卡号、密码后，会看到系统显示的锁定成功的信息。锁定的卡号不能进行查询、取款、存款、转账等操作。
- 解锁：用户根据提示输入卡号、密码后，会看到系统显示的解锁成功的信息。解锁的卡号可以重新进行查询、取款、存款、转账等操作。
- 退出：用户根据提示输入管理员的账户与密码，如果输入错误的账号或密码，那么会返回系统的功能菜单界面；如果输入正确的账号与密码，那么会退出系统。

本案例要求编写程序，基于面向对象思想实现具有上述功能的银行管理系统。

8.12　本章小结

本章主要讲解了面向对象的相关知识，包括面向对象概述、类与对象的基础应用、类的成员、特殊方法、封装、继承、多态、运算符重载，并结合实训案例演示了面向对象的编程技巧。通过对本章的学习，读者能理解面向对象的思想与特性，掌握面向对象的编程技巧，为以后的开发奠定扎实的面向对象编程基础。

8.13　习题

一、填空题

1. Python 中使用________关键字来定义一个类。
2. 类的成员包括________和________。

3. Python 可以通过在类成员名称之前添加________的方式将公有成员改为私有成员。
4. 当一个类继承了另一个类，被继承的类称为________，继承其他类的类称为________。
5. 子类中使用________函数可以调用父类的方法。

二、判断题

1. Python 中通过类可以创建对象，但只能创建一个对象。(　　)
2. 实例方法可以由类和对象调用。(　　)
3. 子类能继承父类全部的属性和方法。(　　)
4. 创建类的对象时，解释器会自动调用构造方法进行初始化操作。(　　)
5. 子类中不能重新实现从父类继承的方法。(　　)

三、选择题

1. 下列关于类的说法，错误的是（　　）。
   A. 类中可以定义私有方法和属性　　B. 类方法的第一个参数是 cls
   C. 实例方法的第一个参数是 self　　D. 类的实例无法访问类属性
2. 下列方法中，只能由对象调用的是（　　）。
   A. 类方法　　B. 实例方法　　C. 静态方法　　D. 析构方法
3. 下列方法中，用于负责初始化属性的是（　　）。
   A. __del__()　　B. __init__()　　C. __init()　　D. __add__()
4. 下列选项中，不属于面向对象三大重要特性的是（　　）。
   A. 抽象　　B. 封装　　C. 继承　　D. 多态
5. 请阅读下面的代码：

```
class Test:
    count = 21
    def print_num(self):
        count = 20
        self.count += 20
        print(count)
test= Test()
test.print_num()
```

运行代码，输出结果为（　　）。
   A. 20　　B. 40　　C. 21　　D. 41

四、简答题

1. 简述实例方法、类方法、静态方法的区别。
2. 简述什么是封装、继承和多态。

五、编程题

1. 定义一个 Circle（圆形）类，该类中包括属性 radius（半径），还包括__init__()、get_perimeter()（用于计算圆形的周长）和 get_area()（用于计算圆形的面积）方法。完成类的定义后，创建 Circle 类的对象，并计算圆形的周长和面积。

2. 定义一个 Course（课程）类，该类中包括属性 number（编号）、name（名称）、teacher（任课教师）、location（上课地点），用于描述课程信息，其中 location 是私有属性。除此之外，该类还包括__init__()、show_info()（用于显示课程信息）方法。完成类的定义后，创建 Course 类的对象，并显示课程的信息。

第9章

异常

学习目标

- 了解异常，能够说出异常的概念以及异常信息的组成部分
- 熟悉异常的类型，能够说出常见的异常类型及其含义
- 掌握 try-except 语句的使用，能够在程序中通过 try-except 语句捕获与处理异常
- 掌握 try-except-else 语句的使用，能够在 else 子句中添加没有异常的处理代码
- 掌握 try-except-finally 语句的使用，能够在 finally 子句中添加释放资源的代码
- 掌握 raise 语句的使用，能够在程序中通过 raise 语句抛出异常
- 掌握 assert 语句的使用，能够在程序中通过 assert 语句抛出异常
- 了解异常的传递，能够说出异常传递的特点
- 掌握自定义异常的方式，能够在程序中自定义并处理异常

在现实生活中，我们经常会遇到各种突发情况，比如航班延误、火车晚点等，而在程序中同样不可避免地会出现异常，比如试图打开一个不存在的文件、访问未定义的变量等。开发人员需要辨别程序的异常，明确这些异常是源于程序本身的设计问题，还是由外界环境的变化引起，以便有针对性地处理异常。为了帮助开发人员处理异常，Python 提供了功能强大的异常处理机制。本章将针对异常的相关内容进行详细讲解。

9.1 异常概述

9.1.1 认识异常

异常是在程序运行期间出现的错误、意外或不正常情况，可能是由外部环境、不正确的输入、无效的操作或其他因素引起的。如果一个程序在运行的过程中出现异常，并且没有对异常进行处理，那么此时解释器会采用默认方式处理异常，即终止程序并给出相应的异常信息。

异常信息通常包含异常代码所在行号、异常的类型和异常产生的原因等信息。下面以四则运算的程序为例介绍异常信息，该程序在进行除法运算操作时并没有处理除数为 0 的情况，具体代码如下：

```
def calculate(operation, num1, num2):
    if operation == "+":
        return num1 + num2
    elif operation == "-":
        return num1 - num2
    elif operation == "*":
        return num1 * num2
    elif operation == "/":
        return num1 / num2
    else:
        return "无效的运算符"
expression = input("请输入表达式（例如 2 + 3）：")
expression_list = expression.split()
num1 = int(expression_list[0])
operation = expression_list[1]
num2 = int(expression_list[2])
result = calculate(operation, num1, num2)
print("运算结果：", result)
```

当用户输入的第二个数 num2 为 0 时，由于四则运算中 0 不能作为除数进行计算，所以程序运行时便会出现异常。运行程序，输入“1 / 0”产生的异常信息具体如下：

```
Traceback (most recent call last):
  File "E:\FastPrograms3\Chapter09\code01.py", line 17, in <module>
    result = calculate(operation, num1, num2)
             ^^^^^^^^^^^^^^^^^^^^^^^^^^^^^^^^
  File "E:\FastPrograms3\Chapter09\code01.py", line 9, in calculate
    return num1 / num2
           ~~~~~^~~~~~
ZeroDivisionError: division by zero
```

以上信息指出了异常代码所在的行号为 9，使用小箭头（^）指出异常在代码中出现的具体位置，除此之外，以上信息还指明了异常的类型以及产生的具体原因，此处异常的类型为 ZeroDivisionError，异常产生的具体原因为 division by zero，即除数为 0。

由此可见，异常信息提供了异常代码的位置、错误的类型和错误产生的原因等。通过阅读异常信息，可以了解导致程序出现异常的具体原因，进而采取适当措施解决或处理异常情况，使程序变得更加健壮和可靠。

9.1.2　异常类

Python 程序运行出错时产生的每种类型的异常都对应一个类，程序运行时出现的异常大多继承自 Exception 类，Exception 类又继承自 BaseException 基类。接下来，通过一张图来说明 Python 中异常类的继承关系，如图 9-1 所示。

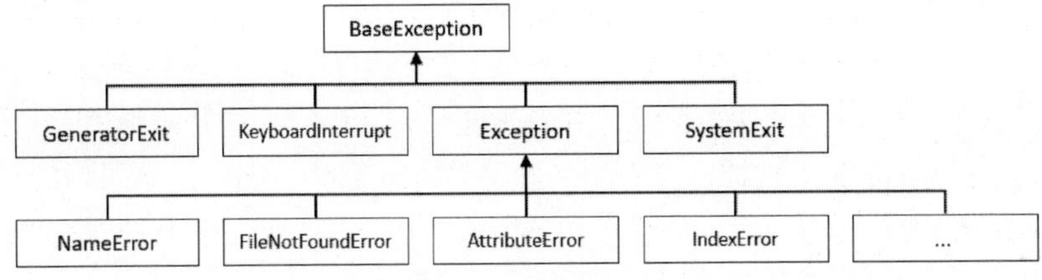

图9-1　异常类的继承关系

在图 9-1 中，BaseException 类是所有异常类的基类，它派生了 4 个子类，分别是 Exception、KeyboardInterrupt、GeneratorExit 和 SystemExit。其中 Exception 是所有内置的、非系统退出的异常的基类；KeyboardInterrupt 是用户中断执行时会产生的异常；GeneratorExit 是生成器退出异常；SystemExit 是 Python 解释器退出异常。

Exception 类派生了很多子类，每个子类都是开发中经常见到的异常。下面通过示例介绍程序中经常见到的几种异常，具体内容如下。

1. NameError

NameError 是程序中使用未定义的变量时会引发的异常。NameError 异常通常发生在以下几种情况。

（1）在使用变量之前，没有对变量进行赋值。

（2）使用一个未导入的模块或未定义的函数名或类名。

（3）在函数内部访问全局变量，但全局变量还没有被赋值。

例如，访问一个未定义的变量 test，具体代码如下：

```
print(test)
```

运行代码，结果如下所示：

```
Traceback (most recent call last):
  File "E:\FastPrograms3\Chapter09\code01.py", line 1, in <module>
    print(test)
          ^^^^
NameError: name 'test' is not defined
```

2. IndexError

IndexError 是程序中使用超出序列范围的索引时引发的异常。当使用索引访问列表、元组、字符串这几种序列类型的元素时，如果指定的索引超出了序列的范围，就会导致程序引发 IndexError 异常。

例如，定义一个空列表 num_list，访问该列表中索引为 0 的元素，具体代码如下：

```
num_list = []
print(num_list[0])
```

运行代码，结果如下所示：

```
Traceback (most recent call last):
  File "E:\FastPrograms3\Chapter09\code01.py", line 2, in <module>
    print(num_list[0])
          ~~~~~~~~^^^
IndexError: list index out of range
```

3. AttributeError

AttributeError 是使用对象访问不存在的属性或者调用不存在的方法时引发的异常。例如，在 Car 类中动态地添加两个属性，即 color 和 brand，使用 Car 类的对象依次访问 color、brand 属性，以及不存在的 name 属性，具体代码如下：

```
class Car(object):
    pass
car = Car()
car.color = "红色"
car.brand = '红旗轿车'
print(car.color)
```

```
print(car.brand)
print(car.name)
```

运行代码，结果如下所示：

```
红色
红旗轿车
Traceback (most recent call last):
  File "E:\FastPrograms3\Chapter09\code01.py", line 8, in <module>
    print(car.name)
          ^^^^^^^^
AttributeError: 'Car' object has no attribute 'name'
```

若程序运行时出现 AttributeError 异常，可以尝试检查访问的属性名或方法名是否拼写正确，以及是否已经正确创建了对象。另外，还可以使用 dir() 函数查看对象的属性列表，以确定尝试访问的属性或方法是否存在。

4. FileNotFoundError

FileNotFoundError 是未找到指定文件或目录时引发的异常。例如，打开一个本地不存在的文件，具体代码如下：

```
file = open("test.txt")
```

运行代码，结果如下所示：

```
Traceback (most recent call last):
  File "E:\FastPrograms3\Chapter09\code01.py", line 1, in <module>
    file = open("test.txt")
           ^^^^^^^^^^^^^^^^
FileNotFoundError: [Errno 2] No such file or directory: 'test.txt'
```

我们在编写程序时难免会遇到各种各样的异常情况，但其实这并不是一件糟糕的事情。我们应该以冷静和理性的心态面对这些异常，把其视为提高自己解决问题能力的机遇。

9.2　异常捕获语句

Python 程序在运行时若出现异常会直接终止运行，这种默认的异常处理方式其实并不友好。为了能够友好地处理异常，Python 中提供了 try-except 语句用于实现简单的异常捕获与处理功能。此外 try-except 语句还可以与 else、finally 子句组合使用，实现更为强大的异常捕获与处理功能。本节将针对异常捕获语句的相关内容进行详细讲解。

9.2.1　try-except 语句

try-except 语句是基本的异常捕获语句，用于捕获和处理程序可能发生的异常，以避免程序意外终止运行。try-except 语句的语法格式如下：

```
try:
    可能出现异常的代码
except [异常类 [as 异常信息]]:
    捕获异常后的处理代码
```

以上语法格式中，try 子句之后为可能出现异常的代码，也就是需要被监控的代码；except 子句中可以指定异常类，若指定了异常类，该子句只对与指定异常类匹配的异常进行捕获，否则将捕获 try 子句中产生的所有异常。except 子句中的 as 关键字用于将捕获到的异常信息赋给一个变量，as 及其后面的异常信息可以省略。except 子句后的代码是捕获异常后的处理代码。

值得一提的是，在 except 子句后面可以添加多个 except 子句，每个 except 子句用于捕获不同类型的异常，实现更精细的异常处理。当监控到异常时，程序会按照顺序逐个查找与该异常类型匹配的 except 子句。

try-except 语句的执行过程如下。优先执行 try 子句中的代码，若 try 子句中的代码没有出现异常，则会忽略 except 子句而继续向下执行；若 try 子句中的代码出现异常，则会忽略 try 子句的剩余代码，转而执行 except 子句；若 try 子句中出现的异常类型与 except 子句中指定的异常类型匹配，则执行 except 子句中的代码，否则按默认的方式终止程序的运行。

try-except 语句可以捕获程序的单个、多个或全部异常，下面逐一介绍。

1. 捕获程序的单个异常

捕获程序的单个异常的方式比较简单，只需要在 except 子句之后指定要捕获的单个异常类即可，示例代码如下：

```
num_one = int(input("请输入被除数："))
num_two = int(input("请输入除数："))
try:
    print("结果为", num_one / num_two)
except ZeroDivisionError:
    print("出错了")
```

以上代码在 try 子句中输出两个整数相除的结果，由于变量 num_two 的值具有不确定性，所以程序可能会出现 ZeroDivisionError 异常；except 子句中明确指定捕获 ZeroDivisionError 异常，说明程序一旦捕获到 ZeroDivisionError 异常就会执行 except 子句的输出语句。

运行代码，输入被除数 1 和除数 0，运行结果如下所示：

```
请输入被除数：1
请输入除数：0
出错了
```

由上述结果可知，程序成功捕获了 ZeroDivisionError 异常，并且不再以终止运行的方式处理异常。不过，以上示例代码的输出结果“出错了”仅仅能表明出现了错误，但没有明确地说明异常产生的具体原因。

为了明确知道异常产生的原因，可以在异常类之后使用关键字 as 来获取异常的具体信息，修改后的代码如下：

```
num_one = int(input("请输入被除数："))
num_two = int(input("请输入除数："))
try:
    print("结果为", num_one / num_two)
except ZeroDivisionError as error:
    print("出错了，原因：", error)
```

运行代码，结果如下所示：

```
请输入被除数：1
请输入除数：0
出错了，原因： division by zero
```

由上述结果可知，程序不仅成功捕获了 ZeroDivisionError 异常，还输出了异常产生的具体原因“division by zero”，表示异常出现的原因是除数为 0。

2. 捕获程序的多个异常

捕获程序的多个异常的方式比较多样，既可以通过多个 except 子句完成，也可以通过一个 except 子句完成。若通过一个 except 子句完成，则需要在关键字 except 之后以元组形式指定多个异常类，示例代码如下：

```
try:
    num_one = int(input("请输入被除数: "))
    num_two = int(input("请输入除数: "))
    print("结果为", num_one / num_two)
except (ZeroDivisionError, ValueError) as error:
    print("出错了，原因: ", error)
```

以上代码在 try 子句中输出 num_one 和 num_two 两者相除的结果。由于变量 num_two 的值具有不确定性，程序可能会出现两种不同的异常：当 num_two 的值为 0 时，程序会产生 ZeroDivisionError 异常；当 num_two 的值为非数字类型的数据时，程序会产生 ValueError 异常。在 except 子句中明确指定异常类 ZeroDivisionError 和 ValueError，说明程序一旦捕获到这两种异常就会执行与其类型匹配的 except 子句的输出语句。

运行代码，输入被除数 1 和除数 0，结果如下所示：

```
请输入被除数: 1
请输入除数: 0
出错了，原因:  division by zero
```

再次运行代码，输入被除数 1 和除数 p，结果如下所示：

```
请输入被除数: 1
请输入除数: p
出错了，原因:  invalid literal for int() with base 10: 'p'
```

由两次输出的结果可知，程序可以成功地捕获 ZeroDivisionError 和 ValueError 异常。

3. 捕获程序的全部异常

如果要捕获程序的全部异常，那么可以将 except 之后的异常类设置为 Exception，或者省略异常类。需要注意的是，若省略异常类，则 except 子句将无法获取异常的具体信息。示例代码如下：

```
try:
    num_one = int(input("请输入被除数: "))
    num_two = int(input("请输入除数: "))
    print("结果为", num_one / num_two)
except Exception as error:
    print("出错了，原因: ", error)
```

运行代码，输入被除数 1 和除数 p，结果如下所示：

```
请输入被除数: 1
请输入除数: p
出错了，原因:  invalid literal for int() with base 10: 'p'
```

再次运行代码，输入被除数 1 和除数 0，结果如下所示：

```
请输入被除数: 1
请输入除数: 0
出错了，原因:  division by zero
```

9.2.2 try-except-else 语句

Python 中 try-except 语句可以与 else 子句联合使用，组成结构更加复杂的 try-except-else 语句。当程序执行 try-except-else 语句时，若 try 子句的代码没有产生任何异常，则会执行 else 子句的代码。try-except-else 语句的语法格式如下：

```
try:
    可能出现异常的代码
except [异常类 [as 异常信息]]:
    捕获异常后的处理代码
else:
    没有异常的处理代码
```

需要注意的是，出现异常时，无论程序是否成功捕获了异常，else 子句中的代码都不会被执行。这意味着只有在程序没有出现异常时，else 子句中的代码才会执行。根据这个特点，else 子句通常用于处理与异常处理相关的正常流程代码，例如在处理完异常后继续执行其他操作，使异常处理逻辑和正常流程代码能够明确区分开。

例如，两个数进行除法运算时，分别使用 except 子句和 else 子句处理除数为 0 和除数不为 0 的情况，示例代码如下：

```
first_num = int(input("请输入被除数："))
second_num = int(input("请输入除数："))
try:
    res = first_num / second_num
except ZeroDivisionError as error:
    print('异常原因：', error)
else:
    print(res)
```

以上代码中，首先接收用户输入的两个数 first_num 和 second_num，分别将它们作为被除数和除数，其次在 try 子句中计算 first_num 和 second_num 相除的结果，然后在 except 子句中明确指定捕获 ZeroDivisionError 异常，并在捕获该异常后输出异常信息，最后在 else 子句中输出两数相除的结果。

运行代码，输入被除数 10 和除数 1，结果如下所示：

```
请输入被除数：10
请输入除数：1
10.0
```

由以上输出结果可知，程序没有出现任何异常，直接输出了两数相除的结果。

9.2.3 try-except-finally 语句

Python 中 try-except 语句还可以与 finally 子句联合使用，组成结构更加复杂的 try-except-finally 语句。当程序执行 try-except-finally 语句时，无论 try 子句的代码有没有出现异常，都会执行 finally 子句的代码。try-except-finally 语句的语法格式如下：

```
try:
    可能出现异常的代码
except [异常类型 [as 异常信息]]:
    捕获异常后的处理代码
finally:
    一定会执行的代码
```

无论 try 子句监控的代码是否出现异常，finally 子句中的代码都会被执行。基于此特点，finally 子句一般用于预设资源的清理操作，比如关闭文件、关闭网络连接、关闭数据库连接等。

例如，使用 finally 子句执行关闭文件的操作，具体代码如下：

```
file = open('test.txt', mode='r', encoding='utf-8')
try:
    file.write("人生苦短，我用 Python")
except Exception as error:
    print("写入文件失败", error)
finally:
    file.close()
    print('文件已关闭')
```

以上代码中，首先调用 open()函数以只读的方式打开当前目录下的 test.txt 文件，并将返回的文件对象赋给变量 file，然后在 try 子句中通过 file 对象调用 write()方法，将字符串写入 test.txt 文件中，由于 file 对象不支持写入功能，所以程序运行时肯定会出现异常，接着在 except 子句中捕获所有的异常，并输出异常的具体信息，最后在 finally 子句中通过 file 对象调用 close()方法关闭文件，并输出文件关闭的提示语句。

运行代码，结果如下所示：

```
写入文件失败 not writable
文件已关闭
```

由以上输出结果可知，程序即便出现了异常，也能正常执行关闭文件的操作。

9.3 抛出异常

Python 程序中的异常不仅可以自动触发，还可以由开发人员使用 raise 和 assert 语句主动抛出。本节将针对抛出异常的内容进行详细讲解。

9.3.1 使用 raise 语句抛出异常

Python 使用 raise 语句可以显式地抛出异常，raise 语句的方式如下：

```
raise 异常类
raise 异常类对象
raise
```

以上 3 种使用方式都是通过 raise 语句抛出异常的。第 1 种方式和第 2 种方式是对等的，都会抛出指定类型的异常，其中第 1 种方式会隐式创建一个指定异常类型的对象，第 2 种方式会直接提供一个指定异常类型的对象；第 3 种方式用于重新抛出刚刚发生的异常。

为了帮助读者更好地理解如何使用 raise 语句抛出异常，下面对上述的 3 种方式进行介绍。

1. 使用异常类抛出异常

使用“raise 异常类”语句可以抛出该语句中异常类对应的异常，示例代码如下：

```
raise IndexError
```

运行代码，结果如下所示：

```
Traceback (most recent call last):
```

```
  File "E:\FastPrograms3\Chapter09\code03.py", line 1, in <module>
    raise IndexError
IndexError
```

“raise 异常类”语句在执行时会先隐式地创建该语句中异常类的对象，然后抛出异常。

2. 使用异常类对象抛出异常

使用“raise 异常类对象”语句可以抛出该语句中异常类对象对应的异常，示例代码如下：

```
raise IndexError()
```

运行代码，结果如下所示：

```
Traceback (most recent call last):
  File "E:\FastPrograms3\Chapter09\code03.py", line 1, in <module>
    raise IndexError()
IndexError
```

以上代码中，raise 之后的“IndexError()”用于创建异常类对象，创建异常类对象时可通过字符串指定异常的具体信息，示例代码如下：

```
raise IndexError('索引超出范围')              # 抛出异常及其具体信息
```

运行代码，结果如下所示：

```
Traceback (most recent call last):
  File "E:\FastPrograms3\Chapter09\code03.py", line 1, in <module>
    raise IndexError('索引超出范围')              # 抛出异常及其具体信息
    ^^^^^^^^^^^^^^^^^^^^^^^^^^^^

IndexError: 索引超出范围
```

3. 重新抛出异常

使用不带任何参数的 raise 语句可以抛出刚刚发生过的异常，示例代码如下：

```
try:
    raise IndexError('索引超出范围')
except:
    raise
```

以上示例代码中的 try 子句会引发 raise 语句抛出异常，except 子句会被执行；except 子句后的代码又使用 raise 语句抛出刚刚发生的 IndexError 异常，最终程序因再次抛出异常而终止执行。

运行代码，结果如下所示：

```
Traceback (most recent call last):
  File "E:\FastPrograms3\Chapter09\code03.py", line 2, in <module>
    raise IndexError('索引超出范围')
IndexError: 索引超出范围
```

9.3.2 使用 assert 语句抛出异常

assert 语句又称为断言语句，用于在程序运行过程中检查某些条件是否满足。如果条件不满足，assert 语句会抛出一个 AssertionError 异常以中断程序的执行。assert 语句的语法格式如下所示：

```
assert 表达式[, 异常信息]
```

以上语法格式的 assert 后面紧跟一个表达式，表达式的值为 False 时，assert 语句会抛出 AssertionError 异常，表达式的值为 True 时不做任何操作。表达式之后的异常信息是可选的，用来说明出现异常的原因。

assert 语句主要用于开发和调试阶段，开发人员可在程序中插入断言来验证自己的假设，并及早发现潜在的问题和错误。接下来，使用 assert 语句判断用户输入的除数是否为 0，示例代码如下：

```
num_one = int(input("请输入被除数："))
num_two = int(input("请输入除数："))
assert num_two != 0, '除数不能为0'      # assert 语句判定 num_two 是否不等于 0
result = num_one / num_two
print(num_one, '/', num_two, '=', result)
```

以上代码首先接收用户输入的两个数，即 num_one 和 num_two，并将 num_one 与 num_two 分别作为被除数与除数，然后使用 assert 语句判定 num_two 是否不等于 0，若不等于 0 则进行除法运算，否则会引发 AssertionError 异常，并提示“除数不能为 0”，最后输出 num_one 除以 num_two 的结果。

运行代码，结果如下所示：

```
请输入被除数：1
请输入除数：0
Traceback (most recent call last):
  File "E:\FastPrograms3\Chapter09\code03.py", line 3, in <module>
    assert num_two != 0, '除数不能为0'      # assert 语句判定 num_two 是否不等于 0
           ^^^^^^^^^^^^^^^^^^^^^^^^^
AssertionError: 除数不能为0
```

9.3.3 异常的传递

当一个异常在程序中被抛出后，它会从触发的位置开始，沿着程序的执行路径逐级向上传递。如果在当前执行层没有找到处理该异常的代码，异常就会继续向上传递。这一过程会持续进行，直到找到能够处理该异常的代码或者到达程序的顶层。如果到达程序顶层后仍然没有找到处理异常的地方，程序将会崩溃，并显示出相应的错误信息。

接下来，通过一个计算正方形面积的案例演示异常的传递过程。该案例的代码有 get_width()、calc_area()与 show_area()这 3 个函数，其中 get_width()函数用于获取用户输入的正方形边长，calc_area()函数用于根据用户输入的边长计算正方形的面积，show_area()函数用于输出正方形的面积，具体代码如下。

```
def get_width():              # 获取正方形边长
    print("get_width()开始执行")
    num = int(input("请输入除数："))
    width_len = 10 / num     # 此行代码在 num 为 0 时会出现异常
    print("get_width()执行结束")
    return width_len
def calc_area():              # 计算正方形的面积
    print("calc_area()开始执行")
    width_len = get_width()
    print("calc_area()执行结束")
    return width_len * width_len
def show_area():             # 输出正方形的面积
    try:
        print("show_area()开始执行")
        area_val = calc_area()
        print(f"正方形的面积是：{area_val}")
```

```
        print("show_area()执行结束")
    except ZeroDivisionError as e:
        print(f"捕获到异常:{e}")
show_area()
```

以上代码调用了 show_area()函数，该函数内部调用了函数 calc_area()，函数 calc_area()内部又调用了函数 get_width()。

在 get_width()函数中，使用变量 num 接收用户输入的除数，通过语句 width_len = 10 /num 计算正方形的边长，如果 num 的值为 0，那么程序会产生异常 ZeroDivisionError。因为 get_width()函数中并没有捕获与处理异常的 try-except 语句，所以 get_width()函数中产生的异常向上传递给 calc_area()函数，而 calc_area()函数中也没有捕获与处理异常的 try-except 语句，只能将异常继续向上传递给 show_area()函数。show_area()函数中包含捕获与处理异常的 try-except 语句，当 try-except 语句捕获到由 calc_area()函数传递来的异常 ZeroDivisionError 后，会执行 except 子句。

运行代码，结果如下所示：

```
show_area()开始执行
calc_area()开始执行
get_width()开始执行
请输入除数：0
捕获到异常:division by zero
```

9.4 自定义异常

虽然 Python 提供了许多内置的异常类，但是在实际开发过程中可能出现的问题难以预料，有时我们需要自定义异常类，以满足特定的需求。例如，用户在注册账户时需要限定用户名或密码等的类型或长度。自定义异常的方法比较简单，只需要创建一个继承 Exception 类或 Exception 子类的类即可，类名一般以“Error”为结尾。

接下来，通过一个用户注册账号的密码长度限制的示例演示自定义异常，示例代码如下：

```
class ShortInputError(Exception):
    def __init__(self, length, atleast):
        self.length = length                          # 输入的密码长度
        self.atleast = atleast                        # 限制的密码长度
try:
    text = input("请输入密码：")
    if len(text) < 3:
        raise ShortInputError(len(text), 3)
except ShortInputError as result:
    print("ShortInputError：输入的长度是%d，长度至少应是 % d" %
          (result.length, result.atleast))
else:
    print("密码设置成功")
```

以上代码首先定义了一个继承 Exception 的 ShortInputError 类，并在 ShortInputError 类中定义了两个属性，即 length 和 atleast，其中 length 表示用户实际输入的密码长度，atleast 表示程序限制的密码长度；然后通过 try-except 语句捕获与处理因用户输入不符合长度要求的密码而引发的 ShortInputError 异常，若输入的密码长度小于 3，则会抛出 ShortInputError 异常，否则提示“密码设置成功”。

运行代码，结果如下所示：

```
请输入密码：123
密码设置成功
```

再次运行代码，结果如下所示：

```
请输入密码：1
ShortInputError：输入的长度是 1，长度至少应是　3
```

9.5 实训案例

9.5.1 头像图片格式检测

案例详情

我们在网站上传头像图片时，需要按照网站的要求上传指定格式的图片，若上传非指定格式的图片会出现错误的提示信息。例如，某网站只允许用户上传 BMP、PNG 和 JPEG 格式的图片，若上传其他格式的图片，则提示用户格式错误。

本案例要求编写代码，通过异常捕获语句实现用户上传的头像图片的格式检测功能，要求检查用户上传的图片的格式是否为 BMP、PNG 或 JPEG 格式，如果是则提示上传成功，否则给出格式要求的提示信息。

9.5.2 反诈查询系统

案例详情

互联网给我们带来了诸多便利的同时，也带来了安全隐患。近年来，有些无视法律的人会利用互联网进行电信诈骗，利用网络漏洞盗取个人财产。为了提高人们的个人财产安全意识，我国针对网络诈骗采取一系列防范措施，如加强反诈的宣传、提升人们的反诈意识、研发反诈查询程序等。

简单的反诈查询程序通常支持反诈查询和举报两个功能。反诈查询功能是指判断用户查询的手机号或网址是否在文件中，若在文件中，则提示用户查询的手机号或网址被标记的次数。举报功能用于将用户举报的内容添加到文件中，若举报的内容已存在文件中，则将对应内容的标记次数加 1，若不存在，则将举报内容添加到文件中，并设置其标记次数为 1。

本案例要求根据上述描述，编写一个提供反诈查询和举报功能的反诈查询系统，系统中用于查询的手机号或网址都存储在 info.txt 文件中。info.txt 文件内容的示例如图 9-2 所示。

图9-2　info.txt文件内容的示例

9.6 本章小结

本章主要讲解了 Python 异常的相关知识，包括异常概述、异常捕获语句、抛出异常和自定义异常，同时结合实训案例演示了异常的用法。通过对本章的学习，读者可以掌握如何处理异常。

9.7 习题

一、填空题

1. Python 中所有异常都是______的子类。
2. 当程序中使用了一个未定义的变量时会引发______异常。
3. 自定义异常需要继承______类。
4. 若不满足 assert 语句中的表达式，程序会抛出______异常。
5. Python 使用______语句可以重新抛出刚刚发生的异常。

二、判断题

1. try-except 语句中只能有一个 except 子句。(　　)
2. finally 子句在任何情况下都一定会被执行。(　　)
3. raise 语句可以抛出指定的异常。(　　)
4. 如果一个程序没有捕获与处理异常，那么它出现异常时会终止运行。(　　)
5. try-except 语句可以有多个 finally 子句。(　　)

三、选择题

1. 下列关于异常的描述，错误的是（　　）。
   A. 程序执行时检测到的错误称为异常
   B. 异常是程序运行时产生的
   C. 含有语法错误的程序会引发异常，无法正常运行
   D. 自定义异常类时只能继承 Exception 类
2. 当 try 子句中的代码没有任何异常时，一定不会执行以下哪个子句？（　　）
   A. try　　B. except　　C. else　　D. finally
3. 若执行代码 1/0，会引发什么异常？（　　）
   A. ZeroDivisionError　B. NameError　　C. KeyError　　D. IndexError
4. 下列关于 try-except 语句的说法中，错误的是（　　）。
   A. 若 try 子句中的代码没有出现异常，则忽略 except 子句中的代码
   B. 程序捕获到异常后会先执行完 except 子句，再继续执行 try 子句
   C. 若执行 try 子句中的代码时出现异常，则会执行 except 子句中的代码
   D. except 子句可以指定捕获的异常类
5. 阅读下面的一段代码，这段代码运行时会出现什么异常？（　　）

```
num_li = [1, 2, 3]
print(num_li[3])
```

   A. SyntaxError　　B. IndexError　　C. KeyError　　D. NameError

四、简答题

1. 请简述 3 种异常类型并说明其产生的原因。
2. 请写出抛出异常的 3 种方式，并简单介绍每种方式的作用。

五、编程题

1. 编写程序，计算圆形的面积，若圆形的半径为负值则抛出异常。提示，圆形的面积计算公式为 $S=\pi r^2$。

2. 编写程序，实现输入三角形的 3 条边的边长，判断它们能否构成直角三角形，若能构成则计算三角形的面积和周长，否则抛出异常。

第 10 章

Python计算生态与常用库

学习目标

- ◆ 了解 Python 计算生态，能够列举其 3 个应用领域以及该领域的常用库
- ◆ 熟悉模块的构建与使用，能够在程序中熟练地构建与使用模块
- ◆ 熟悉包的构建与导入，能够在程序中熟练地构建与导入包
- ◆ 了解库的发布，能够描述自定义库的发布流程
- ◆ 掌握常用内置库的基本用法，能够使用 time、random、turtle 库分别实现处理时间、生成随机数和绘制图形的功能
- ◆ 掌握常用第三方库的基本用法，能够使用 jieba、wordcloud、Pygame 库分别实现中文分词、绘制词云和制作小游戏的功能

Python 自问世以来，逐步建立起了全球最庞大的计算生态之一，这个强大的计算生态得益于无数开发人员的贡献和努力，以及各种精心设计的 Python 库的支持。这些库涵盖众多领域，包括数据分析、文本处理、机器学习、Web 开发等，展现了 Python 的强大威力。本章将简要介绍 Python 计算生态，并讨论 Python 库的构建与发布，以及一些常用的 Python 库等。

10.1 Python 计算生态概览

Python 计算生态是指由 Python 语言和其周边生态所构成的一系列工具、框架、库和应用，用于解决各种计算问题和满足开发需求。Python 计算生态涵盖网络爬虫、数据分析、文本处理、数据可视化、机器学习、图形用户界面（Graphical User Interface，GUI）、Web 开发、网络应用开发、游戏开发、图形艺术、图像处理等多个领域。下面结合各个领域常用的 Python 库简单介绍 Python 的计算生态。

1. 网络爬虫

网络爬虫是一种按照一定的规则自动从网络上抓取信息的程序或者脚本。它可以自动完成很多工作，比如批量搜集网络上的数据资源，为数据平台提供数据支撑。

Python 作为一种简单且高效的脚本语言，在网络爬虫领域得到了广泛的应用。网络爬虫涉及 HTTP（Hypertext Transfer Protocol，超文本传送协议）请求、Web 信息提取、网页数据解析等操作，Python 计算生态通过 Requests、Selenium、re、Beautiful Soup、Scrapy、pyspider 等库为这些操作提供强有力的支持，这些库的功能说明如表 10-1 所示。

表 10-1 网络爬虫领域的常用库

库名	功能说明
Requests	Requests 库是一个流行的网络请求库，提供简洁而强大的 API（Application Program Interface，应用程序接口）来发送各种类型的 HTTP 请求，并处理服务器返回的响应。Requests 库支持会话管理、文件上传和下载、SSL（Secure Socket Layer，安全套接字层）证书验证、重定向处理等功能，使得处理 HTTP 请求变得简单而高效
Selenium	Selenium 库用于处理需要 JavaScript 渲染或动态内容的网页。通过模拟真实的浏览器环境，它能够完全加载和执行 JavaScript 代码，从而爬取动态生成的内容，获取完整的网页数据
re	re 提供了定义和解析正则表达式的一系列通用功能，除了网络爬虫外，还适用于各类需要解析数据的场景
Beautiful Soup	Beautiful Soup 库用于从 HTML 或 XML 文档中提取所需的数据，可以将复杂的 HTML 或 XML 文档转化为易于操作的树形结构，开发人员通过树形结构对象的方法和属性便可以访问和搜索文档中的元素和内容
Scrapy	Scrapy 是一款网络爬虫库，用于构建可扩展的网络爬虫程序。它采用异步并发的方式，可以快速、稳定地爬取网页并抽取数据，支持自定义数据处理和多种数据存储方式
pyspider	pyspider 也是一款网络爬虫库，与 Scrapy 相比，它更适用于小规模的爬取工作。pyspider 支持数据库后端、消息队列、优先级和分布式架构等功能，可以帮助开发人员更方便地进行爬取任务的管理和扩展

2. 数据分析

数据分析是指使用各种统计和计算方法对数据进行整理、转化、分析和解释的过程。通过数据分析，可以发现数据之间的关联性、趋势和规律，并从中获取有价值的信息。Python 计算生态通过 NumPy、pandas、SciPy 等库为数据分析领域提供支持，这些库的功能说明如表 10-2 所示。

表 10-2 数据分析领域的常用库

库名	功能说明
NumPy	NumPy 是用于科学计算的库，提供了表示 *N* 维数组的 ndarray 对象，通过 ndarray 对象可以便捷地存储和处理大型矩阵。另外，NumPy 也提供了实现线性代数、傅里叶变换和随机数功能的模块，能以优异的效率完成科学计算
pandas	pandas 是一个基于 NumPy 开发的库，专注于数据处理、数据分析和数据可视化。它提供了灵活的数据结构和丰富的函数，可以高效地处理各种类型的数据，并提供统计分析和可视化工具，支持多种数据格式的输入和输出
SciPy	SciPy 是一个基于 NumPy 构建的科学计算库，可以处理插值、积分、优化等方面的问题，也能处理图像和信号、求解常微分方程数值

3. 文本处理

文本处理即对文本内容的处理，包括文本内容的分类、文本特征的提取、文本内容的转换等。Python 计算生态通过 jieba、NLTK、PyPDF2、python-docx 等库为文本处理领域提供支持，这些库的功能说明如表 10-3 所示。

表 10-3 文本处理领域的常用库

库名	功能说明
jieba	jieba 是一款优秀的 Python 中文分词库，开发人员用它可以非常方便地进行中文文本的分词，还可以自定义词典以适应自己的应用场景。此外，jieba 还支持词性标注、关键词提取、文本分类等功能

续表

库名	功能说明
NLTK	NLTK 提供了用于访问超过 50 个语料库和词汇资源的接口，支持文本分类、标记、解析，以及语法、语义分析等功能，简单、易用且高效，是十分优秀的 Python 自然语言处理库
PyPDF2	PyPDF2 是一个专业且稳定、用于处理 PDF（Protable Document Format，便携文件格式）文档的 Python 库，支持 PDF 文档信息的提取、文件内容的按页拆分与合并，支持页面裁剪、内容加密与解密等功能
python-docx	python-docx 是一个用于处理 Word 文档的 Python 库，支持 Word 文档中的标题、段落、分页符、图片、表格、文字等信息的管理，上手非常简单

4. 数据可视化

数据可视化是一门关于数据视觉表现形式的学科，它既需要有效传达数据信息，也需要兼顾信息传达的美学形式，二者缺一不可。Python 计算生态主要通过 Matplotlib、seaborn、pyecharts 等库为数据可视化领域提供支持，这些库的功能说明如表 10-4 所示。

表 10-4 数据可视化领域的常用库

库名	功能说明
Matplotlib	Matplotlib 是一个基于 NumPy 开发的绘图库，提供了丰富的功能，可以创建各种类型的图表和图形，并且允许用户对每个图表和图形的细节进行定制
seaborn	seaborn 是基于 Matplotlib 进行高级封装的数据可视化库，支持 NumPy 和 pandas。由于对 Matplotlib 进行进一步的封装，seaborn 实现了更简单、丰富的调用效果，多数情况下可以轻松绘制具有吸引力的图表
pyecharts	pyecharts 是一个基于 Python 的数据可视化库，使用 ECharts JavaScript 库作为底层引擎。它提供了丰富的图表类型和灵活的样式定制功能，用于生成交互式的数据可视化图表

5. 机器学习

机器学习是一门多领域交叉学科，涉及概率论、统计学、逼近论、凸分析、算法复杂度理论等，其主要研究计算机如何模拟或实现人类的学习行为，并通过获取新的知识与技能以及重新组织已有知识结构来不断改善自身的性能和行为。机器学习被认为是人工智能的核心，是使计算机具有智能的根本途径。

Python 计算生态主要通过 scikit-learn、TensorFlow、PyTorch 等库为机器学习领域提供支持，这些库的功能说明如表 10-5 所示。

表 10-5 机器学习领域的常用库

库名	功能说明
scikit-learn	scikit-learn 是一个基于 Python 的机器学习库，建立在 NumPy、SciPy 和 Matplotlib 等库的基础上，并与这些库紧密集成。scikit-learn 提供了各种常见的监督学习和无监督学习的算法，涉及分类、回归、聚类、降维、特征选择和模型评估等
TensorFlow	TensorFlow 是谷歌开发的开源深度学习框架，可用于构建、训练和部署机器学习和深度学习模型。它在多种操作系统和硬件平台上运行，并具备分布式计算、模型部署、模型优化和可视化等功能
PyTorch	PyTorch 是一个开源的深度学习框架，可以用于构建、训练和部署机器学习和深度学习模型。与 TensorFlow 相比，PyTorch 具有动态计算图的特点，使得模型的开发和调试更加直观和灵活

6. 图形用户界面

图形用户界面是采用图形化方式展示和操作的用户界面，该界面允许用户使用鼠标、键盘等输入设备操纵屏幕上的图标或菜单选项等，以选择命令、调用文件、启动程序或完成一些其他的日常任务。Python 计算生态通过 PyQt5、wxPython、PyGObject 等库为图形用户界面领域提供支持，这些库的功能说明如表 10-6 所示。

表 10-6 图形用户界面领域的常用库

库名	功能说明
PyQt5	PyQt5 库是 Python 与强大的图形用户界面库——Qt 的融合，提供了 Qt 开发框架的 Python 接口，拥有超过 300 个类、将近 6000 个函数和方法，可开发功能强大的图形用户界面
wxPython	wxPython 是跨平台库 wxWidgets 的 Python 版本，具有开源、支持跨平台、高度可定制、控件丰富等特点，允许开发人员开发专业、功能齐全、跨平台的图形用户界面
PyGObject	PyGObject 绑定了 Linux 系统下著名的图形库 GTK+3，简单易用、功能强大、设计灵活，具有良好的设计理念和可扩展性，允许开发人员开发现代、跨平台的图形用户界面

7. Web 开发

Web 开发是指开发网站、Web 应用程序及互联网相关平台的技术，它涉及前端（用户界面）、后端（服务器逻辑）和数据库开发，并关注安全性和性能优化等方面。Python 计算生态通过 Django、Tornado、Flask、Twisted 等库为 Web 开发领域提供支持，这些库的功能说明如表 10-7 所示。

表 10-7 Web 开发领域的常用库

库名	功能说明
Django	Django 是一个功能完善且免费开源的 Web 框架，采用了 MTV（Model-Template-View，模型-模板-视图）模式，提供了 URL（Uniform Resource Locator，统一资源定位符）路由映射、请求上下文和基于模板的页面渲染技术。它内置了强大的管理站点，适用于快速搭建高性能的企业级内容类网站
Tornado	Tornado 是一个高并发处理框架，通常用于构建大规模站点的接口服务，而不是像 Django 一样用于构建完整的网站。它同样提供 URL 路由映射、请求上下文和基于模板的页面渲染技术。此外，Tornado 还支持异步 I/O（Input/Output，输入/输出）和超时事件处理，并且内置了可直接用于生产环境的 HTTP 服务器
Flask	Flask 是 Python Web 领域的一款新兴框架，具有简洁的功能设计，并吸收了其他框架的优点，因此具备良好的可扩展性。该框架常用于开发小型网站
Twisted	Django、Tornado 和 Flask 是建立在应用层协议 HTTP 之上的框架，主要用于开发 Web 应用程序。与这 3 个框架相比，Twisted 是一个基于事件驱动的网络框架，支持多种传输层和应用层协议，支持客户端和服务器端的开发，适用于开发注重服务器性能的应用程序

8. 网络应用开发

网络应用开发是指以网络为基础的应用程序的开发，Python 计算生态通过 WeRoBot、baidu-aip、MyQR 等库为网络应用开发领域提供支持，这些库的功能说明如表 10-8 所示。

表 10-8 网络应用开发领域的常用库

库名	功能说明
WeRoBot	WeRoBot 库封装了很多微信公众号接口，提供了解析微信服务器消息及反馈消息的功能。该库简单易用，是建立微信机器人的重要技术手段
baidu-aip	baidu-aip 封装了百度 AI（Artificial Intelligence，人工智能）开放平台的接口，开发人员利用该库可快速开发各类网络应用程序，如天气预报、在线翻译、快递查询等类型的网络应用程序
MyQR	MyQR 是一个用于生成与解析二维码的库，可以帮助开发人员轻松生成各种类型的二维码，包括普通文本、URL、名片、电子邮件、短信等类型的二维码。同时，MyQR 还支持对已有的二维码进行解析和信息提取

9. 游戏开发

游戏开发分为 2D 游戏开发和 3D 游戏开发，Python 计算生态通过 Pygame 和 Panda3D 等库为游戏开发领域提供支持，这些库的功能说明如表 10-9 所示。

表 10-9　游戏开发领域的常用库

库名	功能说明
Pygame	Pygame 是为开发 2D 游戏而设计的第三方跨平台库，开发人员利用 Pygame 中定义的接口，可以方便快捷地实现诸如图形用户界面的创建、图形和图像的绘制、用户键盘和鼠标操作的监听以及音频的播放等游戏中常见的功能
Panda3D	Panda3D 是一款免费且开源的 3D 渲染和游戏开发库，该库提供场景浏览器、性能监视器和动画优化工具

10. 图形艺术

图形艺术是指使用视觉元素、图形和图像来创造艺术作品的行为，它包括绘画、平面设计、数码艺术、动画、雕塑等各种形式。Python 计算生态通过 quads、art 和 turtle 等库为图形艺术领域提供支持，这些库的功能说明如表 10-10 所示。

表 10-10　图形艺术领域的常用库

库名	功能说明
quads	quads 是一个基于四叉树和迭代操作的图形艺术库。它接收图像作为输入，并使用四叉树将图像分割为 4 个象限。每个象限根据输入图像中的颜色，计算出代表性颜色，并将该颜色应用于象限中的所有像素
art	ASCII Art 是一种使用 ASCII 字符表示图像的技术。Python 的 art 库提供了对该技术的支持，可以将接收的图像转换为 ASCII 字符，从而重构图像并输出
turtle	turtle 库提供了绘制线条、圆形以及其他图形的函数，开发人员使用该库可以轻松地创建一个图形窗口，并通过简单重复的动作来直观地绘制图形

11. 图像处理

图像处理是指利用计算机算法和技术对图像进行分析、增强、重建和理解的技术，它涉及图像增强、滤波、压缩、特征提取、图像分割、目标检测和识别、图像重建等任务。

Python 通过 NumPy、SciPy、Pillow、OpenCV-Python 等库为图像处理领域提供支持，这些库的功能说明如表 10-11 所示。

表 10-11　图像处理领域的常用库

库名	功能说明
NumPy	数字图像实质上是由像素值组成的数组，而 NumPy 提供了适用于存储和处理图像的数组类型。利用 NumPy 提供的基于数组的计算功能，开发人员可以轻松地修改图像的像素值
SciPy	SciPy 提供了对 NumPy 数组进行运算的丰富函数库，其中包括许多在图像处理中常用的功能，比如线性和非线性滤波、二值形态操作、B 样条插值等，这些函数库可以方便地应用于图像处理任务，提供了丰富且灵活的工具来处理图像数据
Pillow	Pillow 是一个图像处理库，也是 PIL 库的一个分支，提供了对不同格式图像文件的打开和保存功能，也提供了点运算、色彩空间转换等基本的图像处理功能
OpenCV-Python	OpenCV-Python 是 OpenCV 库的 Python 版，可以在 Python 环境中使用 OpenCV 的接口和功能，它简单易用、高效快速，在图像处理、计算机视觉和机器学习方面广泛应用

10.2 Python 生态库的构建与发布

Python 中的库分为标准库和生态库（也称为第三方库），其中标准库随 Python 解释器一起安装，可以直接导入和使用，而第三方库是由 Python 用户编写和分享的，需要额外安装。

虽然库是经常提及的概念，但它只是一种对特定功能集合的统一说法，实际上没有严格的定义。库在 Python 中的主要表现形式包括模块和包。本节介绍如何构建和使用模块、如何构建与导入包，并介绍如何发布第三方库。

10.2.1 模块的构建与使用

Python 中的模块本质上是一个包含 Python 代码片段的.py 文件，模块的名称就是文件的名称。假设现有文件 test.py，该文件中定义了一个函数，具体代码如下：

```
def add(a, b):
    return a + b
```

其实文件 test.py 就是一个 Python 模块，test 就是模块的名称。

通过 import 语句或 from-import 语句可以导入模块，只有导入模块后，才能使用其中定义的函数。例如，使用 test 模块中定义的 add()函数，示例代码如下：

```
import test                                 # 导入模块
result = test.add(11, 22)                   # 使用模块中定义的函数
print(result)
```

运行程序，结果如下所示：

```
33
```

模块不仅可以导入程序中使用，也可以直接作为脚本运行。为了确保模块的功能与预期的功能相符，实际开发中开发人员通常会在模块文件中添加一些测试代码，以对功能代码进行测试。下面以 test 模块为例，在其中添加一些测试代码来测试 add()函数的功能是否符合预期，示例代码如下：

```
# 功能代码
def add(a, b):
    return a + b
# 测试代码
result = add(22, 33)
print('function test:12+22=%d'%result)
```

将以上模块作为脚本直接执行，方可通过测试代码测试 add()函数的功能。但此时会出现一个问题，在其他文件中导入 test 模块，模块中的测试代码会在其他文件执行时一并执行。例如，导入 test 模块，使用该模块中的 add()函数，具体代码如下：

```
import test
result = test.add(11, 22)
print(result)
```

运行程序，结果如下所示：

```
function test:12+22=55
33
```

从上述结果可以看出，程序执行了测试代码中的输出语句。

为解决以上问题，Python 为模块定义了一个__name__变量。在模块中对__name__变量的取值进行判断：当__name__的取值为'__main__'时，说明模块以脚本的形式执行；否则说明模块被导入其他程序。根据此原理对模块进行修改，修改后的代码如下：

```
# 功能代码
def add(a, b):
    return a + b
# 测试代码
```

```
if __name__ == '__main__':    # 判断__name__变量的值是否等于'__main__'
    result = add(22, 33)
    print('function test:12+22=%d'%result)
```

再次运行代码，结果如下所示：

```
33
```

从上述结果可以看出，程序不再执行测试代码中的输出语句。

10.2.2　包的构建与导入

Python 中的包是一个目录，该目录中包含一组相关的模块和子包。为了构建一个包，需要在目录中创建一个名为__init__.py 的文件，这个文件可以是空的，也可以包含一些初始化代码。包结构示例如图 10-1 所示。

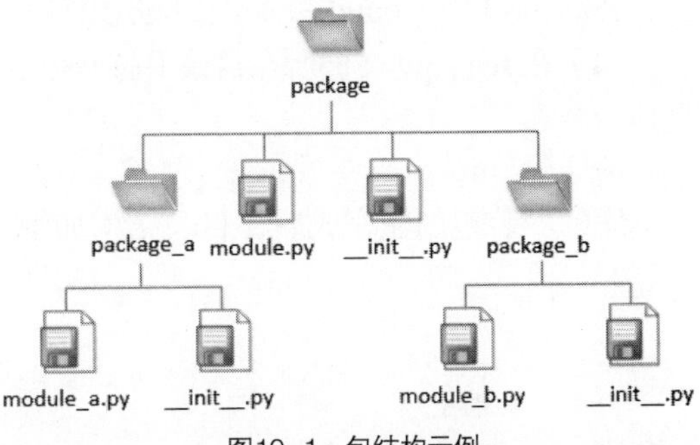

图10-1　包结构示例

在图 10-1 中，package 是包的根目录，它包含一个必需的__init__.py 文件，以及其他一些模块或子包。其中，module.py 是位于根目录的一个模块文件；package_a 是一个位于根目录的子包，它包含一个模块文件 module_a.py，以及一个必需的__init__.py 文件；package_b 是另一个子包，它包含一个模块文件 module_b.py，同样，该子包也有一个必需的__init__.py 文件。

此时若想在当前程序中导入包 package_a，可以使用以下方式完成：

```
import package_a
```

若想在当前程序中导入包 package_a 中的模块，可以使用以下两种方式完成：

```
import package_a.module                           # 方式一
from package_a import module                      # 方式二
```

若想在当前程序中导入包 package_a 中的 module_a 模块，可以使用以下两种方式完成：

```
import package.package_a.module_a                 # 方式一
from package.package_a import module_a            # 方式二
```

10.2.3　生态库的发布

Python 中的第三方库是由 Python 用户自行编写与发布的模块、框架或包，同样地，我们也可以将自己编写的库发布。下面分步骤介绍如何发布库。

（1）在与待发布的包同级的目录中创建 setup.py 文件。以 10.2.2 小节的包 package 为例，在包 package 所在的目录下创建 setup.py 文件，此时的目录结构如图 10-2（省略了 package 包的内部结构，后图同）所示。

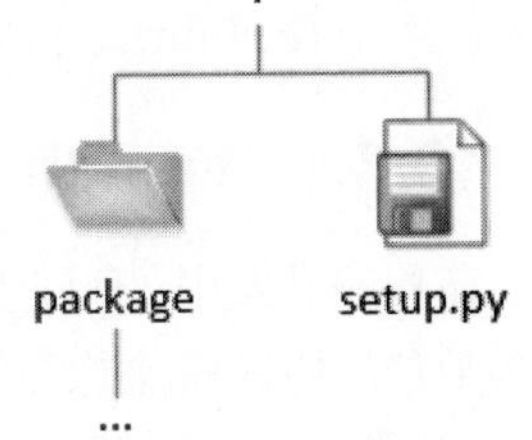

图10-2　创建setup.py后的目录结构

（2）编辑 setup.py 文件，在该文件中设置包中包含的模块，示例代码如下：

```
from distutils.core import setup
setup(
    name = 'lib_test',
    version = '1.0',
    description = 'function package',
```

```
    author = 'itcast',
    py_modules = ['package.module','package.package_a.module_a',
                  'package.package_b.module_b']
)
```

（3）在 setup.py 文件所在目录下打开命令提示符窗口，使用 Python 命令构建 Python 库，具体命令如下：

```
python setup.py build
```

库构建完成后，目录结构如图 10-3 所示。

在图 10-3 中，build 目录下的 lib 文件夹便是通过 Python 命令构建的库。

（4）在 setup.py 文件所在目录下打开命令提示符窗口，使用 Python 命令创建库的安装包，具体命令如下：

```
python setup.py sdist
```

库的安装包创建完成后，目录结构如图 10-4 所示。

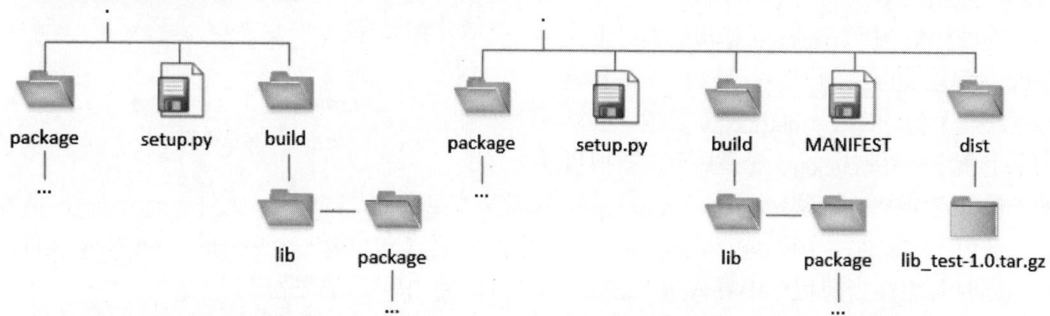

图10-3 构建库后的目录结构

图10-4 创建完库的安装包后的目录结构

在图 10-4 中，dist 目录下.tar.gz 格式的文件即为通过 Python 命令生成的库的安装包。此时将这个安装包分享给其他人，或者发布到公众平台，便可完成库的发布。

其他人在获取此安装包后将其解压，并在 setup.py 文件所在目录执行安装命令，便可安装发布的库。安装命令如下：

```
python setup.py install
```

10.3 常用的内置库

Python 中提供了丰富的内置库，用于帮助开发人员在各种场景下快速实现一些功能。接下来，本节将对 time、random 和 turtle 这 3 个常用的内置库进行讲解。

10.3.1 time 库

在程序开发中，有许多场景需要根据时间选择不同的处理方式，比如游戏的防沉迷系统、外卖平台的店铺营业状态管理等。Python 提供了一些与时间处理相关的内置库，包括 time、datetime 和 calendar。其中，time 是基础的时间处理库，它提供了很多函数，接下来将针对 time 库的常见函数进行讲解。

1. time()函数

time()函数用于获取当前的时间戳，它的返回值是一个浮点数。其中时间戳是指从协调世界时（Universal Time Coordinated，UTC）的 1970 年 1 月 1 日 00:00:00 到当前时间的总秒数。time()函数的使用示例如下：

```
import time
print(time.time())                              # 获取时间戳
```

运行程序，结果如下所示：

```
1698915992.459621
```

需要注意的是，time()函数返回的时间戳与系统时间相关，每次运行以上代码后得到的时间戳可能会有所出入，因此以上结果仅供参考。

2. localtime()与 gmtime()函数

虽然以时间戳的形式表示时间是一种有效的计时方式，但对于人类而言却较为抽象，难以理解。为此，Python 提供了两个函数，即 localtime()和 gmtime()，用于获取结构化时间，从而帮助我们更直观地了解时间的各个部分。localtime()和 gmtime()函数的语法格式如下：

```
localtime([secs])
gmtime([secs])
```

以上语法格式中的参数 secs 是一个以浮点数表示的时间戳，若省略该参数，默认使用 time()函数获取的时间戳。

localtime()和 gmtime()函数都能将时间戳转换为以元组表示的时间对象（struct_time），但是通过 localtime()得到的是本地时间，而通过 gmtime()得到的是协调世界时。

例如，使用 localtime()函数获取结构化时间，具体代码如下：

```
import time
print(time.localtime())          # 获取结构化时间，默认使用当前时间戳
print(time.localtime(34.54))     # 获取结构化时间，使用指定的时间戳
```

运行程序，结果如下所示：

```
time.struct_time(tm_year=2024, tm_mon=1, tm_mday=19, tm_hour=10, tm_min=27,
tm_sec=58, tm_wday=4, tm_yday=19, tm_isdst=0)
time.struct_time(tm_year=1970, tm_mon=1, tm_mday=1, tm_hour=8, tm_min=0,
tm_sec=34, tm_wday=3, tm_yday=1, tm_isdst=0)
```

例如，使用 gmtime()函数获取结构化时间，具体代码如下：

```
import time
print(time.gmtime())             # 获取结构化时间，默认使用当前时间戳
print(time.gmtime(34.54))        # 获取结构化时间，使用指定的时间戳
```

运行程序，结果如下所示：

```
time.struct_time(tm_year=2024, tm_mon=1, tm_mday=19, tm_hour=2, tm_min=28,
tm_sec=29, tm_wday=4, tm_yday=19, tm_isdst=0)
time.struct_time(tm_year=1970, tm_mon=1, tm_mday=1, tm_hour=0, tm_min=0,
tm_sec=34, tm_wday=3, tm_yday=1, tm_isdst=0)
```

以上代码的输出结果都是时间对象，时间对象其实是一个元组，该元组包含 9 个元素，各元素的含义与取值范围如表 10-12 所示。

表 10-12　时间对象元组中各元素的含义与取值范围

元素	含义	取值范围
tm_year	年	4 位数字
tm_mon	月	1～12
tm_mday	日	1～31
tm_hour	时	0～23

续表

元素	含义	取值范围
tm_min	分	0～59
tm_sec	秒	0～61，60 或 61 是闰秒
tm_wday	一周的第几日	0～6，0 表示周一，其他数字依此类推
tm_yday	一年的第几日	1～366
tm_isdst	夏令时	1 表示夏令时，0 表示非夏令时，-1 表示不确定

3. strftime()和 asctime()函数

无论是采用浮点数形式还是元组形式表示的时间，其实都不符合人们的认知习惯。人们日常接触的时间的常见表示形式有“2023-12-31 12:30:45”“12/31/2023 12:30:45”和“2023 年 12 月 31 日 12:30:45”。为了方便人们理解时间信息，Python 提供了 strftime()和 asctime()函数，用于返回格式化后的时间字符串。下面分别介绍这两个函数。

（1）strftime()函数

strftime()函数用于将时间对象按照指定格式转换为可读性强的时间字符串，该函数的语法格式如下：

```
strftime(format, p_tuple=None)
```

上述语法格式中，参数 format 表示时间格式的字符串，字符串中包含一些时间格式符；参数 p_tuple 为时间对象，其默认值为当前时间，即 localtime()函数返回的时间对象。

时间格式符是 time 库预定义的，用于控制不同时间成分的显示格式，time 库中常用的时间格式符及其说明如表 10-13 所示。

表 10-13 time 库中常用的时间格式符及其说明

时间格式符	说明
%Y	四位数的年份，取值范围为 0001～9999
%m	两位数的月份，取值范围为 01～12
%d	月中的两位数的日期，比如 01
%B	完整的月份名称，比如 January
%b	月份的简称，比如 Jan
%a	星期的简称，比如 Mon
%A	星期的全称，比如 Monday
%H	24 小时制的小时数，取值范围为 0～23
%l	12 小时制的小时数，取值范围为 01～12
%p	上午或下午，取值分别为 AM 或 PM
%M	两位数的分钟数，取值范围为 00～59
%S	两位数的秒数，取值范围为 00～59

例如，使用 strftime()格式化时间字符串，将当前时间对应的时间对象按照“年-月-日 时:分:秒”格式输出，示例代码如下：

```
import time
now_string = time.strftime("%Y-%m-%d %H:%M:%S")
print(now_string)
```

运行程序，结果如下所示：

```
2024-01-19 10:32:10
```

若只使用部分时间格式符，可仅对时间信息中的相关部分进行格式化与输出。例如只设定控制时、分、秒的 3 个时间格式符，则只输出 24 小时制的时、分、秒，示例代码如下：

```
import time
print(time.strftime('%H:%M:%S'))                    # 格式化部分时间信息
```

运行程序，结果如下所示：

```
10:32:30
```

（2）asctime()函数

asctime()函数同样用于将时间对象转换为可读性强的时间字符串，但它只能将时间对象转换为"Sat Jan 13 21:56:34 2023"这种形式。asctime()函数的语法格式如下：

```
asctime(p_tuple=None)
```

以上语法格式中的参数 p_tuple 与 strftime()函数的参数 p_tuple 含义相同，此处不赘述。

使用 asctime()函数返回格式化的时间字符串，示例代码如下：

```
import time
now_string = time.asctime()   # 将本地时间对应的时间对象转换为时间字符串
print(now_string)
gmtime = time.gmtime()        # 将协调世界时对应的时间对象转换为时间字符串
print(time.asctime(gmtime))
```

运行程序，结果如下所示：

```
Fri Jan 19 10:33:11 2024
Fri Jan 19 02:33:11 2024
```

4. ctime()函数

ctime()函数用于将一个时间戳转换为"Sat Jan 13 21:56:34 2018"这种形式的时间字符串，等效于 asctime()函数，若 ctime()函数没有传入任何参数，则默认将调用 time()函数的结果作为参数。示例代码如下：

```
import time
print(time.ctime())           # 将当前时间戳转换为时间字符串
print(time.ctime(36.36))      # 将指定的时间戳转换为时间字符串
```

运行程序，结果如下所示：

```
Fri Jan 19 10:33:34 2024
Thu Jan  1 08:00:36 1970
```

5. strptime()函数

strptime()函数用于将格式化的时间字符串转换为时间对象，该函数的功能可以看作 strftime()函数的反向功能。strptime()函数的语法格式如下：

```
strptime(string, format)
```

以上语法格式中的参数 string 表示格式化的时间字符串，format 表示包含时间格式符的字符串，string 与 format 使用的格式必须统一。

使用 strptime()函数将格式化的时间字符串转换为时间对象，示例代码如下：

```
import time
print(time.strptime('Sat,11 Apr 2023 11:54:42', '%a,%d %b %Y %H:%M:%S'))
print(time.strptime('11:54:42', '%H:%M:%S'))
```

运行程序，结果如下所示：

```
time.struct_time(tm_year=2023, tm_mon=4, tm_mday=11, tm_hour=11, tm_min=54, tm_sec=42, tm_wday=5, tm_yday=101, tm_isdst=-1)
time.struct_time(tm_year=1900, tm_mon=1, tm_mday=1, tm_hour=11, tm_min=54, tm_sec=42, tm_wday=0, tm_yday=1, tm_isdst=-1)
```

6. sleep()函数

sleep()函数可让调用该函数的程序进入睡眠状态，即让其暂时挂起，等待一定时间后再继续执行。sleep()函数接收一个以秒为单位的浮点数作为参数，使用该参数控制程序挂起的时长。

使用 sleep()函数让程序睡眠 3 秒，示例代码如下：

```
import time
print('开始')
time.sleep(3)
print('结束')
```

运行程序，控制台中立即输出了“开始”，等待 3 秒后才输出了“结束”，结果如下所示：

```
开始
结束
```

此外，时间可以时间戳的形式进行加减运算，示例代码如下：

```
import time
time_a = time.time()
time.sleep(3.5)
time_b = time.time()
print(time_a + time_b)
print(time_b - time_a)
```

运行程序，结果如下所示：

```
3411263422.30355
3.501617193222046
```

若要对以非时间戳形式表示的时间进行计算，在计算之前可以先将其转换为时间戳形式。各形式时间之间的转换方式如图 10-5 所示。

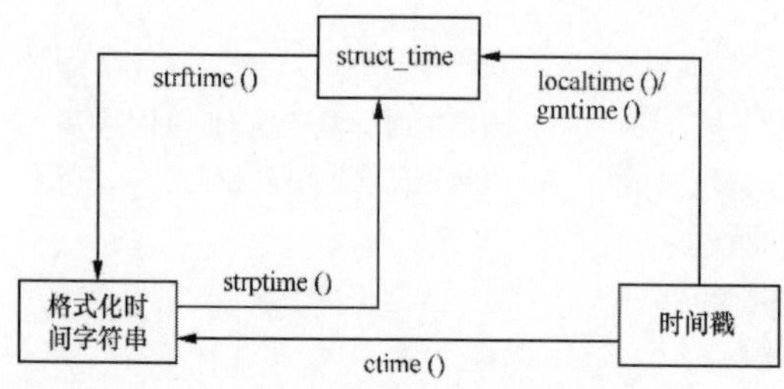

图10-5 各形式时间之间的转换方式

10.3.2 random 库

random 是 Python 内置的标准库，在程序中导入该库，可利用库中的函数生成随机数据。random 库中常用的函数如表 10-14 所示。

表 10-14 random 库中常用的函数

函数	功能说明
random()	用于生成一个随机浮点数 n，n 的取值范围是 $0.0 \leq n < 1.0$
uniform(a,b)	用于生成一个指定范围内的随机浮点数 n，若 a<b，则 n 的取值范围是 $a \leq n \leq b$；若 a>b，则 n 的取值范围是 $b \leq n \leq a$

续表

函数	功能说明
randint(a,b)	用于生成一个指定范围内的整数 n，n 的取值范围是 $a \leqslant n \leqslant b$
randrange([start,]stop[, step])	生成一个按指定基数递增的序列，再从该序列中获取一个随机数。start 参数表示范围的起始值，包含在范围内；stop 参数表示范围的结束值，不包含在范围内；step 参数是可选的，表示基数，其默认值为 1
choice(sequence)	从序列中获取一个随机元素，参数 sequence 接收一个序列类型的数据
shuffle(x[,random])	将序列 x 中的元素随机排列
sample(sequence,k)	从指定序列中获取长度为 k 的片段，随机排列后返回新的序列

下面使用表 10-14 中的不同函数生成随机数，示例代码如下：

```
import random
print(random.random())                        # 生成[0.0,1.0)范围内的随机浮点数
print(random.uniform(3, 5))                   # 生成[3.0,5.0]范围内的随机浮点数
print(random.randint(2, 8))                   # 生成[2,8]范围内的随机整数
print(random.randrange(10))                   # 生成[0,10)范围内的随机整数
print(random.randrange(1, 10, 2))             # 随机返回 1、3、5、7、9 中的一个元素
# 随机返回序列中的一个元素
print(random.choice(['Python', 'C', 'PHP', 'Java']))
ls = ['Python', 'C', 'PHP', 'Java']
# 将序列 ls 的元素随机排列
random.shuffle(ls)
print(ls)
# 从序列中获取长度为 3 的片段，随机排序后返回新的序列
print(random.sample(('Python', 'C', 'PHP', 'Java'), k=3))
```

运行程序，结果如下所示：

```
0.4631632304014106
3.1881413258910256
4
1
1
C
['C', 'PHP', 'Java', 'Python']
['C', 'Java', 'PHP']
```

10.3.3 turtle 库

turtle（海龟）是 Python 内置的一个标准库，它提供了用于绘制线、圆形以及其他图形的函数，使用该库可以创建图形窗口，在图形窗口中可通过重复动作直观地绘制图形。turtle 库的逻辑非常简单，利用该库提供的一系列函数，用户可以像使用笔在纸上绘图一样，在图形窗口上绘制图形。下面从创建图形窗口、设置画笔和绘制图形这 3 个方面介绍 turtle 库的使用。

1. 创建图形窗口

图形窗口也称为画布（Canvas）。要使用 turtle 库绘制图形，需要先使用 setup()函数创建图形窗口，该函数的语法格式如下：

```
setup(width, height, startx=None, starty=None)
```

上述语法格式中，width、height 参数分别表示图形窗口的宽度、高度，startx 和 starty 参数分别表示图形窗口在计算机屏幕上的横坐标和纵坐标。参数 width、height 的取值可以是整

数或小数，其取值为整数时表示以像素（px）为单位的尺寸，取值为小数时表示图形窗口的宽度或高度与屏幕的宽度或高度的比例；参数 startx、starty 的取值可以为整数或 None，其取值为整数时，表示图形窗口左侧到屏幕左侧的距离或图形窗口顶部到屏幕顶部的距离，单位为 px，取值为 None 时，图形窗口位于屏幕中心。

例如，使用 setup()函数创建一个宽度为 800px、高度为 600px 的图形窗口，示例代码如下：

```
import turtle
turtle.setup(800, 600)
```

程序执行后，图形窗口与屏幕的关系如图 10-6 所示。

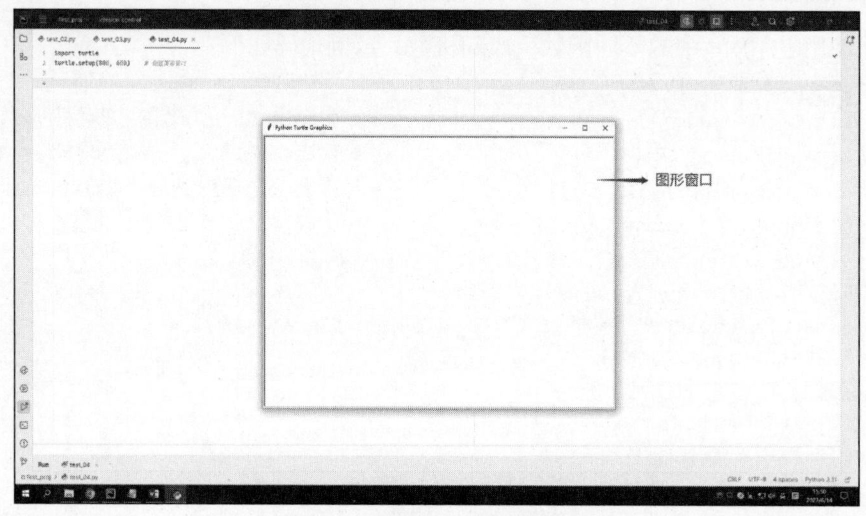

图10-6 图形窗口与屏幕的关系

需要说明的是，使用 turtle 库创建图形窗口时，setup()函数不是必须要使用的，如果程序中没有调用 setup()函数，程序执行时会生成一个默认窗口。另外，通过 turtle 库的 title()函数可以为窗口设置标题，如此每次打开的窗口左上角都会显示指定的标题。

使用 turtle 库绘制图形完毕后，应调用 turtle 库的 done()函数通知图形窗口绘制结束，不过此时图形窗口仍然处于打开状态，直到用户手动关闭图形窗口时才会退出，示例代码如下：

```
import turtle
turtle.setup(800, 600)        # 创建图形窗口
turtle.done()                 # 绘制结束
```

2. 设置画笔

画笔的设置包括画笔属性和画笔状态的设置，其中画笔属性包括尺寸、颜色等，画笔状态包括提起、放下等。turtle 库中定义了用于设置画笔属性和画笔状态的函数，下面分别对这些函数进行讲解。

（1）用于设置画笔属性的相关函数

turtle 库中用于设置画笔属性的函数主要有 3 个，分别是 pensize()、speed()和 color()，pensize()函数用于设置画笔尺寸，speed()函数用于设置画笔移动的速度，color()函数用于设置画笔颜色。这 3 个函数的语法格式如下。

```
pensize(<width>)                          # 设置画笔尺寸
speed(speed)                              # 设置画笔移动的速度
color(color)                              # 设置画笔颜色
```

pensize()函数的参数 width 表示画笔的尺寸，即画笔绘制出的线条的宽度，若该参数为空，则 pensize()函数返回画笔当前的尺寸。

speed()函数的参数 speed 表示画笔移动的速度，该参数的取值为 0～10 的整数，包括 0 和 10 在内，整数越大，画笔移动的速度越快。

color()函数的参数 color 用于设置画笔的颜色，该参数的值有以下几种表示方式。

- 字符串颜色值，如'red'、'orange'、'yellow'、'green'。
- RGB 颜色值。它又分为 RGB 整数颜色值和 RGB 小数颜色值两种，RGB 整数颜色值如(255,255,255)、(190,213,98)，RGB 小数颜色值如(1,1,1)、(0.65,0.7,0.9)。
- 十六进制颜色值，如'#FFFFFF'、'#0060F6'。

常见颜色的各种表示方式及其对应关系如表 10-15 所示。

表 10-15　常见颜色的各种表示方式及其对应关系

颜色	字符串颜色值	RGB 整数颜色值	RGB 小数颜色值	十六进制颜色值
白色	'white'	(255,255,255)	(1,1,1)	'#FFFFFF'
黄色	'yellow'	(255,255,0)	(1,1,0)	'#FFFF00'
洋红色	'magenta'	(255,0,255)	(1,0,1)	'#FF00FF'
青色	'cyan'	(0,255,255)	(0,1,1)	'#00FFFF'
蓝色	'blue'	(0,0,255)	(0,0,1)	'#0000FF'
黑色	'black'	(0,0,0)	(0,0,0)	'#000000'
淡粉色	'seashell'	(255,245,238)	(1,0.96,0.93)	'#FFF5EE'
金色	'gold'	(255,215,0)	(1,0.84.0)	'#FFD700'
粉红色	'pink'	(255,192,203)	(1,0.75,0.80)	'#FFC0CB'
棕色	'brown'	(165,42,42)	(0.65,0.16,0.16)	'#A52A2A'
紫色	'purple'	(160,32,240)	(0.63,0.13,0.94)	'#A020F0'
番茄色	'tomato'	(255,99,71)	(1,0.39,0.28)	'#FF6347'

字符串、十六进制颜色值都可以直接传给 color()函数的 color 参数，将画笔的颜色设置为指定的颜色，示例代码如下：

```
import turtle
turtle.color('pink')
turtle.color('#A22A2A')
turtle.done()
```

不过使用 RGB 颜色值之前，需要先使用 colormode()函数设置颜色模式。colormode()函数需要接收一个 cmode 参数，该参数支持两种取值：1.0 或 255。其中 1.0 表示使用 RGB 小数颜色值，即 RGB 颜色值各元素位于 0.0～1.0；255 表示使用 RGB 整数颜色值，即 RGB 颜色值各元素位于 0～255。示例代码如下：

```
import turtle
turtle.colormode(1.0)                          # 使用 RGB 小数颜色值
turtle.color((1, 1, 0))
turtle.colormode(255)                          # 使用 RGB 整数颜色值
turtle.color((165, 42, 42))
turtle.done()
```

（2）用于设置画笔状态的相关函数

turtle 中的画笔具有提起和放下两种状态。只有画笔处于放下状态时，移动画笔，图形窗口上才会留下痕迹。turtle 中的画笔默认处于放下状态。penup()函数用于提起画笔，pendown()函数用于放下画笔。修改画笔状态的示例代码如下。

```
import turtle
turtle.penup()                                    # 提起画笔
turtle.pendown()                                  # 放下画笔
turtle.done()
```

turtle 库中为 penup()和 pendown()函数分别定义了别名，penup()函数的别名为 pu()，pendown()函数的别名为 pd()。

3. 绘制图形

在画笔状态为放下时，通过移动画笔可以在图形窗口上绘制图形。此时可以将画笔想象成一只海龟（这也是 turtle 库名字的由来），海龟落在图形窗口上，可以向前、向后、向左、向右移动，海龟爬动时在图形窗口上留下痕迹，痕迹即为所绘的图形。

为了使图形出现在期望的位置，我们需要了解 turtle 的坐标系。turtle 的坐标系以窗口中心为原点，以右方为默认朝向，以原点右方为 *x* 轴正方向，以原点上方为 *y* 轴正方向。turtle 的坐标系如图 10-7 所示。

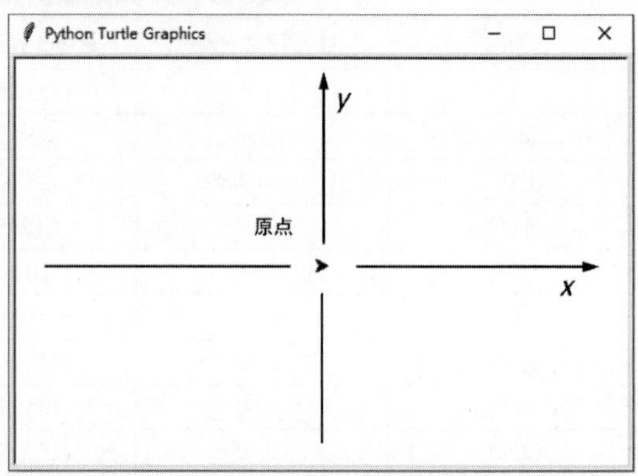

图10-7　turtle的坐标系

了解了 turtle 的坐标系后，如果希望在图形窗口上绘制想要的图形，需要知道如何通过 turtle 库的函数控制画笔。turtle 库中用于控制画笔的函数主要有 4 种，分别是移动控制函数、角度控制函数、图形绘制函数和图形填充函数，关于它们的介绍如下。

（1）移动控制函数

移动控制函数包括 forward()、backward()和 goto()函数，它们分别用于控制画笔向前、向后或者向指定位置移动，这些函数的语法格式如下。

```
forward(distance)                                 # 向前移动画笔
backward(distance)                                # 向后移动画笔
goto(x, y=None)                                   # 移动画笔到指定位置
```

函数 forward()和 backward()的参数 distance 用于指定画笔移动的距离，单位为 px；函数 goto()用于将画笔移动到图形窗口上指定的位置，该函数的参数 x、y 可以分别接收目标位置的横坐标和纵坐标，也可以仅接收一个表示坐标的向量。

（2）角度控制函数

角度控制函数用于更改画笔朝向，包括 right()、left()和 seth()，其中 right()和 left()函数分别用于向右和向左转动画笔，使画笔分别朝向顺时针和逆时针方向旋转指定的角度；seth()函数用于设置画笔朝向为指定角度。这些函数的语法格式如下。

```
right(degree)                                     # 向右转动画笔
left(degree)                                      # 向左转动画笔
seth(angle)                                       # 转动画笔到指定角度
```

函数 right()和 left()的参数 degree 分别用于指定画笔向右与向左转动的角度，单位为度（°）。函数 seth()的参数 angle 用于指定画笔朝向的角度。角度以 *x* 轴正向为 0°，以逆时针方向为正方向，从 0° 逐渐增大；以顺时针方向为负方向，从 0° 逐渐减小，角度与坐标系的关系如图 10-8 所示。

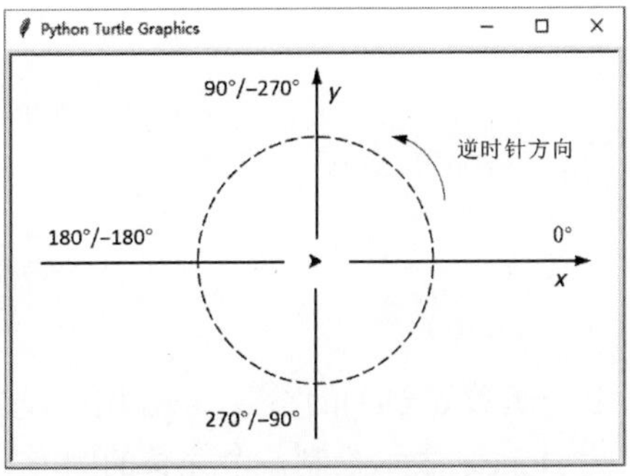

图10-8 角度与坐标系的关系

若要使画笔向左或向右移动某段距离，应先调整好画笔角度，再使用移动控制函数。例如，绘制一个边长为 200px 的正方形，具体代码如下：

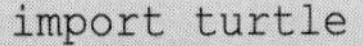

```
import turtle
turtle.forward(200)  # 向前移动 200px
turtle.seth(-90)     # 调整画笔朝向，使其朝向-90° 方向
turtle.forward(200)  # 向前移动 200px
turtle.right(90)     # 调整画笔朝向，使其向右转动 90°
turtle.forward(200)  # 向前移动 200px
turtle.left(-90)     # 调整画笔朝向，使其向左转动-90° ，即向右转动 90°
turtle.forward(200)  # 向前移动 200px
turtle.right(90)     # 调整画笔朝向，使其向右转动 90°
turtle.done()
```

运行代码，结果如图 10-9 所示。

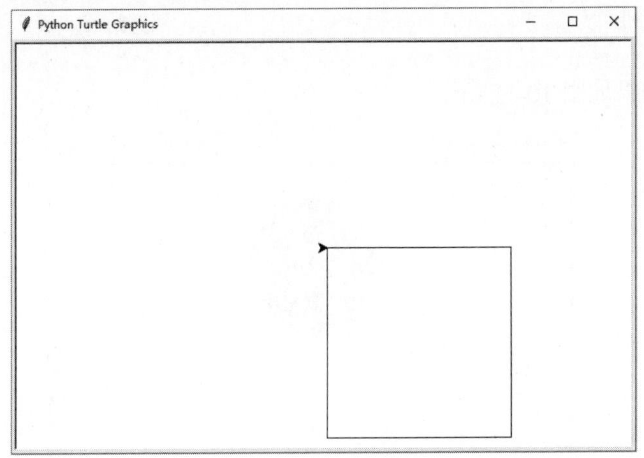

图10-9 正方形

（3）图形绘制函数

turtle 库中提供了 circle()函数，使用该函数可绘制以当前坐标为圆心，以指定像素值为半径的圆形或弧线。circle()函数的语法格式如下：

```
circle(radius, extent=None, steps=None)
```

函数 circle()的参数 radius 用于设置半径，extent 用于设置弧线的角度。radius 和 extent 的值可以是正数，也可以是负数，具体可以分成以下几种情况。

- 当 radius 的值为正数时，画笔以原点为起点向上绘制弧线；当 radius 的值为负数时，画笔以原点为起点向下绘制弧线。
- 当 extent 的值为正数时，画笔以原点为起点向右绘制弧线；当 extent 的值为负数时，画笔以原点为起点向左绘制弧线。

假设绘制半径为 90px 或-90px、角度为 60° 或-60° 的弧线，绘制效果如图 10-10 所示。

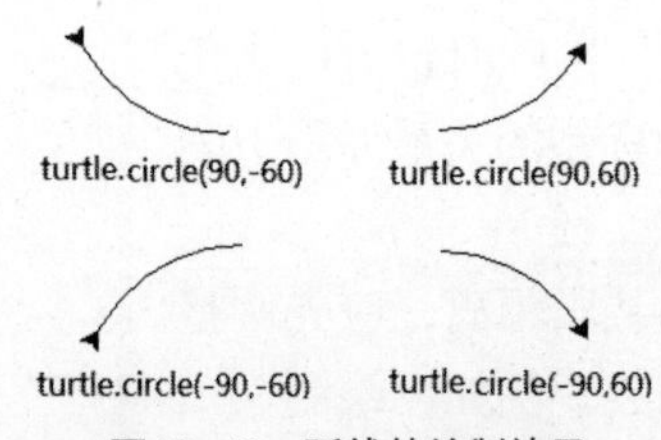

图10-10 弧线的绘制效果

函数 circle()的参数 steps 用于设置正多边形的边数，它的值可以是整数或 None，默认值为 None，表示绘制一个完整的圆形。若参数 steps 的值为正数，则使用 circle()函数可以绘制一个有 *N* 条边的正多边形；若参数 steps 的值为负数，则使用 circle()函数不会绘制图形。例如，在程序中写入“turtle.circle(100, steps=3)”，程序将绘制一个边长为 100px 的等边三角形。

（4）图形填充函数

turtle 库中可通过 fillcolor()函数设置填充颜色，使用 begin_fill()函数和 end_fill()函数填充图形，以实现面的绘制。以绘制一个填充颜色为蓝色的圆形为例，具体代码如下：

```
import turtle
turtle.fillcolor("blue")                          # 设置填充颜色为蓝色
turtle.begin_fill()                               # 开始填充
turtle.circle(150)
turtle.end_fill()                                 # 填充结束
turtle.done()
```

运行代码，结果如图 10-11 所示。

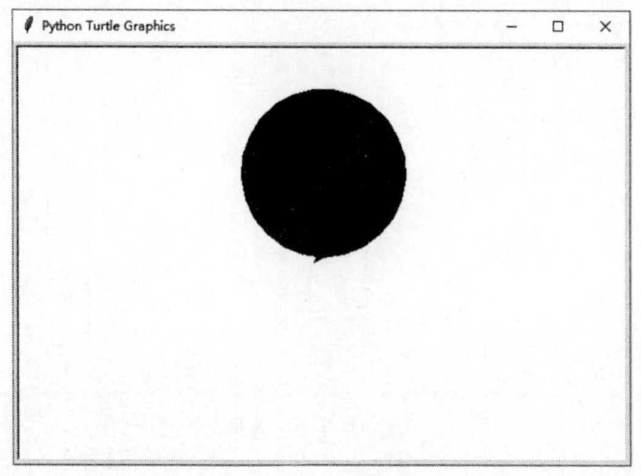

图10-11 图形填充

合理利用以上介绍的 turtle 库中的基础绘图函数，可绘制简单有趣的图形，亦可结合逻辑代码生成可视化图表。除了此处介绍的函数外，turtle 库中还定义了许多具有其他功能的函数，有兴趣的读者可自行查阅 Python 官方文档进行深入学习。

10.4 实训案例

案例详情

10.4.1 绘制彩虹

本案例要求编写程序，通过 turtle 库绘制彩虹，彩虹的效果如图 10-12 所示。

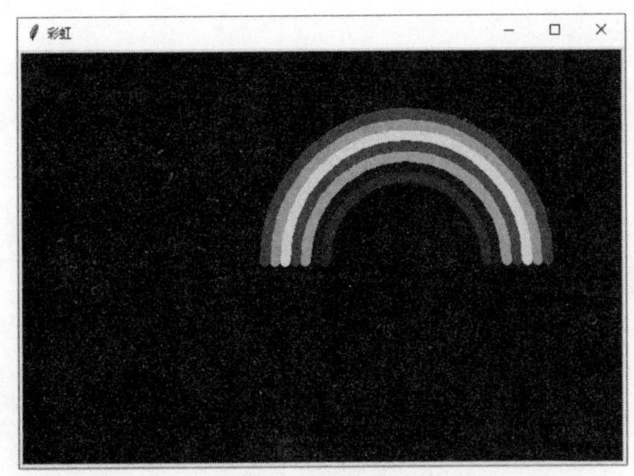

图10–12 彩虹的效果

10.4.2 二十四节气倒计时

作为目前全球唯一的“双奥之城”，北京自 2008 年夏季奥运会至今历经十几年的发展，让一个阳光、开放、自信的中国受到了世界的关注，这定将铭刻在历史长河中。作为中国人，我们为自己的国家感到自豪、骄傲。

2022 年北京冬季奥运会推出了一系列融入中国文化的活动，其中“二十四节气倒计时”彰显着中国文化的独特魅力。二十四节气代表着一年中特定时段的气候变化和农事活动，用它们来倒计时，体现了我国人民对时间的理解，也展示了中华民族的智慧和思想。

本案例要求运用前面所学的知识，编写一个二十四节气倒计时程序，整个程序主要分为引导语和倒计时两个部分：引导语部分用于展示中文和英文的引导语；倒计时部分用于展示倒计时数字、某个节气的名称以及对应的古诗词，每隔一秒会显示下一个节气的名称以及对应的古诗词。引导语与倒计时的效果如图 10-13 所示。

（a）引导语的效果

（b）倒计时的效果

图10–13 引导语与倒计时的效果

10.5 常用的第三方库

第三方库在使用之前需要先安装，具体的安装方法在第 1 章已经介绍过了，此处不赘述。本节将带领读者简单学习 Python 中常用的第三方库，包括 jieba、wordcloud 和 Pygame。

10.5.1 jieba 库

jieba 库用于实现中文分词，中文分词即将中文语句或语段拆分成若干汉语词语。例如，用户输入的语句“我是一个学生”经分词系统处理之后，被分成“我”“是”“一个”“学生”这 4 个汉语词语。jieba 支持以下 3 种分词模式。

（1）精确模式：试图将句子精准地拆分开。

（2）全模式：将句子中所有可以成词的词语都扫描出来，速度非常快。

（3）搜索引擎模式：在精确模式的基础上对长词再次拆分，适用于建立搜索引擎的索引。

jieba 针对以上模式提供了一系列用于实现分词的函数，这些分词函数及其功能说明如表 10-16 所示。

表 10-16　jieba 的分词函数及其功能说明

函数	功能说明
cut(s)	以精确模式对文本 s 进行分词，返回一个可迭代对象
cut(s, cut_all=True)	默认以全模式对文本 s 进行分词，输出文本 s 中出现的所有词
cut_for_search(s)	以搜索引擎模式对文本 s 进行分词
lcut(s)	以精确模式对文本 s 进行分词，分词结果以列表形式返回
lcut(s, cut_all=True)	以全模式对文本 s 进行分词，分词结果以列表形式返回
lcut_for_search(s)	以搜索引擎模式对文本 s 进行分词，分词结果以列表形式返回

下面结合表 10-16 中的部分函数，演示如何通过上述 3 种分词模式对中文语句进行分词，示例代码如下：

```
import jieba
seg_list = jieba.cut("我打算到中国教育科学研究院图书馆学习", cut_all=True)
print("【全模式】: " + "/ ".join(seg_list))                # 全模式
seg_list = jieba.lcut("我打算到中国教育科学研究院图书馆学习")
print("【精确模式】: " + "/ ".join(seg_list))              # 精确模式
# 搜索引擎模式
seg_list = jieba.cut_for_search("我打算到中国教育科学研究院图书馆学习")
print("【搜索引擎模式】: " + ", ".join(seg_list))
```

运行程序，结果如下所示：

```
【全模式】: 我/ 打算/ 算到/ 中国/ 国教/ 教育/ 教育科/ 科学/ 科学研究/ 研究/ 研究院/ 图书/ 图书馆/ 图书馆学/ 书馆/ 学习
【精确模式】: 我/ 打算/ 到/ 中国/ 教育/ 科学/ 研究院/ 图书馆/ 学习
【搜索引擎模式】: 我, 打算, 到, 中国, 教育, 科学, 研究, 研究院, 图书, 书馆, 图书馆, 学习
```

jieba 实现分词的基础是词库，jieba 的词库存储在 jieba 库的 dict 文件中，该文件中存储了中文词库以及每个词的词频、词性等信息。利用 jieba 模块的 add_word()函数可以向词库中增加新词。

新词添加之后，进行分词时不会对该词进行拆分。例如，先向中文词库中加入词语“好天气”，之后对一段包含这个词语的语句进行分词，具体代码如下：

```
jieba.add_word("好天气")
result = jieba.lcut("今天真是个好天气")
print(result)
```

运行程序，结果如下所示：

```
['今天', '真是', '个', '好天气']
```

10.5.2 wordcloud 库

wordcloud 库用于生成词云图。词云图是一种以词语频率为基础的可视化方式，通过将文本中出现频率较高的词语以更大的字体展示，呈现出词语在文本中的重要性和流行程度。词云图常被用于分析和展示大量文本的关键词，帮助人们直观地了解文本的主题、热点和关键话题等。词云图示例如图 10-14 所示。

图10-14 词云图示例

wordcloud 库会将文本中的词语出现的频率作为参数来绘制词云，它基于 Pillow 和 Matplotlib 库，支持对词云的形状、颜色和大小等属性进行设置。利用 wordcloud 库生成词云图主要包含 3 个步骤。

（1）利用 WordCloud 类的构造方法 WordCloud()创建词云对象。

（2）利用 WordCloud 对象的 generate()方法加载词云图使用的文本。

（3）利用 WordCloud 对象的 to_file()方法生成词云图。

以上步骤用到的 WordCloud()方法在创建词云对象时可通过参数设置词云的属性，其参数及参数说明如表 10-17 所示。

表 10-17 WordCloud()方法的参数及参数说明

参数	参数说明
width	指定词云对象生成的图片的宽度，默认为 400px
height	指定词云对象生成的图片的高度，默认为 200px
min_font_size	指定词云中字体的最小字号，默认为 4 号
max_font_size	指定词云中字体的最大字号，默认根据高度自动调整
font_step	指定词云中字号的步长，默认为 1 号
font_path	指定字体文件的路径，默认为当前路径
max_words	指定词云显示的最大词语数量，默认为 200
stop_words	指定词云的排除词列表，即不显示的词语列表
background_color	指定词云图的背景颜色，默认为黑色
mask	指定词云形状，默认为长方形

generate()方法需要接收一个字符串作为参数，字符串中的内容便是词云图使用的文本。若字符串中的内容全部为汉字，那么在创建词云对象时必须通过 font_path 参数指定字体文件的路径，不指定的话将无法正常显示汉字。

to_file()方法用于以图片形式输出词云图。该方法接收一个表示图片名的字符串作为参数，图片的格式可以为 PNG 或 JPEG 格式。

接下来，以 xiyouji.txt 文件的内容为例，简单演示通过 wordcloud 库绘制词云图的基本过程，具体代码如下：

```
import wordcloud
# 创建词云对象
```

```
w = wordcloud.WordCloud(font_path='AdobeHeitiStd-Regular.otf',
    max_words=500, max_font_size=40, background_color='white')
# 加载词云图使用的文本
file = open(r'xiyouji.txt', encoding='utf-8')
string = file.read()
file.close()
w.generate(string)
# 生成词云图
w.to_file('xiyou.jpg')
```

运行以上程序后，打开程序所在目录，可观察到其中生成了词云图 xiyou.jpg，该图如图 10-15 所示。

图10-15 词云图xiyou.jpg（1）

我们在网络上见到的词云图往往是形状各异的，但上面示例生成的词云图的形状只是寻常的长方形。如果想生成其他形状的词云图，需要先利用 Pillow 库中 Image 模块的 open()函数加载图片，open()函数的语法格式如下：

```
open(fp, mode="r", formats=None)
```

上述语法格式中，参数 fp 表示图片名，它的取值可以为包含图片名的字符串等；mode 参数表示打开图片的模式，默认值为"r"；formats 参数表示试图加载的图片的格式，它的值是一个包含格式的列表或元组。

open()函数加载图片后会返回一个图片对象，该对象无法直接传递给 WordCloud()方法的 mask 参数，需要先使用 NumPy 库的 array()函数将图片对象转换成数组，再将这个数组传递给 mask 参数。

需要说明的是，以上提到了两个库：Pillow 和 NumPy。这两个库都需要提前安装到当前的开发环境中，具体安装命令如下：

```
pip install Pillow==9.5.0
pip install numpy==1.24.3
```

接下来，以 xiyouji.txt 文件和孙悟空图片 wukong.png 为例，演示如何通过 wordcloud 库生成其他形状的词云图，代码如下：

```
import wordcloud
import numpy as np
from PIL import Image
picture = Image.open("wukong.png")     # 加载图片，返回一个图片对象
mk = np.array(picture)                 # 将图片对象转换成数组
# 创建词云对象
w = wordcloud.WordCloud(font_path='AdobeHeitiStd-Regular.otf', mask=mk,
                        max_words=500, background_color='white')
file = open(r'xiyouji.txt', encoding='utf-8')
string = file.read()
file.close()
# 加载词云图使用的文本
w.generate(string)
# 生成词云图
w.to_file('xiyou.jpg')
```

运行以上程序后，打开程序所在目录，可观察到其中生成了词云图 xiyou.jpg，具体如图 10-16 所示。

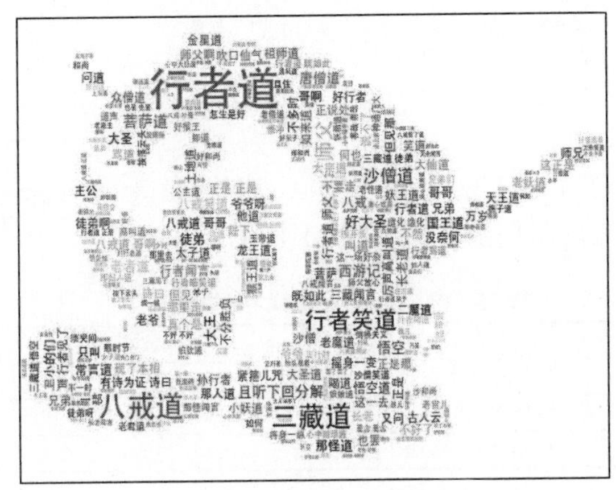

图10-16　词云图xiyou.jpg（2）

10.5.3 Pygame 库

Pygame 是为开发 2D 游戏而设计的 Python 跨平台库，开发人员利用 Pygame 库中定义的函数可以方便快捷地实现诸如图形用户界面创建、图形和图像绘制、用户键盘和鼠标操作的监听以及音频播放等游戏中常用的功能。使用 Pygame 之前需要先掌握 Pygame 库的基础知识，具体包括以下内容。

- Pygame 的初始化和卸载。
- 创建图形窗口。
- 游戏循环与游戏时钟。
- 图形和文本绘制。
- 元素位置控制。
- 动态效果。
- 事件与事件处理。

下面对这些知识逐一进行讲解。

1. Pygame 的初始化和卸载

Pygame 库根据不同的开发需求定义了各种子模块，包括显示模块、字体模块、混音器模块等。在使用一些子模块之前，需要进行初始化。为了简化开发流程，Pygame 提供了以下两个函数。

- init()函数：用于一次性初始化 Pygame 的所有模块，如此开发人员无须单独调用每个子模块的初始化方法，便可以直接使用所有子模块。
- quit()函数：用于卸载所有之前被初始化的 Pygame 模块。尽管 Python 解释器在程序退出时会自动释放已经加载的所有模块，quit()函数并非必须调用，然而为了培养良好的开发习惯，应该遵循谁申请、谁释放的原则，因此，在需要释放 Pygame 模块的时候，开发人员应当主动调用 quit()函数卸载模块。

例如，导入 Pygame 模块，在自定义的主函数中先后初始化和卸载所有模块，具体代码如下：

```
import pygame                              # 导入 Pygame
def main():
    pygame.init()                          # 初始化所有模块
    pygame.quit()                          # 卸载所有模块
if __name__ == '__main__':
    main()
```

2. 创建图形窗口

若要开发带有图形窗口的游戏，应先创建一个图形窗口。Pygame 通过子模块 display 创建图形窗口，该子模块中的常用函数如表 10-18 所示。

表 10-18 display 模块中的常用函数

函数	说明
set_mode()	初始化图形窗口
set_caption()	设置窗口的标题
update()	更新屏幕的显示内容

下面逐个讲解表 10-18 中罗列的函数。

（1）set_mode()

set_mode()函数用于为游戏创建图形窗口，该函数的语法格式如下：

```
set_mode(size=(0, 0), flags=0, depth=0, display=0, vsync=0)
```

set_mode()函数共有 5 个参数，这 5 个参数的具体含义如下。

- size：表示图形窗口的宽度和高度，默认值为(0, 0)，即窗口会根据屏幕尺寸全屏显示。size 参数的值其实是一个元组，该元组的两个元素分别用于指定图形窗口的宽度和高度，单位为 px。
- flags：表示标志位，用于设置窗口特性。
- depth：表示色深或每像素的比特数，该参数的取值只能是整数，取值范围为[8,32]，例如 32 表示 32 位色深；默认值为 0，表示使用当前显示器的最高色深。
- display：表示显示器的编号，用于多显卡系统；默认值为 0，表示使用默认显示器。
- vsync：表示垂直同步，取值可以为 0 或 1，分别表示关闭或打开垂直同步。

set_mode()函数返回一个 Surface 对象，该对象就像一个图形窗口，提供了一个绘制图形的区域。在绘制图形之前，必须先有这样的图形窗口。使用 set_mode()函数创建的图形窗口默认是黑色的，可以使用 Surface 对象的 fill()方法填充图形窗口，从而修改图形窗口的背景颜色。

下面创建一个图形窗口，并修改图形窗口的背景颜色。为了方便对图形窗口大小、背景颜色进行统一修改，这里将它们定义为全局变量，示例代码如下：

```
import pygame                                         # 导入 Pygame
WINWIDTH = 640                                        # 窗口宽度
WINHEIGHT = 206                                       # 窗口高度
BGCOLOR = ( 125,  125,  0)                            # 预设背景颜色为橄榄色
def main():
    pygame.init()                                     # 初始化所有模块
    # 创建图形窗口
    WINSET = pygame.display.set_mode((WINWIDTH, WINHEIGHT))
    WINSET.fill(BGCOLOR)                              # 填充背景颜色
    pygame.quit()                                     # 卸载所有模块
if __name__ == '__main__':
    main()
```

运行程序后，会创建一个分辨率为 640px×206px 的图形窗口。需要注意的是，虽然程序中调用 fill()方法将图形窗口填充为橄榄色，但实际图形窗口的背景颜色并未改变，这是因为图形窗口在创建后立即关闭，导致用户无法看到窗口的变化。

（2）set_caption()

set_caption()函数用于设置窗口标题，该函数的语法格式如下：

```
set_caption(title, icontitle=None)
```

以上语法格式中的参数 title 用于设置显示在窗口标题栏上的标题，参数 icontitle 用于设置显示在任务栏上的程序标题，其值默认与 title 的值一致。

在上述示例的基础上修改代码，在 pygame.quit()语句之前通过 set_caption()函数设置窗口标题，具体如加粗代码所示：

```
…
def main():
    pygame.init()                                          # 初始化所有模块
    # 创建图形窗口
    WINSET = pygame.display.set_mode((WINWIDTH, WINHEIGHT))
    WINSET.fill(BGCOLOR)                                   # 填充背景颜色
    pygame.display.set_caption('小游戏')                   # 设置窗口标题
    pygame.quit()                                          # 卸载所有模块
…
```

运行以上程序，会打开一个标题为“小游戏”的图形窗口，且该窗口几乎在打开的同时立刻关闭。之所以出现这种现象，是因为程序在设置完标题之后便已结束运行。

（3）update()

update()函数用于刷新窗口，以显示修改后的新窗口。实际上前面的示例代码中使用 fill()方法填充背景颜色后，窗口的背景颜色却没有发生改变，这是因为程序中未调用该函数对窗口进行刷新。在 pygame.quit()语句之前调用 update()函数，具体如加粗代码所示：

```
…
def main():
    pygame.init()                                          # 初始化所有模块
    # 创建图形窗口
    WINSET = pygame.display.set_mode((WINWIDTH, WINHEIGHT))
    WINSET.fill(BGCOLOR)                                   # 填充背景颜色
    pygame.display.set_caption('小游戏')                   # 设置窗口标题
    pygame.display.update()                                # 刷新窗口
    pygame.quit()                                          # 卸载所有模块
…
```

保存代码并运行程序，此时会创建一个背景颜色为橄榄色的窗口。

3. 游戏循环与游戏时钟

通常情况下，在玩家手动关闭游戏之前，游戏会一直运行。然而，在前面的示例中，程序在设置窗口标题并打开图形窗口后就立即退出了，这是因为程序已经执行完毕。为了保持游戏的运行，需要将相关代码放在一个无限循环中。在上述示例代码中的 pygame.display.set_caption('小游戏')之后添加无限循环的代码，具体代码如下：

```
while True:
    pass
```

再次运行程序，窗口会一直显示，除非手动关闭。

通常情况下，要实现流畅、高品质的动画效果，计算机需要以每秒 60 帧（Frame）的速度进行图像绘制。换句话说，只要窗口中的图像刷新频率（帧率）不低于每秒 60 帧，就能够得到预期的动画效果。然而，循环体执行的频率远远高于每秒 60 帧，过高的帧率会导致过度负载。为了降低循环执行的频率，我们需要在程序中设置游戏时钟。

Pygame 的 time 模块专门提供了一个 Clock 类，通过该类的 tick()方法可以方便地设置游戏时钟，以降低循环执行的频率。tick()方法有一个参数表示目标帧率。例如，如果使用 tick()方法时传递参数 60，那么 tick()方法尝试将游戏的帧率限制在每秒 60 帧。

修改上述示例的代码，添加设置游戏时钟的代码，具体如加粗代码所示：

```
…
FPS = 60                                            # 预设频率
def main():
    pygame.init()                                   # 初始化所有模块
    FPSCLOCK = pygame.time.Clock()                  # 创建 Clock 类的对象
    …
    pygame.display.update()                         # 刷新窗口
    i = 0                                           # 临时变量，记录循环的执行次数
    while True:
        i = i + 1
        print(i)
        FPSCLOCK.tick(FPS)                          # 控制帧率
    pygame.quit()                                   # 卸载所有模块
if __name__ == '__main__':
    main()
```

经过如上修改后，程序中 while 循环内的代码由高频执行转变为 1 秒执行 60 次。

4. 图形和文本绘制

要绘制图形和文本，需要先创建一个图形窗口，因为这是进行绘制的前提条件。一旦窗口被创建，我们就可以在其中绘制图形、文本以及其他元素。通过前面的讲解可知，Pygame 中的图形窗口是一个 Surface 对象，在窗口中进行绘制实质上就是在 Surface 对象之上进行绘制。下面将介绍如何在 Surface 对象之上绘制图形和文本。

（1）图形绘制

在 Surface 对象上绘制图形分为加载图片和绘制图片两个步骤，具体内容如下。

① 加载图片。

加载图片即将图片读取到程序中，此步骤可以通过 image 模块的 load()函数完成。load()函数的语法格式如下：

```
load(filename)
```

load()函数的参数 filename 是待加载图片的名称，其返回值是一个 Surface 对象。

使用 load()函数加载图片，示例代码如下：

```
img_surf = pygame.image.load('bg.jpg')
```

以上示例代码从当前路径下加载名为 bg.jpg 的图片，并使用变量 img_surf 保存生成的 Surface 对象。

② 绘制图片。

绘制图片是将一个 Surface 对象叠加在另一个 Surface 对象之上的过程，类似于现实生活

中不同尺寸图形的堆叠。在 Pygame 中，可以使用 Surface 对象的 blit()方法来实现图片的绘制操作。blit()方法的语法格式如下：

```
blit(source, dest, area=None, special_flags=0)
```

blit()方法共有 4 个参数，这 4 个参数的具体含义如下。

- source：表示被绘制的 Surface 对象。
- dest：表示 source 被绘制到的目标位置，该参数的值是一个元组，该元组指定目标位置的 left 和 top 两个值，分别表示图像距离窗口左侧和顶部的距离。此外，它也可以是一个表示矩形的元组 (left, top, width, height)，其中 left 和 top 表示矩形的位置，width 和 height 表示矩形的宽度和高度。
- area：用于设置矩形区域。若设置的矩形区域小于 source 所设置的 Surface 对象的区域，那么仅绘制 Surface 对象的部分内容。
- special_flags：特殊标志，用于控制绘制的方式。其默认值为 0，表示不使用任何特殊标志。

使用 blit()方法将加载生成的 img_surf 对象绘制到窗口 WINSET 中，示例代码如下：

```
WINSET.blit(img_surf, (0, 0))
```

以上示例代码将 img_surf 绘制到了窗口的(0,0)位置，由于被绘制的图片与窗口的尺寸一致，这里的操作等同于为窗口绘制了背景图片。

在“游戏循环与游戏时钟”部分的程序中设置窗口标题的代码后面添加加载背景图片和绘制图片的代码，具体如下所示：

```
…
    WINSET = pygame.display.set_mode((WINWIDTH, WINHEIGHT))
    WINSET.fill(BGCOLOR)                          # 填充背景颜色
    pygame.display.set_caption('小游戏')          # 设置窗口标题
    image = pygame.image.load('bg.jpg')           # 加载背景图片
    WINSET.blit(image, (0, 0))                    # 绘制图片
    …
…
```

运行程序，创建的窗口如图 10-17 所示。

图10-17 绘制图片的窗口

（2）文本绘制

Pygame 的 font 模块提供了 Font 类，可以使用该类创建字体对象，从而实现在游戏窗口中绘制文本。绘制文本到窗口的具体步骤如下。

① 创建字体对象。

② 渲染文本内容，生成一张图像。

③ 将生成的图像绘制到游戏窗口中。

对比文本绘制步骤与图形绘制步骤可知，文本绘制实际上也是图片的叠加，只是在绘制之前需要先结合字体将文本内容制作成图片。文本绘制流程如图 10-18 所示。

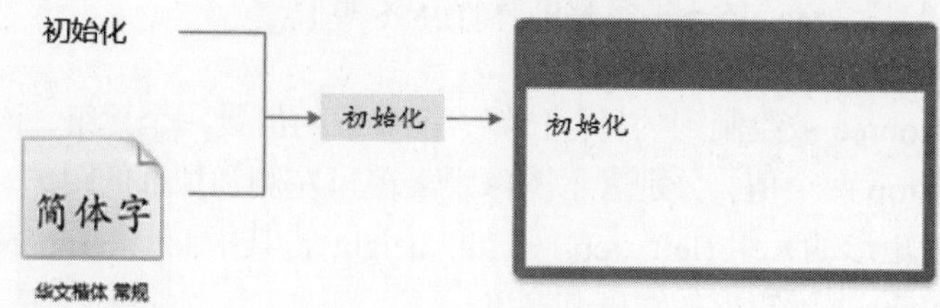

图10-18　文本绘制流程

下面基于上述步骤介绍如何通过 Pygame 实现文本绘制的功能，具体内容如下。

① 创建字体对象。

使用 Font 类的构造方法 Font()可以创建字体对象，Font()方法的语法格式如下：

```
Font(file_path=None, size=12)
```

Font()方法中的参数 file_path 表示字体文件的路径，如果未提供该参数，将使用默认字体；参数 size 用于设置字体的大小，默认值为 12。

例如，使用 Font()方法创建字体对象，具体代码如下：

```
BASICFONT = pygame.font.Font('STKAITI.TTF', 25)
```

程序执行以上语句时，会使用程序所在路径下的字体文件创建一个字体为 STKAITI、大小为 25 的字体对象。

此外，使用 SysFont 类的构造方法 SysFont()可以创建系统字体对象，SysFont()方法的语法格式如下：

```
SysFont(name, size, bold=False, italic=False)
```

SysFont()方法包含 4 个参数，这些参数的含义如下。

- name：表示系统字体的名称。系统字体与操作系统有关，通过 pygame.font.get_fonts()函数可以获取当前系统的所有可用字体列表。
- size：表示字体的大小。
- bold：表示是否设置为粗体，默认值为 False，表示不设置。
- italic：表示是否设置为斜体，默认值为 False，表示不设置。

Font() 和 SysFont() 方法都可以用来创建字体对象，但是 SysFont() 对系统的依赖性较强，而 Font() 则可以支持将字体文件存储在程序路径中，也可以使用自定义字体。相比之下，Font() 函数更加灵活，也更有利于游戏程序的打包和移植。除非特别声明，后续提到的字体对象都是通过 Font() 方法创建的。

② 渲染文本内容。

渲染是计算机绘图中使用的名词，经渲染后计算机中会生成一张图像，即 Surface 对象。可通过 Pygame 模块中字体对象的 render()方法进行渲染，该方法的语法格式如下：

```
render(text, antialias, color, background=None)
```

render()方法包含 4 个参数，这些参数的含义如下。

- text：表示要绘制的文本内容。
- antialias：表示是否启用抗锯齿，如果设置为 True，则绘制的文本边缘会更平滑。通常将其设置为 True。

- color：表示文本的颜色，可以是 RGB 颜色值的元组 (R, G, B) 或是使用 pygame.Color 对象表示的颜色。
- background：表示文本的背景颜色，默认值为 None，表示透明背景。

在程序中调用 render()方法后将返回一个 Surface 对象，这个 Surface 对象可理解为一张内容为文本的图片。以调用 Font()函数生成的字体对象 BASICFONT 为例，通过 render()方法渲染文本内容，具体代码如下：

```
MSGCOLOR   = (95, 200, 255)                          # 设置文本颜色
MSGBGCOLOR = (23, 78, 20)                            # 设置文本背景颜色
msg_surf = BASICFONT.render('初始化', True, MSGCOLOR, MSGBGCOLOR)
```

以上代码预设了表示文本颜色的变量 MSGCOLOR 和表示文本背景颜色的变量 MSGBGCOLOR，通过 render()方法将文本信息“初始化”渲染成背景颜色为 MSGBGCOLOR、文本颜色为 MSGCOLOR 的图片。

通过 image 模块的 save()函数可以将渲染生成的 Surface 对象作为图片存储到本地，save()函数的语法格式如下：

```
save(Surface, filename)
```

使用 save()函数将 msg_surf 对象保存到本地，并命名为 msg.png，具体代码如下：

```
pygame.image.save(msg_surf, 'msg.png')
```

运行代码，msg.png 图片如图 10-19 所示。

初始化

图10-19　msg.png图片

文本图片的背景可以被设置为透明背景。若要实现此效果，将 render()方法的参数 background 设为 None 即可，具体代码如下：

```
msg_surf = BASICFONT.render('初始化', True, MSGCOLOR, None)
pygame.image.save(msg_surf, 'msg.png')
```

③ 绘制渲染结果。

绘制文本图片同样使用 Surface 的 blit()方法实现，此处不赘述。

将创建的文本对象 msg_surf 绘制到图形窗口 WINSET 的左上角位置，具体代码如下：

```
WINSET.blit(msg_surf, (0, 0))
```

为了保证以上的更改能够显示在窗口之中，这里将 while 循环删除，此时修改后的完整程序代码如下：

```
import pygame, time                                  # 导入 Pygame
WINWIDTH = 640                                       # 窗口宽度
WINHEIGHT = 206                                      # 窗口高度
# ------颜色变量----
BGCOLOR    = ( 125,  125,  0)                        # 预设背景颜色为橄榄色
MSGCOLOR   = (  95,  200,255)                        # 设置文本颜色
MSGBGCOLOR = (  23,   78, 20)                        # 设置按钮背景颜色
def main():
    pygame.init()                                    # 初始化所有模块
    # 创建图形窗口
    WINSET = pygame.display.set_mode((WINWIDTH, WINHEIGHT))
    WINSET.fill(BGCOLOR)                             # 填充背景颜色
    pygame.display.set_caption('小游戏')
    image = pygame.image.load('bg.jpg')              # 加载背景图片
```

```
    WINSET.blit(image,(0,0))                              # 绘制背景图片
    BASICFONT = pygame.font.Font('STKAITI.TTF', 25)    # 创建字体对象
    msg_surf = BASICFONT.render('初始化', True,
                               MSGCOLOR, MSGBGCOLOR)    #渲染
    WINSET.blit(msg_surf, (0,0))
    pygame.display.update()
    time.sleep(5)
    pygame.quit()                                         # 卸载所有模块
if __name__ == '__main__':
    main()
```

运行程序，创建的窗口如图 10-20 所示。

图10-20　绘制文本的窗口

由图 10-20 可知，创建的窗口左上角已经显示了文本内容。

5. 元素位置控制

前文的图片和文本绘制在图形窗口左上角的位置，也就是图形窗口的原点。但游戏中的文字与图片可能出现在窗口的任意位置，若想要准确地放置图片和文本，需要先掌握 Pygame 图形窗口的坐标系和 Pygame 的 Rect 类。下面分别对相关内容进行介绍。

（1）Pygame 图形窗口的坐标系

Pygame 图形窗口的坐标系的定义如下。

- 坐标原点(0,0)在图形窗口的左上角。
- x 轴与水平方向平行，以向右为正。
- y 轴与垂直方向平行，以向下为正。

假设将分辨率为 160px×120px 的矩形放置在分辨率为 640px×480px 的 Pygame 窗口的(80,160)位置，则矩形与窗口的位置关系如图 10-21 所示。

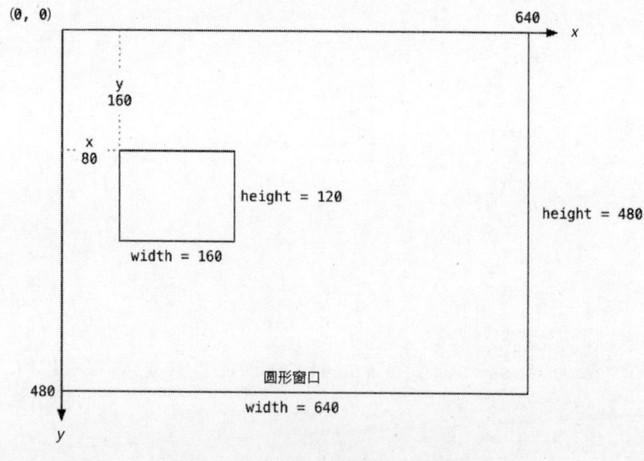

图10-21　矩形与窗口的位置关系

观察图 10-21 可知，矩形在窗口中的位置即矩形左上角在窗口中的坐标。

（2）Rect 类

Rect 类表示矩形区域，用于描述和控制文本、图像和其他 Pygame 图形等可见对象在窗口中的位置。该类直接定义在 Pygame 模块之中，它的构造方法如下：

```
Rect(left, top, width, height)
```

以上方法中参数 left 和 top 表示矩形左侧的 x 坐标和矩形顶部的 y 坐标；参数 width 和 height 表示矩形的宽度和高度。

通过 Rect 类的构造函数可以创建一个矩形对象，并设置矩形对象在窗口中的位置。例如，创建坐标位置为(80,160)、分辨率为 160px×120px 的矩形对象，具体代码如下：

```
rect = pygame.Rect(80, 160, 160, 120)
```

除坐标、宽度、高度之外，矩形对象还具有许多用于描述与坐标系相对关系的属性。下面以矩形 rect = Rect(10, 80, 168, 50) 为例，对矩形对象的常见属性进行说明，具体如表 10-19 所示。

表 10-19 矩形对象的常见属性

属性	说明	示例
x、left	矩形左上角或左侧的 x 坐标	rect.x = 10、rect.left = 10
y、top	矩形左上角或顶部的 y 坐标	rect.y = 80、rect.top = 80
width、w	矩形的宽度	rect.width = 168、rect.w = 168
height、h	矩形的高度	rect.height = 50、rect.h = 50
right	矩形右侧的 x 坐标，即 x + w	rect.right = 178
bottom	矩形底部的 y 坐标，即 y + h	rect.bottom = 130
size	矩形的尺寸，即(w, h)	rect.size = (168, 50)
topleft	矩形左上角的坐标，即(x, y)	rect.topleft = (10, 80)
bottomleft	矩形左下角的坐标，即(x, bottom)	rect.bottomleft = (10, 130)
topright	矩形右上角的坐标，即(right, y)	rect.topright = (178, 80)
bottomright	矩形右下角的坐标，即(right, bottom)	rect.bottomright = (178, 130)
centerx	矩形中心点的 x 坐标，即 x + 0.5 * w	rect.centerx = 94
centery	矩形中心点的 y 坐标，即 y + 0.5 * h	rect.centery = 105
center	矩形中心点的坐标，即(centerx, centery)	rect.center = (94, 105)
midtop	矩形顶部水平中心点的坐标，也就是中上方的位置，即(centerx, y)	rect.midtop = (94, 80)
midleft	矩形左侧垂直中心点的坐标，也就是中左方的位置，即(x, centery)	rect.midleft = (10, 105)
midbottom	矩形底部水平中心点的坐标，也就是中下方的位置，即(centerx, bottom)	rect.midbottom = (94, 130)
midright	矩形右侧垂直中心点的坐标，也就是中右方的位置，即(right, centery)	rect.midright = (178, 105)

矩形对象的属性示意如图 10-22 所示。

（3）位置控制

Surface 对象在窗口中的位置通过 blit()方法的参数 dest 确定，dest 可接收坐标元组(x, y)，亦可接收矩形对象，因此可通过以下两种方式控制 Surface 对象的绘制位置。

方式 1：当将 Surface 对象绘制到窗口中时，可以直接将坐标元组 (x, y) 传递给 dest 参数。

方式 2：可以使用 get_rect() 方法获取 Surface 对象的矩形对象属性，然后重置矩形的横坐标和纵坐标，最后将矩形对象属性传递给 dest 参数来设置其绘制位置。

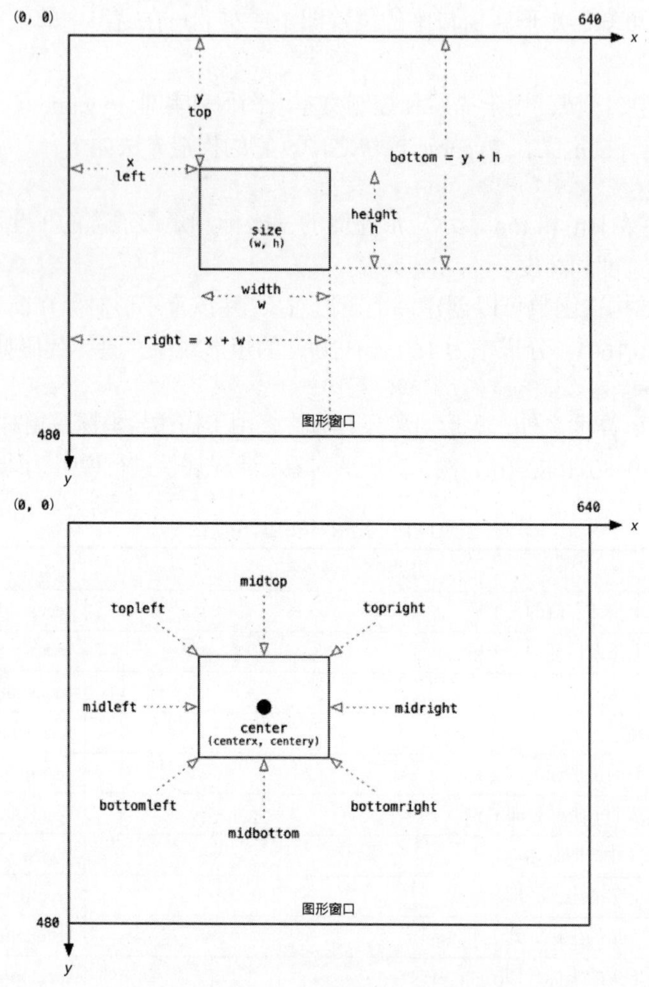

图10-22 矩形对象的常见属性示意

考虑到 Surface 对象分辨率的不同，为了方便计算位置，程序一般使用方式 2 确定其绘制位置。假设要在图形窗口的右下角位置绘制一个写有“自动”的按钮，使用方式 2 在窗口中绘制文本，具体代码如下：

```
…
    # 渲染字体
    auto_surf = BASICFONT.render('自 动', True, MSGCOLOR, MSGBGCOLOR)
    auto_rect = auto_surf.get_rect()                        # 获取对象矩形属性
    auto_rect.x = WINWIDTH - auto_rect.width - 10           # 重设矩形的横坐标
    auto_rect.y = WINHEIGHT - auto_rect.height - 10         # 重设矩形的纵坐标
    WINSET.blit(auto_surf, auto_rect)                       # 绘制文本
    pygame.display.update()
…
```

值得说明的是，Surface 对象在窗口中的坐标实际上就是矩形左上角在窗口中的坐标，因此将 Surface 对象放置在右下角，并与窗口边框保持一定距离，除了要用窗口宽度和高度减去它分别到窗口右侧和底部的距离，还需减去 Surface 对象的宽度和高度。

运行程序，创建的窗口如图 10-23 所示。

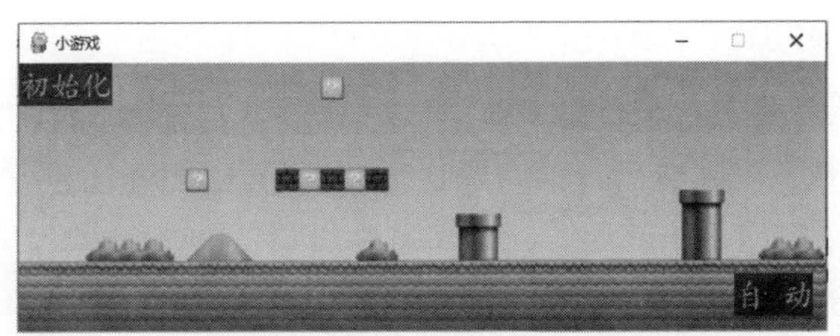

图10-23　绘制“自动”按钮的窗口

由图 10-23 可知，“自动”按钮绘制后成功放置在窗口右下角的位置。

6. 动态效果

许多游戏都需要实现动态效果，例如《植物大战僵尸》游戏中子弹的发射和僵尸的移动。实现动态效果的原理是更换文本或图片、调整位置并刷新屏幕。基本的动态效果包括以下 3 种。

（1）通过多次调整 Surface 对象的位置并连续绘制来实现移动效果。

（2）在同一位置绘制不同的 Surface 对象来实现动画效果。

（3）通过连续绘制不同的 Surface 对象并调整绘制位置来实现移动动画效果。

需要注意的是，在实现移动效果之前，需要将动态元素与其他元素区分开，并将其他元素作为背景，然后使用背景的副本覆盖原始窗口来实现动态元素的消失，接着重新绘制要移动的元素，并刷新窗口来实现移动效果。

在 Pygame 的 Surface 类中，可以使用 copy()方法来创建除动态元素之外的元素副本，以实现动态元素的消失。下面以上述游戏程序为例，演示通过 copy()方法实现“自动”按钮的移动效果，具体代码如下：

```
…
FPS = 60
def main():
    pygame.init()  # 初始化所有模块
    FPSCLOCK = pygame.time.Clock()              # 创建 Clock 类的对象
    …
    WINSET.blit(msg_surf,(0,0))
    # 准备背景
    base_surf = WINSET.copy()
    # 渲染文本
    …
    WINSET.blit(auto_surf, auto_rect)           # 绘制文本
    # 在背景的不同位置绘制方块，实现移动效果。方块向左移动 BLOCKSIZE-2
    for i in range(0, WINHEIGHT, 2):
        FPSCLOCK.tick(FPS)
        WINSET.blit(auto_surf, auto_rect)       # 绘制文本
        pygame.display.update()
        auto_rect.x -= 10                       # 修改“自动”按钮的横坐标
        if i + 2 < WINHEIGHT:
           WINSET.blit(base_surf, (0, 0))# 使用备份 base_surf 覆盖 WINSET
    pygame.display.update()
    pygame.quit()                               # 卸载所有模块
if __name__ == '__main__':
    main()
```

修改代码后运行程序，可观察到窗口中的“自动”按钮从右向左移动。

7. 事件与事件处理

游戏需要与玩家进行互动，因此必须能够接收玩家的操作，并根据不同的操作做出相应的响应。在程序开发中，将玩家对游戏的操作称为事件（Event）。根据不同的输入媒介，游戏中的事件可以分为键盘事件、鼠标事件和手柄事件等。Pygame 在子模块 locals 中对事件进行了详细定义，并记录了常见事件的产生途径和属性，具体如表 10-20 所示。

表 10-20　常见事件的产生途径和属性

事件	产生途径	属性
KEYDOWN	按键盘的按键	unicode、key、mod
KEYUP	键盘的按键被放开	key、mod
MOUSEMOTION	鼠标移动	pos、rel、buttons
MOUSEBUTTONDOWN	按鼠标的按键	pos、button
MOUSEBUTTONUP	鼠标的按键被放开	pos、button

由表 10-20 可知，locals 模块中的键盘事件有 KEYDOWN 和 KEYUP，这两个事件的属性介绍如下。

- unicode：表示与事件关联的 Unicode 字符。
- key：按或放开的按键的键值，键值是一个数字，但为了方便使用，Pygame 中支持以 K_×××形式的常量表示按键，其中×××是特定按键的名称。例如，字母键表示为 K_a、K_b 等，方向键表示为 K_UP、K_DOWN、K_LEFT、K_RIGHT，ESC 键表示为 K_ESCAPE。
- mod：表示与其他键盘按键同时按的修饰键的信息，例如 Shift 键、Ctrl 键、Alt 键等。Pygame 中支持以 KMOD_×××形式的常量表示常见的修饰键，其中×××是特定修饰键的名称。例如 KMOD_CTRL 表示 Ctrl 键，类似的还有 KMOD_SHIFT、KMOD_ALT 等。

locals 模块中的鼠标事件分为 MOUSEMOTION、MOUSEBUTTONDOWN、MOUSEBUTTONUP，这 3 个事件的属性介绍如下。

- pos：鼠标指针的位置，该属性的值是一个包含横坐标 x 和纵坐标 y 的元组。
- rel：鼠标指针当前位置与上次产生鼠标事件时鼠标指针位置间的距离。该属性的值是一个包含两个整数的元组，分别表示鼠标指针在 x 和 y 方向上移动的距离，单位是 px。
- buttons：表示当前鼠标所有的按键状态，它的值是一个有 3 个数字的元组，元组中每个数字的取值只能为 0 或 1，3 个数字依次表示左键、滚轮和右键的状态。若仅移动鼠标，则 buttons 属性的值为(0,0,0)；若鼠标移动的同时按鼠标的某个按键，则元组中与该键对应的值更改为 1，例如按鼠标左键，buttons 属性的值为(1,0,0)。
- button：表示与鼠标事件相关的按或放开的鼠标按键的编号。通常情况下，1 表示按鼠标左键，2 表示按滚轮，3 表示按鼠标右键，4 表示向上滑动滚轮，5 表示向下滑动滚轮。

程序可以通过 Pygame 的子模块 event 中的 type 属性判断事件的类型。通过 get()函数可以获取当前时刻产生的所有事件的列表。然而，并非事件列表中的所有事件都需要处理。通常，程序会在循环中遍历事件列表，并将其中的元素与需要处理的事件常量进行比对。如果当前事件是需要处理的事件，那么程序会对其进行相应的操作。

在上述游戏程序中注释绘制方块实现动画效果的代码，添加事件处理的代码，具体如下所示：

```
from pygame.locals import *
…
    pygame.display.update()
    while True:
        FPSCLOCK.tick(FPS)
        # 获取事件
        for event in pygame.event.get():
            if event.type == MOUSEBUTTONUP:        # 如果有 MOUSEBUTTONUP 事件
                # 检查某个点是否在矩形区域内
                if auto_rect.collidepoint(event.pos):
                    print('点击了按钮')
                else:
                    print('点击了空白区域')
            elif event.type == KEYUP:         # 如果有 KEYUP 事件
                if event.key in (K_LEFT, K_a):
                    print('←')
                elif event.key in (K_RIGHT, K_d):
                    print('→')
                elif event.key in (K_UP, K_w):
                    print('↑')
                elif event.key in (K_DOWN, K_s):
                    print('↓')
        if pygame.key.get_pressed()[K_ESCAPE]: # 如果按 Esc 键
            print('退出游戏')
            pygame.quit()
            break
    pygame.quit()
```

以上代码在 while 循环中通过 for 循环遍历事件，之后对每次循环取出的事件 event 进行判断，若当前事件为 MOUSEBUTTONUP 事件，即 event.type 的值为 MOUSEBUTTONUP，说明按了鼠标按键，此时使用 Rect 类的 collidepoint()方法检查单击时鼠标指针的位置 event.pos 与方块、按钮的关系，输出相应信息；若当前事件为 KEYUP 事件，即 event.type 的值为 KEYUP，说明按了键盘按键，此时根据 event.key 属性判断曾按的具体按键，根据按键输出相应的信息。最后根据 Esc 键的状态判断是否退出程序。

运行程序，依次执行循环中的判断条件，输出结果如下：

```
点击了按钮
点击了空白区域
←
→
↑
↓
退出游戏
```

10.6 实训案例

案例详情

10.6.1 出场人物统计

《西游记》是中国古代第一部浪漫主义章回体长篇神魔小说，是中国古典四大名著之一。全书主要描写了孙悟空出世及大闹天宫后，与唐僧、猪八戒、沙悟净和白龙马一同西行取经，历经九九八十一难到达西天见到如来佛祖，最终五圣成真的故事。《西游记》篇幅巨大、出场人物繁多。

本案例要求编写程序，统计《西游记》小说中的关键人物（出场次数排在前 10 名的人物）的出场次数。

10.6.2 小猴子接香蕉

案例详情

小猴子接香蕉游戏是一个根据游戏得分判定玩家反应力的游戏，该游戏的设定非常简单，游戏主体为香蕉和小猴子：香蕉从屏幕顶端随机位置出现，垂直落下，玩家用鼠标左、右键分别控制小猴子左、右移动，接住下落的香蕉，小猴子每接到一个香蕉加 10 分。

本案例要求编写程序，实现一个小猴子接香蕉游戏。

10.7 本章小结

本章首先介绍了 Python 计算生态、演示了如何构建与发布 Python 库，然后介绍了常用的内置库和第三方库，包括 time 库、random 库、turtle 库、jieba 库、wordcloud 库和 Pygame 库。通过对本章的学习，读者能够对 Python 计算生态涉及的领域所使用的 Python 库有所了解，掌握构建 Python 库的方式，可熟练使用 random 库、turtle 库、jieba 库，熟悉 time 库、wordcloud 库和 Pygame 库。

10.8 习题

一、填空题

1. ________是一种按照一定的规则自动从网络上抓取信息的程序或者脚本。
2. ________是由 Python 语言和其周边生态所构成的一系列工具、框架、库和应用。
3. Python 中 time()函数用于返回一个以浮点数表示的________。
4. Python 中的________库用于生成随机数。
5. ________是为开发 2D 游戏而设计的 Python 跨平台模块。

二、判断题

1. 用户既可以在程序中使用内置库，也可以使用第三方库。(　　)
2. Python 中内置库与第三方库的使用方式相同，但使用第三方库之前需要先将库导入程序。(　　)
3. 当一个模块__name__的取值为'__main__'时，说明模块被导入了其他程序。(　　)
4. Pygame 库中的 init()函数可以初始化所有子模块。(　　)
5. turtle 坐标系以窗口左上角为原点，原点右侧和上方分别为 x 轴正方向、y 轴正方向。(　　)

三、选择题

1. 下列选项中，用于在 turtle 库中移动画笔到指定位置的函数是（　　）。

A. setup()　　B. done()　　C. forward()　　D. goto()

2. 下列选项中，不会在发布自定义库时用到的是（　　）。

A. python setup.py build　　B. python setup.py sdist

C. python setup.py install　　D. 以上全部

3. 下列选项中，返回结果是时间戳的方法是（　　）。

A. time.sleep()　　B. time.localtime()　　C. time.strftime()　　D. time.ctime()

4. 阅读下面的代码段：

```
gm_time = time.gmtime()
time.asctime(gm_time)
```

下列选项中，可能为以上程序输出结果的是（　　）。

A. Mon Apr 13 02:05:38 2020

B. time.struct_time(tm_year=2020, tm_mon=4, tm_mday=11, tm_hour=11, tm_min=54, tm_sec=42, tm_wday=5, tm_yday=102, tm_isdst=-1)

C. 3173490635.1554217

D. 11:54:42

5. 阅读下面的代码段：

```
random.randrange(1, 10, 2)
```

下列选项中，不可能为以上程序输出结果的是（　　）。

A. 1　　B. 4　　C. 7　　D. 9

四、简答题

1. 简单列举 Python 计算生态覆盖的领域（至少 5 个）。
2. 简单介绍 Python 中库、包和模块的概念。
3. 若想对两个表示时间的变量进行计算，应将时间转换为什么格式？为什么？

五、编程题

1. 编写程序，通过 turtle 库绘制一些几何图形，如图 10-24 所示。

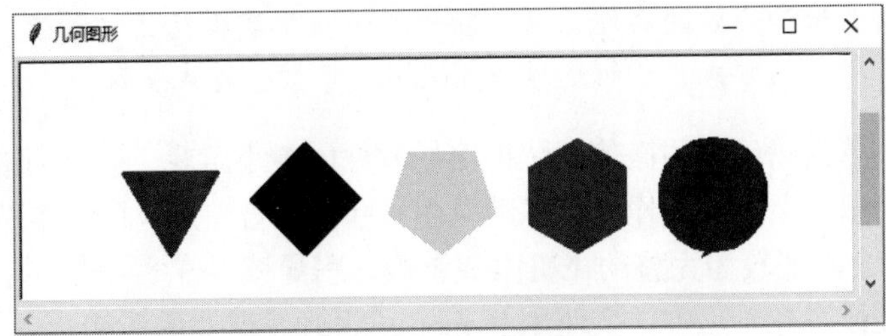

图10-24　几何图形

2. 编写程序，实现一个可根据指定文本文件“葫芦兄弟.txt”和图片“葫芦娃.jpg”生成指定形状词云的程序。

第11章

飞机大战游戏

学习目标

- ◆ 了解飞机大战游戏的规则，能够复述飞机大战游戏的规则
- ◆ 熟悉项目的准备工作，能够独立设计游戏的类与模块
- ◆ 掌握游戏框架的搭建方式，能够独立搭建游戏的框架
- ◆ 掌握游戏背景的绘制方式，能够绘制游戏背景并实现背景连续滚动的效果
- ◆ 掌握英雄飞机的绘制方式，能够通过精灵和精灵组实现英雄飞机的绘制
- ◆ 掌握指示器面板的实现方式，能够实现指示器面板的相关功能
- ◆ 掌握逐帧动画的实现方式，能够实现英雄飞机尾部火焰喷射的效果
- ◆ 掌握飞机类的设计，能够通过继承实现飞机类及其子类
- ◆ 掌握碰撞检测的实现方式，能够通过碰撞检测实现飞机撞毁、发射子弹和拾取道具的功能
- ◆ 掌握背景音乐和音效的实现方式，能够在游戏中实现播放背景音乐和音效的功能
- ◆ 熟悉项目打包的方式，能够通过 Pyinstaller 库打包游戏项目

飞机大战是一款由腾讯公司微信团队推出的软件内置小游戏，拥有简洁有趣的画面、易于理解的规则和简单易上手的操作，在移动应用兴起初期曾一度风靡。本章将带领读者使用 Pygame 库开发一个功能较为完整的飞机大战游戏，引导读者在实际开发中灵活应用面向对象的编程思想，让读者在学习中体会使用 Python 语言开发游戏的乐趣。

11.1 游戏简介

11.1.1 游戏介绍

飞机大战游戏主要以太空主题的画面为背景，由玩家通过键盘控制英雄飞机向敌机总部发动进攻，在进攻的过程中，既可以让英雄飞机发射子弹或引爆炸弹击毁敌机以赢取得分，也可以拾取道具以增强英雄飞机的战斗力，一旦英雄飞机被敌机撞毁且其生命数量为 0 就结束游戏。飞机大战游戏的部分场景如图 11-1 所示。

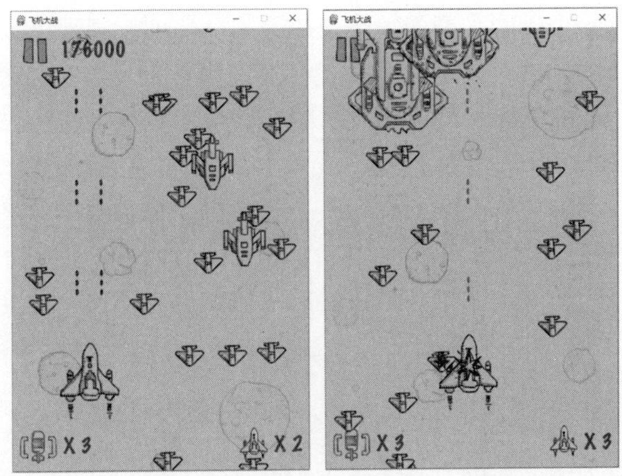

图11–1　飞机大战游戏的部分场景

由图 11-1 的游戏场景可知，飞机大战游戏中包含众多游戏元素，例如，大小各异的飞机、连发的子弹、左上角的得分等。飞机大战游戏的主要元素如图 11-2 所示。

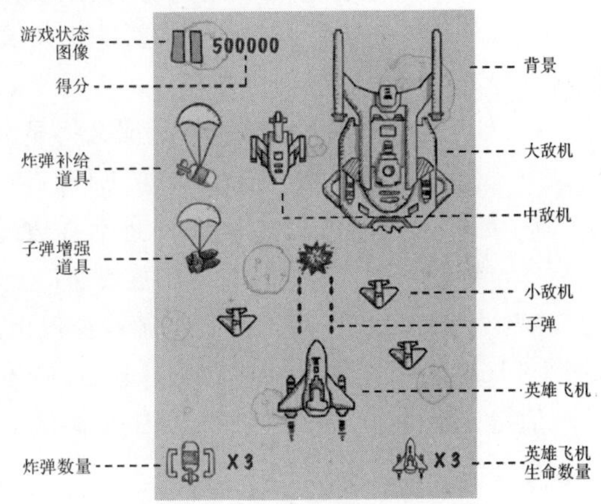

图11–2　飞机大战游戏的主要元素

在图 11-2 中，飞机大战游戏的主要元素可以归纳为背景、英雄飞机、敌机、道具、得分这几类，另外为了增强挑战性和趣味性游戏还设定了多个关卡。下面分别对这些游戏主要元素进行详细说明，具体内容如下。

1. 背景

游戏窗口的背景是一张太空图像，它会以恒定的速度向下缓慢地滚动，让玩家感觉英雄飞机在向上飞行。

2. 英雄飞机

英雄飞机是由玩家控制的飞机，是飞机大战游戏的主角，其相关说明具体如下。

（1）英雄飞机在游戏开始时显示在游戏窗口下方的中央位置。

（2）英雄飞机在出场后 3 秒内处于“无敌”状态，此时它不会被任何敌机撞毁，也不会撞毁任何敌机。

（3）玩家可以按↑、↓、←、→方向键控制英雄飞机在游戏窗口范围内分别向上方、下方、左方和右方移动。

（4）英雄飞机出场后每隔 0.2 秒会自动连续发射 3 颗子弹，即单排子弹。子弹的特征和行为具体介绍如下。

- 特征：子弹的速度为 12，杀伤力为 1。
- 行为：子弹从英雄飞机的正上方位置发射，并沿着窗口的垂直方向向上飞行；在子弹被发射时需要播放发射子弹的音效；如果子弹在飞行途中击中敌机，则它会对敌机造成伤害；如果子弹飞出窗口且在飞行途中未击中任何敌机，则它会被销毁。

（5）英雄飞机出场时默认携带 3 颗炸弹，玩家按 b 键可引爆 1 颗炸弹，此时炸弹数量减 1。炸弹数量为 0 时，无法继续使用。

（6）英雄飞机具有多个动画和音效。当英雄飞机飞行时，显示飞行动画；当英雄飞机被敌机撞毁时，显示被撞毁动画，并播放被撞毁音效；当英雄飞机升级时，播放升级音效。

（7）英雄飞机具有多条“生命”。英雄飞机的初始生命数量为 3；英雄飞机被敌机撞毁时，生命数量减 1；英雄飞机得分每增加 10 万，生命数量加 1；英雄飞机的生命数量归 0 时，游戏结束。游戏窗口的右下方位置会实时显示英雄飞机的生命数量。

3. 敌机

敌机的机型有小、中、大这 3 种，各机型的敌机均有生命值、速度、分值、图片和音效等多个特征，且不同机型的敌机所具有的特征也不尽相同，后续在设计飞机类时会详细说明。飞机大战游戏中的敌机具有以下行为。

（1）敌机出现在游戏窗口顶部的随机位置。

（2）敌机按照各自不同的速度，沿着垂直方向从游戏窗口顶部向下方飞行。

（3）若敌机与英雄飞机相撞，则会撞毁英雄飞机。

（4）若敌机被子弹击中，则敌机的生命值需要减去子弹的杀伤力，此时根据敌机的生命值可以分如下两种情况进行处理。

- 如果敌机的生命值大于 0，那么将显示敌机被击中受损图片（若有被击中受损图片），让敌机继续向游戏窗口下方飞行。
- 如果敌机的生命值等于 0，那么播放敌机被撞毁动画与被撞毁音效。在被撞毁动画播放过程中，该敌机不会在游戏窗口上移动；在被撞毁动画播放完成后，该敌机被设为初始状态，重新出现在游戏窗口顶部的随机位置。

（5）若敌机飞出了游戏窗口且飞行途中没有被击毁，该敌机被设为初始状态。

值得一提的是，正在播放被撞毁动画的敌机属于已经被摧毁的敌机，它既不能被子弹击中，也不能撞击英雄飞机。

4. 道具

在游戏过程中，道具每隔 30 秒会从游戏窗口上方的随机位置向下飞行，一旦飞行的过程中碰撞到英雄飞机，就会被英雄飞机拾取。飞机大战游戏总共有两种道具：炸弹补给和子弹增强。两种道具的功能描述如表 11-1 所示。

表 11-1　两种道具的功能描述

道具名称	功能描述	速度	是否播放音效
炸弹补给	英雄飞机拾取后，炸弹数量加 1	5	是
子弹增强	英雄飞机拾取后，发射的子弹由单排改为双排，且持续时长为 20 秒	5	是

5. 得分

当英雄飞机通过子弹或炸弹击毁敌机时，会获得与敌机分值相对应的得分，并且获得的得分会实时地显示在游戏窗口的左上方位置。同一局游戏中得分会不断累加，但在下一局游戏开始时得分自动清零。

系统会记录玩家历史游戏所得到的最好成绩，并在游戏暂停和结束时将其显示在游戏窗口上。

6. 关卡设定

飞机大战游戏一共设立了 3 个关卡，依次是关卡 1、关卡 2 和关卡 3，其中关卡 1 为起始关卡。在英雄飞机的得分超过当前关卡的预设分值之后，游戏会自动进入下一个关卡。关卡级别越高难度越高，敌机数量和机型越多，速度也更快。3 个关卡的设定规则如表 11-2 所示。

表 11-2　3 个关卡的设定规则

关卡名称	分值范围	小敌机数量及速度	中敌机数量及速度	大敌机数量及速度
关卡 1	小于 10000	16，1～3	0，1	0，1
关卡 2	大于或等于 10000 且小于 50000	24，1～5	2，1	0，1
关卡 3	大于或等于 50000	32，1～7	4，1～3	2，1

值得一提的是，飞机大战游戏会持续循环播放背景音乐，以提升用户的游戏体验。

11.1.2　游戏典型场景

飞机大战游戏的典型事件组成各个典型场景，除了游戏进行中的场景之外，还包括游戏开始、飞机碰撞、游戏暂停、游戏结束几个场景。下面分别介绍游戏开始、飞机碰撞、游戏暂停、游戏结束这几个场景。

1. 游戏开始

游戏开始的场景如图 11-3 所示。

在图 11-3 中，游戏窗口下方的中心位置显示了英雄飞机。英雄飞机是游戏的主角，具备移动、发射子弹、引爆炸弹以及拾取道具等功能；游戏窗口右下角显示了小英雄飞机图像以及文字“×3”，其中数字 3 表示英雄飞机的生命数量；游戏窗口左下角显示了炸弹图像及文字“×3”，其中数字 3 表示英雄飞机拥有的炸弹数量；游戏窗口左上角显示了游戏状态图像（暂停图像）和当前得分（0）。

需要说明的是，图 11-3 所示的元素中，除了英雄飞机和背景这两个元素之外，其他元素的位置都是固定的，但显示的图像或者数字在游戏过程中可能会发生改变。

2. 飞机碰撞

英雄飞机与敌机发生碰撞后被撞毁的某个场景如图 11-4 所示。

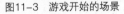

图11-3　游戏开始的场景

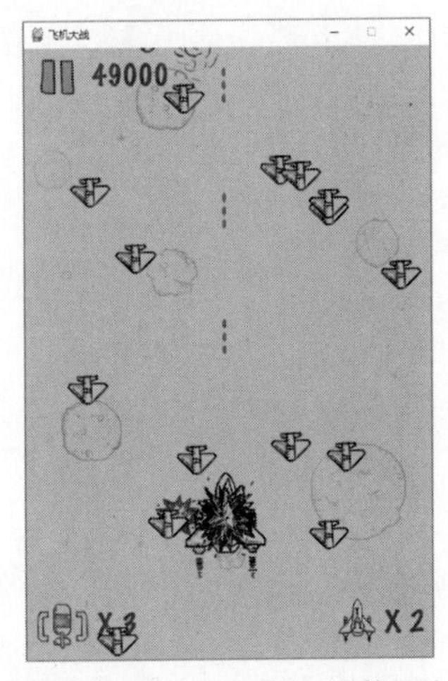

图11-4　英雄飞机与敌机发生碰撞后被撞毁的某个场景

如果英雄飞机与敌机发生碰撞，那么它们各自都需要做一些处理，具体如下。

（1）英雄飞机

发生碰撞的英雄飞机会被撞毁，并播放被撞毁动画以及被撞毁音效。被撞毁动画播放过程中，玩家无法操控英雄飞机；被撞毁动画播放完成后，英雄飞机的生命数量减少 1。

若英雄飞机的生命数量减少 1 之后还有剩余生命数量（即不为 0），则在英雄飞机被撞毁的位置出现一个新的英雄飞机，玩家可操控新的英雄飞机继续战斗；若英雄飞机没有剩余生命数量，则游戏结束。

（2）敌机

撞毁英雄飞机后还需要播放敌机的被撞毁动画及被撞毁音效。被撞毁动画播放过程中，敌机在游戏窗口中不移动；被撞毁动画播放完成后，敌机会被设置为初始状态，从游戏窗口顶部任意位置沿着垂直方向向下飞行。

3. 游戏暂停

玩家按空格键可以暂停游戏，再次按空格键可以恢复游戏。游戏暂停的某个场景如图 11-5 所示。

当游戏暂停时，整个游戏画面静止，背景音乐停止播放，游戏状态图像会切换为运行图像，并在窗口中央偏上的位置显示“Game Paused!”的文字，在“Game Paused!”文字下方显示最好成绩，在最好成绩下方显示“Press spacebar to continue.”，提示玩家按空格键可以继续游戏。

当玩家再次按空格键以继续游戏时，整个游戏画面恢复正常，并继续播放背景音乐。游戏状态图像切换回暂停图像，而窗口中央位置的提示文字全部被隐藏起来。

4. 游戏结束

英雄飞机被敌机撞毁后若没有剩余生命数量继续战斗，则游戏结束。在英雄飞机被撞毁的动画播放完成之后，整个游戏画面静止。游戏结束的某个场景如图 11-6 所示。

在图 11-6 中，从游戏窗口中央至下依次显示了游戏结束的提示文字“Game Over!”，最好成绩的提示文字“Best: 2185000”，以及再来一轮的提示文字“Press spacebar to play again.”。玩家按空格键即可重新开始一轮游戏。

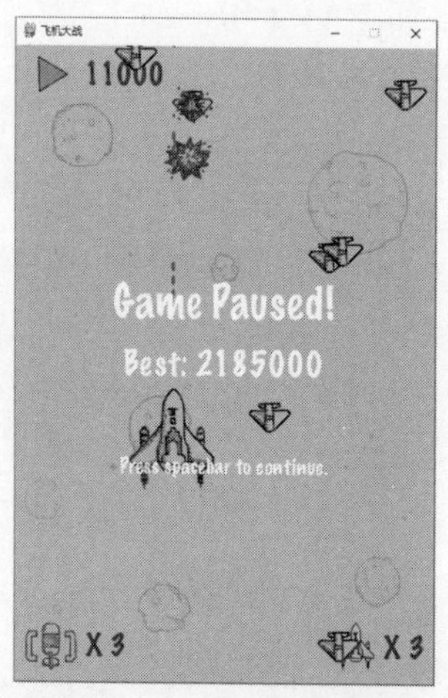

图11-5　游戏暂停的某个场景

图11-6　游戏结束的某个场景

11.2　项目准备

在明确了飞机大战游戏的规则后，便可以着手项目的准备工作，我们需要完成分析与设计等准备工作，以确立项目的实现方式和内部结构。本节将从 3 个部分，即飞机大战游戏项目的类设计、模块设计和创建项目来介绍准备工作。

11.2.1　类设计

根据之前对游戏的介绍，我们可以知道飞机大战游戏包含许多游戏元素，如英雄飞机、敌机、道具、子弹、游戏状态图像、背景音乐和音效等。这些元素都可以通过类进行构建，但目前它们分散且缺乏统一的管理。为了方便统一管理这些游戏元素，我们根据它们的功能对它们进行分类。游戏元素的分类及说明如表 11-3 所示。

表 11-3　游戏元素的分类及说明

分类	类名	说明
游戏类	Game	负责整个游戏的运行流程
指示器面板类	HUDPanel	负责统一管理游戏状态图像、得分、炸弹数量、生命数量，以及提示文字等与游戏数据或状态相关的内容
音乐播放类	MusicPlayer	负责背景音乐和音效的播放
游戏背景类	Background	负责显示游戏的背景图像
状态按钮类	StatusButton	负责显示游戏的游戏状态按钮
飞机类	Plane	表示游戏中的飞机，包括英雄飞机和敌机
子弹类	Bullet	表示英雄飞机发射的子弹
道具类	Supply	负责管理炸弹补给和子弹增强道具
文本标签类	Label	负责显示游戏窗口上的文本

表 11-3 中列举的前 3 个分类负责实现游戏中独立的功能，它们可以直接继承基类 object；剩余几个分类中涉及的游戏元素都是显示于窗口的图像和文本，这些元素可以继承 pygame.Sprite 类，以统一组织和管理游戏元素，具体说明如下。

（1）游戏背景类、状态按钮类、飞机类、子弹类、道具类负责显示的元素都会发生动态的变化，它们的共同特征或行为可以抽象成一个游戏元素基类 GameSprite，该基类继承 pygame.sprite.Sprite 类。

（2）飞机类表示游戏中的飞机，包括英雄飞机和敌机。这两种类型的飞机各自具有独有的特征和行为，因此可以从 Plane 类派生两个子类：Hero 和 Enemy。它们分别表示游戏中的英雄飞机和敌机。

飞机大战游戏中的类及类之间的继承关系如图 11-7 所示。

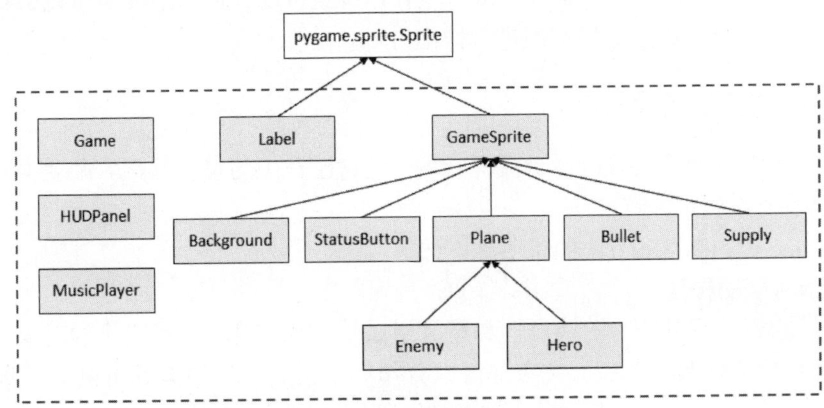

图11-7　飞机大战游戏中的类及类之间的继承关系

读者只需要对项目中的类有整体的了解即可，关于每个类的细节设计会在后面进行介绍。

11.2.2　模块设计

在设计程序时，我们既要考虑程序的设计理念和设计思想，又要考虑程序的结构。结构设计的原则是代码模块化，以便于扩展和维护。为此，我们将飞机大战游戏划分为 4 个模块：game、game_items、game_hud 和 game_music。每个模块的说明如表 11-4 所示。

表 11-4　每个模块的说明

模块	说明
game	游戏主模块，封装 Game 类并负责启动游戏
game_items	游戏元素模块，封装飞机类、子弹类、道具类等游戏元素分类，并定义全局变量
game_hud	游戏面板模块，封装指示器面板类
game_music	游戏音乐模块，封装音乐播放器类

11.2.3　创建项目

打开 PyCharm 工具，在该工具中新建一个名称为“飞机大战”的项目。

在飞机大战项目中依次创建 game.py、game_items.py、game_hud.py 和 game_music.py 这 4 个文件，之后将资源文件夹 res 复制到飞机大战项目的目录下。创建好的项目文件结构如图 11-8 所示。

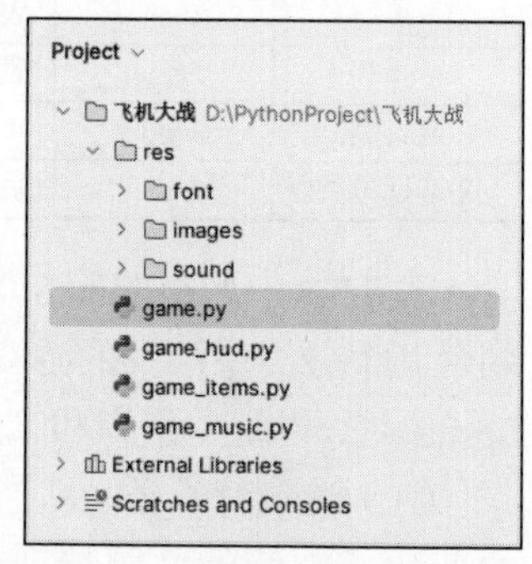

图11-8　创建好的项目文件结构

在图 11-8 中，res 目录包含 3 个子目录：font、images 和 sound，这 3 个子目录下分别放置飞机大战游戏使用的字体、图片和声音素材。

11.3　游戏框架搭建

完成准备工作之后，我们可以进入项目实现阶段。在这一阶段，游戏框架的搭建是第一步，我们按照游戏的完整流程来建立游戏框架，这样就可以直接向框架中填充游戏内容。本节将对游戏类的设计和游戏框架实现进行详细讲解。

11.3.1　游戏类的设计

游戏类负责控制整个游戏的运行流程，需要包含游戏中的主要元素。游戏类 Game 类的类图如图 11-9 所示。

关于 Game 类的属性和方法的说明具体如下。

1. Game 类的属性

Game 类的属性可以分为游戏属性和精灵组属性。精灵表示显示图像的对象，游戏窗口中显示的每个单独图像或者一行文字都可以看作一个精灵，例如英雄飞机、一颗炸弹、得分等。

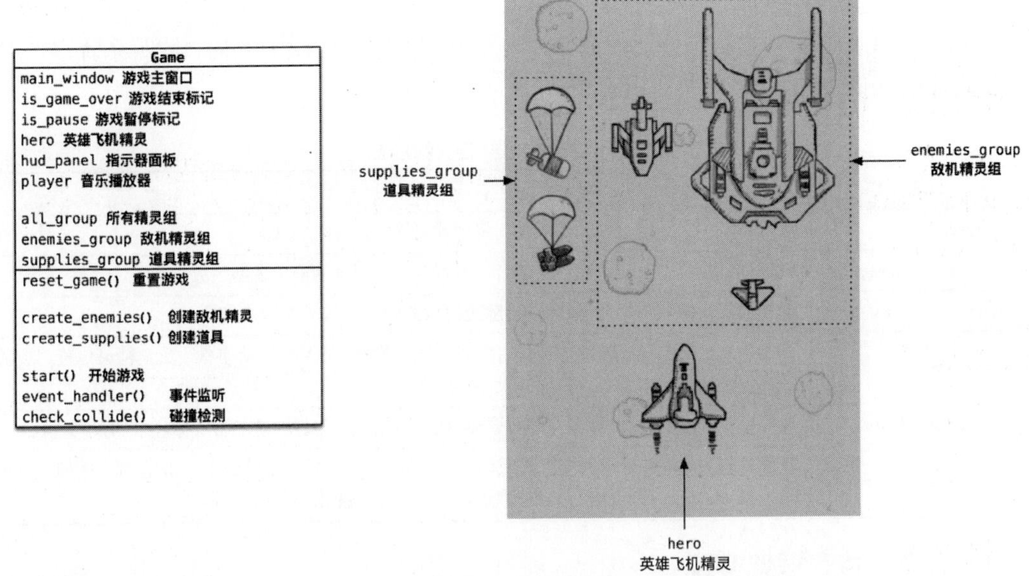

图11-9　Game类的类图

（1）游戏属性

Game 类中定义的游戏属性主要有 6 个，如表 11-5 所示。

表 11-5　Game 类的游戏属性

属性	说明
main_window	游戏主窗口，初始大小为 (480, 700)
is_game_over	游戏结束标记，初始值为 False，表示游戏未结束
is_pause	游戏暂停标记，初始值为 False，表示游戏未暂停
hero	英雄飞机精灵，最初显示在游戏窗口中央靠下位置
hud_panel	指示器面板，负责显示与游戏状态以及数据相关的内容，包括游戏状态图像、得分、炸弹数量、英雄飞机的生命数量，以及游戏暂停或结束时显示在游戏窗口中央位置的提示信息等
player	音乐播放器，负责播放背景音乐和游戏音效

（2）精灵组属性

精灵组就是保存多个精灵对象的组，支持将多个精灵对象进行分组，并对组内的精灵对象一起进行操作。Pygame 的精灵组常用于以下重要的场景。

① 一次性绘制或者更新多个精灵对象。

② 碰撞检测。碰撞检测就是检测多个精灵对象之间是否发生碰撞，例如，子弹是否击中敌机，敌机是否撞到英雄飞机等。

Game 类中定义的精灵组属性总共有 3 个，如表 11-6 所示。

表 11-6　Game 类的精灵组属性

属性	说明
all_group	所有精灵组，存放所有要显示的精灵对象，用于游戏窗口绘制和精灵对象位置更新
enemies_group	敌机精灵组，存放所有敌机精灵对象，用于检测子弹是否击中敌机以及敌机是否撞到英雄飞机
supplies_group	道具精灵组，存放所有道具精灵对象，用于检测英雄飞机是否拾取道具

2. Game 类的方法

Game 类封装了多个方法，分别用于创建游戏元素、管理游戏的流程、监听系统事件等。Game 类中定义的方法如表 11-7 所示。

表 11-7 Game 类中定义的方法

方法	说明
reset_game()	重置游戏。在开启新一轮游戏前，将游戏属性恢复到初始状态
create_enemies()	创建敌机精灵。在新游戏开始或者关卡晋级后，根据当前关卡创建敌机精灵
create_supplies()	创建道具。游戏开始后每隔 30 秒随机投放炸弹补给或子弹增强道具
start()	开始游戏。创建游戏时钟并且开启游戏循环，在游戏循环中监听事件、更新精灵位置、绘制精灵、更新显示内容、设置刷新帧率
event_handler()	事件监听。监听并处理每一次游戏循环执行时发生的事件，避免游戏循环中的代码过长
check_collide()	碰撞检测。监听并处理每一次游戏循环执行时是否发生精灵与精灵之间的碰撞，例如，子弹是否击中敌机、英雄飞机是否拾取道具、敌机是否撞击英雄飞机等

11.3.2 游戏框架实现

明确了 Game 类的设计之后，便可以开始游戏框架的实现工作。游戏框架的实现过程具体如下。

1. 定义游戏窗口尺寸的全局变量

在 game_items 模块中，定义一个表示游戏窗口尺寸的全局变量 SCREEN_RECT。该全局变量的值是使用 Rect 类创建的矩形对象，矩形对象的宽度和高度分别为 480px 和 700px，具体代码如下：

```
import pygame
# 游戏窗口区域
SCREEN_RECT = pygame.Rect(0, 0, 480, 700)
```

2. 实现 Game 类的基础代码

在 game 模块中定义 Game 类，并实现构造方法和重置游戏方法，具体代码如下：

```
import pygame
from game_items import *
from game_hud import *
from game_music import *
class Game(object):
    """游戏类"""
    def __init__(self):
        # 游戏主窗口
        self.main_window = pygame.display.set_mode(SCREEN_RECT.size)
        pygame.display.set_caption("飞机大战")
        # 游戏状态属性
        self.is_game_over = False                    # 游戏结束标记
        self.is_pause = False                        # 游戏暂停标记
    def reset_game(self):
        """重置游戏"""
        self.is_game_over = False                    # 游戏结束标记
        self.is_pause = False                        # 游戏暂停标记
```

在 Game 类中定义 event_handler()方法。event_handler()方法用于监听游戏循环中发生的事件，若监听到退出事件，返回 True，否则返回 False，具体代码如下：

```
def event_handler(self):
    """事件监听
    :return: 如果监听到退出事件，返回 True，否则返回 False
    """
    for event in pygame.event.get():
        if event.type == pygame.QUIT:    # 退出程序
            return True
        elif event.type == pygame.KEYDOWN and \
                          event.key == pygame.K_ESCAPE:  # 按 Esc 键
            return True
    return False
```

在 Game 类中定义 start()方法。start()方法用于开始游戏，该方法首先会创建游戏时钟，然后开启游戏循环，代码如下：

```
def start(self):
    """开始游戏"""
    clock = pygame.time.Clock()                     # 游戏时钟
    while True:
        if self.event_handler():                    # 监听事件
            return
        pygame.display.update()                     # 更新显示内容
        clock.tick(60)                              # 设置刷新帧率
```

以上方法首先通过 pygame.time 调用 Clock()方法创建了游戏时钟，然后设置了无限循环，使游戏持续运行直到退出条件满足时结束，在每次循环中通过调用 event_handler()方法监听游戏的事件，调用 update()方法更新游戏窗口中显示的内容，调用 tick()方法设置刷新帧率，以实现流畅的动画效果并减少计算机负荷。

3. 在 game 模块中启动游戏

在 game 模块的末尾增加以下代码，创建游戏对象并且启动游戏，具体代码如下：

```
if __name__ == '__main__':
    pygame.init()
    Game().start()
    pygame.quit()
```

运行游戏，可以看到成功创建的游戏主窗口，此时按 Esc 键或者单击窗口右上角的关闭按钮都可以退出游戏。

4. 使用空格键切换游戏状态

调整 event_handler()方法。在监听事件的循环体中，增加对按空格键事件的监听，并在监听到按空格键事件时切换游戏状态，具体代码如下：

```
elif event.type == pygame.KEYDOWN and event.key == pygame.K_SPACE:
    if self.is_game_over:                               # 游戏已经结束
        self.reset_game()
    else:                                               # 切换至暂停状态
        self.is_pause = not self.is_pause
```

在游戏循环中增加判断游戏状态的逻辑代码：若游戏已经结束，则输出游戏结束状态的提示文字；若游戏暂停，则输出游戏暂停状态的提示文字；若游戏正在进行中，则输出游戏状态的提示文字。修改后的代码如加粗部分所示：

```
def start(self):
    """开始游戏"""
    clock = pygame.time.Clock()                    # 游戏时钟
    while True:
        if self.event_handler():                   # 监听事件
            return
        # 判断游戏状态
        if self.is_game_over:
            print("游戏已经结束，按空格键重新开始")
        elif self.is_pause:
            print("游戏已经暂停，按空格键继续")
        else:
            print("游戏进行中")
        pygame.display.update()                    # 更新显示内容
        clock.tick(60)                             # 设置刷新帧率
```

运行游戏，不断按空格键，可以看到控制台中的游戏状态提示文字。某次执行时的提示文字如下：

```
游戏进行中
游戏已经暂停，按空格键继续
游戏进行中
```

值得一提的是，如果想要测试游戏结束后按空格键重新开始游戏的功能，可以先将构造方法中 is_game_over 属性的值暂时设置为 True，再进行测试。注意，测试结束后应将 is_game_over 属性的值设置为 False。

11.4 游戏背景和英雄飞机

飞机大战项目中需要管理多种游戏对象，如敌机、英雄飞机和子弹等。此外，还需要实现许多动画效果，如英雄飞机的飞行动画和被撞毁动画等。为了实现游戏对象的显示和动画效果，我们可以使用精灵和精灵组管理它们。本节将介绍精灵和精灵组，带领读者绘制游戏背景和英雄飞机，并实现游戏背景的连续滚动效果。

11.4.1 精灵和精灵组

Pygame 专门提供了两个类，即 Sprite 和 Group，分别表示精灵和精灵组。其中精灵是指游戏中显示图像的对象，比如英雄飞机、敌机、子弹等；精灵组用于保存和管理一组精灵对象。通过添加精灵对象到组中，可以实现一次性对组中的所有精灵对象进行操作，例如更新、绘制、碰撞检测等。

Sprite 和 Group 类中提供了一些便于操作精灵或精灵组的属性或方法，具体介绍如下。

1. Sprite 类

Sprite 是一个用于创建游戏中精灵对象的基类，该类中提供了一些属性和方法用于操作或管理精灵对象。Sprite 类的常用属性和方法如表 11-8 所示。

表 11-8　Sprite 类的常用属性和方法

类型	名称	说明
属性	image	用于存储精灵对象的图像内容。这个图像可以是从磁盘上加载的图片，也可以是通过字体渲染出的文本内容。注意，Sprite 的子类中必须手动设置 image 属性
	rect	表示精灵对象在游戏窗口中的矩形区域。注意，Sprite 的子类中必须手动设置 rect 属性
方法	update(*args, **kwargs)	用于更新精灵对象的状态和属性。默认情况下，此方法不执行任何操作。Sprite 的子类可以重写 update() 方法实现自定义的更新逻辑，例如改变精灵的位置或显示内容
	add(*groups)	将精灵添加到指定的精灵组中
	remove(*groups)	将精灵从指定的精灵组中移除
	kill()	将精灵从所有精灵组中移除并销毁

值得一提的是，Sprite 只是一个基类，实际开发中需要派生 Sprite 的子类，通过其子类创建精灵对象。

2. Group 类

Group 是一个包含多个精灵的容器类，该类中提供了一些用于管理精灵的常用方法。Group 类的常用方法如表 11-9 所示。

表 11-9　Group 类的常用方法

名称	说明
update(*args, **kwargs)	更新组内所有精灵的状态，如位置或显示内容等
draw(surface)	在指定区域一次性绘制组内的所有精灵对象
sprites()	返回精灵组中所有精灵的列表
add(*sprites)	向精灵组中添加一个或多个精灵
remove(*sprites)	从精灵组中移除一个或多个精灵
empty()	清空精灵组中所有的精灵

11.4.2　派生游戏精灵子类

根据 Pygame 官方文档的建议，我们应该在实际开发中使用派生自游戏精灵类 Sprite 类的子类，而不是直接使用 Sprite 类。以下是关于派生自 Sprite 类的子类的注意事项，具体内容如下。

- 子类可以重写 update()方法。
- 子类必须为 image 和 rect 属性赋值。
- 子类的构造方法可以接收任意数量的精灵组对象，以将创建完成的精灵对象添加到指定的精灵组中。
- 子类的构造方法中必须调用父类的构造方法，这样才能向精灵组中添加精灵。

在 game_items 模块中定义派生自 Sprite 类的子类 GameSprite，GameSprite 类的类图如图 11-10 所示。

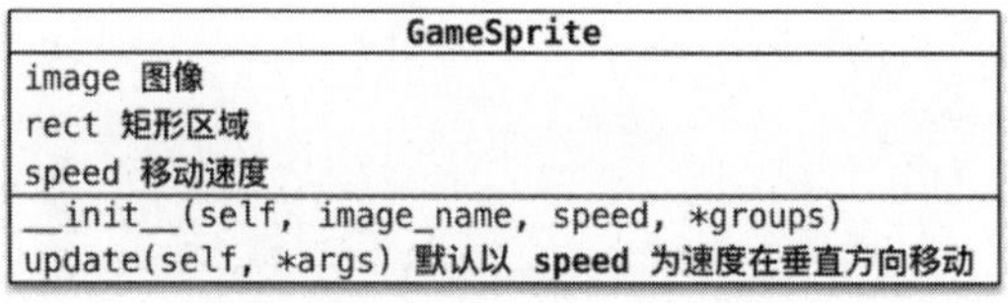

GameSprite
image 图像 rect 矩形区域 speed 移动速度
__init__(self, image_name, speed, *groups) update(self, *args) 默认以 speed 为速度在垂直方向移动

图11-10　GameSprite类的类图

下面根据图 11-10 定义 GameSprite 类，具体代码如下：

```
class GameSprite(pygame.sprite.Sprite):
    """游戏精灵类"""
    res_path = "./res/images/"                    # 图片资源路径
    def __init__(self, image_name, speed, *groups):
        """构造方法
        :param image_name: 要加载的图像名
        :param speed: 移动速度，0 表示静止
        :param groups: 要添加精灵的精灵组，若不传递该参数则不会添加精灵到任何精灵组
        """
        super().__init__(*groups)
        # 图像
        self.image = pygame.image.load(self.res_path + image_name)
        self.rect = self.image.get_rect()        # 矩形区域，默认在游戏窗口的左上角
        self.speed = speed                       # 移动速度
    def update(self, *args):
        """更新精灵位置，精灵默认在垂直方向移动
        :param args:
        """
        self.rect.y += self.speed
```

值得一提的是，GameSprite 类定义了飞机大战项目中大部分精灵类的通用特征和功能，它将作为其他精灵类的基类使用。

11.4.3 绘制游戏背景和英雄飞机

按照 Game 类的类图，我们在 Game 类的构造方法中创建 3 个精灵组，并且创建背景精灵和英雄飞机精灵，代码如下：

```
# 精灵组属性
self.all_group = pygame.sprite.Group()                  # 所有精灵组
self.enemies_group = pygame.sprite.Group()              # 敌机精灵组
self.supplies_group = pygame.sprite.Group()             # 道具精灵组
# 创建精灵
# 创建背景精灵，它向下方移动
GameSprite("background.png", 1, self.all_group)
# 创建英雄飞机精灵，它静止不动
hero = GameSprite("me1.png", 0, self.all_group)
hero.rect.center = SCREEN_RECT.center                   # 显示在游戏窗口中央
```

在判断游戏状态的代码之后、更新显示内容的代码之前增加负责绘制和更新所有精灵的代码，修改后的代码如下：

```
def start(self):
    …
    # 判断游戏状态
    if self.is_game_over:
        print("游戏已经结束，按空格键重新开始…")
    elif self.is_pause:
        print("游戏已经暂停，按空格键继续…")
    else:
```

```
        # 更新 all_group 中的所有精灵内容
        self.all_group.update()
    # 绘制 all_group 中的所有精灵
    self.all_group.draw(self.main_window)
    pygame.display.update()                          # 更新显示内容
    clock.tick(60)                                   # 设置刷新帧率
```

运行游戏，可以在游戏窗口中看到缓缓向下移动的星空背景和英雄飞机，如图 11-11 所示。

图11-11　游戏窗口中显示星空背景和英雄飞机

11.4.4　实现游戏背景连续滚动

当我们运行 11.4.3 小节实现的程序时，可能会注意到游戏刚启动时，背景图像填满了整个游戏窗口。但是随着背景图像缓慢向下移动，游戏窗口上方出现一个越来越大的灰色无图区域。那么，如何实现背景图像的连续滚动效果呢？可以使用两个背景精灵（背景精灵 1 和背景精灵 2）来实现。图 11-12 所示是使用这两个背景精灵实现背景图像连续滚动的原理。

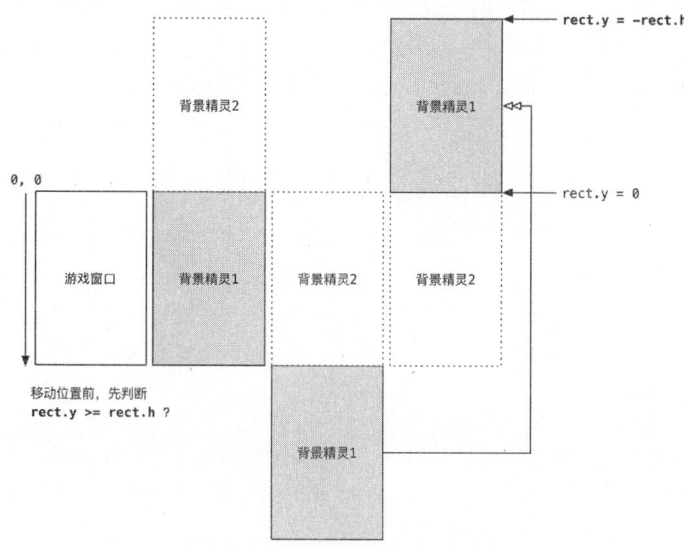

图11-12　使用两个背景精灵实现背景图像连续滚动的原理

图 11-12 描述了使用两个背景精灵实现背景图像连续滚动的原理，连续滚动的完整过程可以拆分成以下步骤。

（1）背景精灵 1 与窗口重合；背景精灵 2 在窗口的正上方，与背景精灵 1 连接。

（2）两个背景精灵同时向下移动。

（3）当背景精灵 1 移出窗口时，背景精灵 2 正好完全显示在窗口上。

（4）背景精灵 1 立即移动到窗口的上方，与背景精灵 2 连接。

（5）回到步骤（2）。

在使用代码实现时，可以通过检查背景精灵的 y 值（纵坐标）是否大于或等于窗口的 h 值（高度）来判断背景精灵是否移出窗口。如果背景精灵已经移出窗口，则可以将背景精灵的 y 值设置为窗口高度的负值，使其从窗口下方移动到窗口的上方。

理解了背景图像连续滚动的原理之后，下面根据背景图像的特征和行为设计背景精灵类 Background。Background 类的类图如图 11-13 所示。

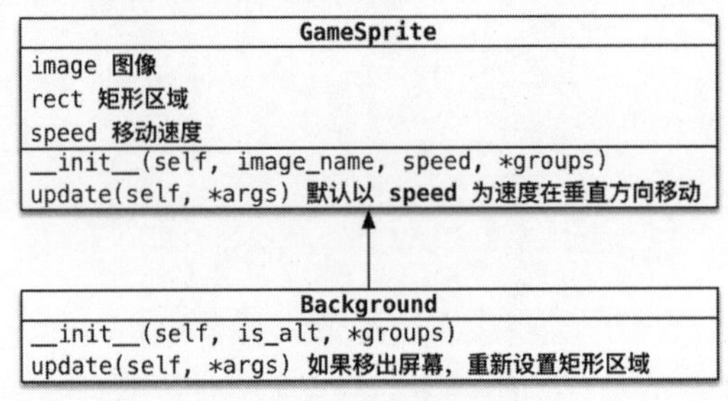

图11-13　Background类的类图

由图 11-13 可知，Background 类继承自 GameSprite，并且包含重写的构造方法__init__()和 update()方法。__init__()方法中有一个参数 is_alt，用于区别两个背景精灵：若 is_alt 的值为 False，表示背景精灵 1 的初始矩形区域应该与游戏窗口重叠；若 is_alt 的值为 True，表示背景精灵 2 的初始矩形区域应该在游戏窗口的正上方。

需要说明的是，Background 类中之所以要重写 update()方法，是因为需要判断背景精灵是否已经移出游戏窗口。一旦检测到背景精灵已经移出游戏窗口，就需要将背景精灵重新定位到游戏窗口正上方，以实现连续滚动的效果。

在 game_items 文件中，添加 Background 类的定义，具体代码如下：

```
class Background(GameSprite):
    """背景精灵类"""
    def __init__(self, is_alt, *groups):
        # 调用父类方法实现精灵的创建
        super().__init__("background.png", 1, *groups)
        # 判断是否是背景精灵 2，如果是则需要设置初始位置
        if is_alt:
            self.rect.y = -self.rect.h        # 将精灵设置到窗口上方
    def update(self, *args):
        # 调用父类的方法实现向下移动的效果
        super().update(*args)                 # 向下移动
        # 判断精灵是否移出窗口，如果移出窗口，将精灵设置到窗口上方
        if self.rect.y >= self.rect.h:
            self.rect.y = -self.rect.h
```

修改 Game 类中创建背景精灵的代码，实现创建两个背景精灵并将它们全部添加到精灵组中，具体代码如下：

```
def __init__(self):
    # 游戏主窗口
    self.main_window = pygame.display.set_mode(SCREEN_RECT.size)
    pygame.display.set_caption("飞机大战")
    …
    # 创建两个背景精灵，二者交替位置实现连续滚动
    self.all_group.add(Background(False), Background(True))
```

运行游戏，可以看到背景图像持续向窗口下方移动，没有出现无背景图像的情况，如图 11-14 所示。

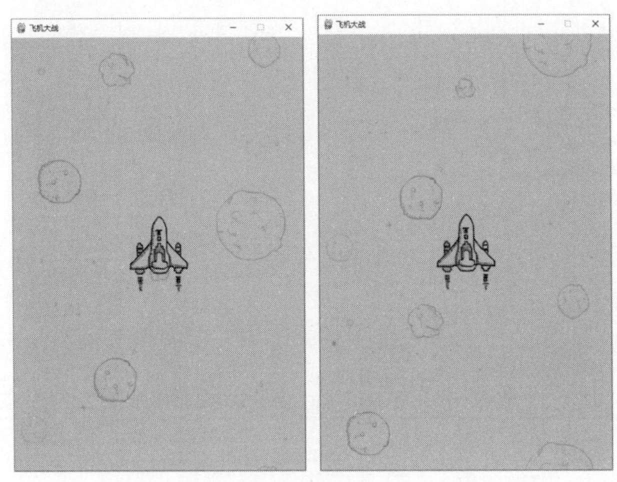

图11-14　背景图像持续向窗口下方移动

11.5　指示器面板

指示器面板又称 HUD（Headup Display，平视显示器），是航空器上的飞行辅助仪器。在游戏开发中，我们借鉴了指示器面板概念，以类似的方式将游戏相关信息显示在游戏画面上，使玩家能够随时直接了解重要的游戏信息。本节将介绍指示器面板的相关内容。

11.5.1　指示器面板类的设计

在飞机大战游戏中，指示器面板负责显示与游戏状态和数据相关的内容，包括游戏状态图像、得分、炸弹图像、炸弹数量、英雄飞机生命数量等，同时还会在游戏暂停或结束时在游戏窗口中央显示相应的提示信息。

指示器面板类 HUDPanel 类的类图如图 11-15 所示。

关于 HUDPanel 类的属性和方法的介绍如下。

1. HUDPanel 类的属性

HUDPanel 类的属性可以分为游戏数据属性和精灵属性，其中游戏数据属性是指示器面板中变化的一些数据；精灵属性是指示器面板中显示图像的一些精灵，关于它们的介绍如下。

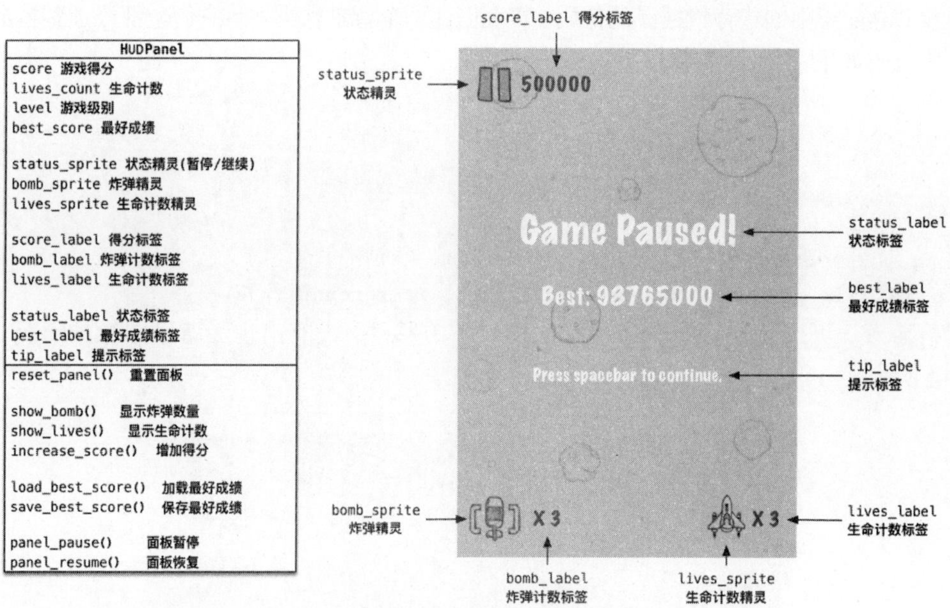

图11-15　HUDPanel类的类图

（1）游戏数据属性

HUDPanel 类中封装了 4 个与游戏数据相关的属性，如表 11-10 所示。

表 11-10　HUDPanel 类的游戏数据属性

属性	说明
score	得分，初始值为 0
lives_count	生命计数，即英雄飞机的生命数量，初始值为 3
level	游戏级别，初始值为 1
best_score	最好成绩，保存在 record.txt 文件中

（2）精灵属性

HUDPanel 类中封装了 3 个图像精灵和 6 个标签精灵属性，如表 11-11 所示。

表 11-11　HUDPanel 类的精灵属性

属性	说明
status_sprite	状态精灵，显示在游戏窗口左上角
bomb_sprite	炸弹精灵，显示在游戏窗口左下角
lives_sprite	生命计数精灵，显示在游戏窗口右下角
score_label	得分标签，显示在状态精灵的右侧
bomb_label	炸弹计数标签，显示在炸弹精灵的右侧
lives_label	生命计数标签，显示在生命计数精灵的右侧
status_label	状态标签，显示在最好成绩标签上方，标签的文字内容为 Game Over! 或者 Game Paused!
best_label	最好成绩标签，显示在游戏窗口中央
tip_label	提示标签，显示在最好成绩标签下方，游戏暂停或者结束时的文字内容分别为 “Press spacebar to continue.” 或 Press spacebar to play again.”

需要注意的是，HUDPanel 类的功能仅限于游戏数据的维护和指示器面板相关精灵的创建，而精灵的绘制和更新操作主要在游戏循环中进行。为此，可以考虑在 HUDPanel 类的构造方法中添加一个 display_group 参数，通过该参数传递负责更新和绘制的精灵组对象（即显示精灵组）。这样，在创建 HUDPanel 类的对象时，可以将创建好的精灵添加到精灵组中，并在游戏循环中进行统一的绘制和更新操作。

2. HUDPanel 类的方法

HUDPanel 类中封装了众多负责显示和更新数据、游戏状态的方法，如表 11-12 所示。

表 11-12　HUDPanel 类的方法

方法	说明
reset_panel()	重置面板。开启新一轮游戏之前，将游戏数据属性恢复为初始值
show_bomb()	显示炸弹数量。根据传入的炸弹数量，更改炸弹计数标签显示内容
show_lives()	显示生命计数。使用英雄飞机生命数量更新生命计数标签显示内容
increase_score()	增加得分。根据消灭的敌机分值增加得分、计算是否奖励生命数量、调整最好成绩以及计算游戏级别，并且更改得分标签显示内容
load_best_score()	加载最好成绩。从 record.txt 文件中加载最好成绩
save_best_socre()	保存最好成绩。将最好成绩保存到 record.txt 文件中
panel_pause()	面板暂停。当游戏暂停或结束时，在游戏窗口中央位置显示游戏暂停或结束的提示信息
panel_resume()	面板恢复。当游戏运行时，隐藏游戏窗口中央位置的提示信息

11.5.2　指示器面板类的准备

明确了指示器面板类的设计之后，下面完成指示器面板类的准备工作，包括定义指示器面板类、设计状态按钮类以及创建图像精灵，具体内容如下。

1. 定义指示器面板类

在 game_hud 模块中定义 HUDPanel 类，并在该类的构造方法中添加游戏属性，具体代码如下：

```
import pygame
from game_items import *
class HUDPanel:
    """指示器面板类"""
    def __init__(self, display_group):
        """构造方法
        :param display_group: 面板中要添加精灵的显示精灵组
        """
        # 游戏属性
        self.score = 0                                    # 得分
        self.lives_count = 3                              # 生命计数
        self.level = 1                                    # 游戏级别
        self.best_score = 0                               # 最好成绩
```

需要注意的是，HUDPanel 类本身并不是一个精灵，它只是一个负责管理游戏数据以及多个精灵的面板。

2. 设计状态按钮类

根据游戏规则，当玩家按空格键暂停或继续游戏时，游戏窗口左上角的游戏状态精灵会根据操作发生相应的变化。为了方便后续的代码编写，我们可以从 GameSprite 类派生一个子类 StatusButton 类，通过 StatusButton 类来处理游戏状态图像的切换操作。StatusButton 类的类图如图 11-16 所示。

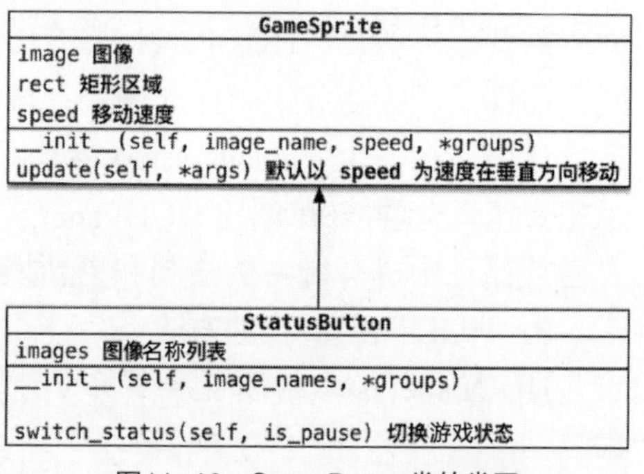

图11-16　StatusButton类的类图

由图 11-16 可知，StatusButton 类包含一个 images 属性、__init__()构造方法和 switch_status()方法。其中 images 属性用于记录游戏状态精灵需要使用的两个图像，switch_status()方法可以根据 is_pause 参数设置游戏状态精灵应该显示的图像。

接下来，在 game_items 模块中定义一个继承 GameSprite 类的子类 StatusButton 类，具体代码如下：

```
class StatusButton(GameSprite):
    """状态按钮类"""
    def __init__(self, image_names, *groups):
        """构造方法
        :param image_names: 要加载的图像的名称列表
        :param groups: 要添加精灵的精灵组
        """
        super().__init__(image_names[0], 0, *groups)
        # 加载图像
        self.images = [pygame.image.load(self.res_path + name)
                       for name in image_names]
    def switch_status(self, is_pause):
        """切换游戏状态
        :param is_pause: 是否暂停
        """
        self.image = self.images[1 if is_pause else 0]
```

3. 创建图像精灵

在 HUDPanel 类的构造方法中创建指示器面板中的图像精灵，包括窗口左上角的游戏状态精灵（暂停或继续图像）、左下角的炸弹精灵（炸弹图像），以及右下角的生命计数精灵（小英雄飞机图像），具体步骤如下。

首先，在 HUDPanel 类中的构造方法上方定义一些类属性，方便后续可以设置精灵的矩形区域和标签精灵的字体颜色，具体如加粗代码所示：

```
class HUDPanel(object):
    """指示器面板类"""
    margin = 10                                 # 精灵的间距
    white = (255, 255, 255)                     # 白色
    gray = (64, 64, 64)                         # 灰色
    def __init__(self, display_group):
        …
```

然后，在构造方法的末尾创建精灵并设置精灵的显示位置，具体代码如下：

```
# 创建图像精灵
# 创建游戏状态精灵
self.status_sprite = StatusButton(("pause.png", "resume.png"),
                                  display_group)
self.status_sprite.rect.topleft = (self.margin, self.margin)
```

```
# 创建炸弹精灵
self.bomb_sprite = GameSprite("bomb.png", 0, display_group)
self.bomb_sprite.rect.x = self.margin
self.bomb_sprite.rect.bottom = SCREEN_RECT.bottom - self.margin
# 创建生命计数精灵
self.lives_sprite = GameSprite("life.png", 0, display_group)
self.lives_sprite.rect.right = SCREEN_RECT.right - self.margin
self.lives_sprite.rect.bottom = SCREEN_RECT.bottom - self.margin
```

最后，在 Game 类的构造方法末尾创建指示器面板对象，具体代码如下：

```
# 指示器面板
self.hud_panel = HUDPanel(self.all_group)
```

运行游戏，可以看到游戏窗口的左上方、左下方以及右下方的位置分别显示了暂停图像、炸弹图像和小英雄飞机图像，如图 11-17 所示。

图11-17　游戏窗口中显示的图像

11.5.3　使用精灵实现文本标签

图 11-17 所示的游戏窗口中已经显示了暂停图像、炸弹图像和小英雄飞机图像。接下来，我们实现与这些图像对应的文本标签的相关功能。由于系统字体不太符合游戏的视觉风格，所以我们需要使用自定义字体定义文本标签精灵，之后创建指示器面板的文本标签精灵，具体内容如下。

1. 使用自定义字体定义文本标签精灵

Pygame 的 font 模块提供了 SysFont 类，使用 SysFont 类可以创建系统字体对象，实现在游戏窗口中绘制文字内容。但使用系统字体存在以下几点限制。

- 不够美观。一般操作系统默认提供的字体大多比较规整，直接应用到游戏中，呈现的效果比较呆板。
- 不支持跨平台。不同操作系统使用的系统字体的名称不同，当一个程序被移植到其他类型的操作系统运行时，可能会导致文字内容无法被正确显示。

在游戏开发中，我们既希望拥有美观的字体，又需要确保游戏能够跨平台运行。为了实现这一目标，使用自定义字体将是一个不错的选择。使用自定义字体的方法是将字体文件与程序文件保存在同一个目录下。在程序执行时，可以直接加载并使用该目录下的字体文件；而在程序移植时，只需将字体文件复制到相应的目录即可。

Pygame 的 font 模块还提供了 Font 类，使用 Font 类可以创建自定义字体对象。在 game_items 模块中派生一个 pygame.sprite.Sprite 类的子类 Label。Label 类的类图如图 11-18 所示。

Label
font 字体对象 color 文本的颜色 image 文本内容渲染生成的图像 rect 文本图像矩形区域
__init__(self, text, size, color, *groups) set_text(self, text) 使用 text 重新渲染并更新 rect

图11-18 Label类的类图

需要注意的是，因为文本标签的内容并不需要在每一次游戏循环执行时发生变化，所以 Label 类无须重写 update()方法。在游戏执行过程中，如果希望更改文本标签的内容，可以通过 set_text()方法重新渲染文本图像，并且更新其矩形区域。

下面根据 Label 类的类图，在 game_items 模块中定义一个继承 pygame.sprite.Sprite 的 Label 类，具体代码如下：

```
class Label(pygame.sprite.Sprite):
    """文本标签精灵"""
    font_path = "./res/font/MarkerFelt.ttc"    # 字体文件路径
    def __init__(self, text, size, color, *groups):
        """构造方法
        :param text: 文本内容
        :param size: 字体大小
        :param color: 字体颜色
        :param groups: 要添加精灵的精灵组
        """
        super().__init__(*groups)
        self.font = pygame.font.Font(self.font_path, size)
        self.color = color
        self.image = self.font.render(text, True, self.color)
        self.rect = self.image.get_rect()
    def set_text(self, text):
        """设置文本，使用指定的文本重新渲染 image，并且更新 rect
        :param text: 文本内容
        """
        self.image = self.font.render(text, True, self.color)
        self.rect = self.image.get_rect()
```

2. 创建指示器面板的文本标签精灵

在 HUDPanel 类的构造方法末尾创建指示器面板的文本标签精灵，代码如下：

```
# 创建文本标签精灵
# 得分标签
self.score_label = Label("%d" % self.score, 32, self.gray,
                         display_group)
self.score_label.rect.midleft = (self.status_sprite.rect.right +
                    self.margin, self.status_sprite.rect.centery)
# 炸弹计数标签
self.bomb_label = Label("X 3", 32, self.gray, display_group)
self.bomb_label.rect.midleft = (self.bomb_sprite.rect.right +
                   self.margin, self.bomb_sprite.rect.centery)
# 生命计数标签
self.lives_label = Label("X %d" % self.lives_count, 32,
                         self.gray, display_group)
self.lives_label.rect.midright = (SCREEN_RECT.right - self.margin,
                                  self.bomb_label.rect.centery)
```

```
# 调整生命计数精灵位置
self.lives_sprite.rect.right = self.lives_label.rect.left - self.margin
# 最好成绩标签
self.best_label = Label("Best: %d" % self.best_score, 36, self.white,
                                              display_group)
self.best_label.rect.center = SCREEN_RECT.center
# 状态标签
self.status_label = Label("Game Over!", 48, self.white, display_group)
self.status_label.rect.midbottom = (self.best_label.rect.centerx,
                        self.best_label.rect.y - 2 * self.margin)
# 提示标签
self.tip_label = Label("Press spacebar to play again.", 22,
                       self.white, display_group)
self.tip_label.rect.midtop = (self.best_label.rect.centerx,
                       self.best_label.rect.bottom + 8 * self.margin)
```

值得一提的是，在设定文本标签精灵的位置时，既可以参照之前的游戏示意图，依次根据选好的每一个标签精灵的参照物设定，也可以每设置一次标签精灵的位置后进行运行测试，以确保每个标签精灵能显示在正确的位置。

运行游戏，可以在游戏窗口的左上、左下以及右下方位置看到图像对应的文本标签，如图 11-19 所示。

图11-19 游戏窗口中显示图像对应的文本标签

需要注意的是，此时的指示器面板存在以下一些问题：

- 得分、炸弹计数、生命计数的数据不会变化；
- 最好成绩始终为 0；
- 提示信息不会随着游戏状态的变化而变化，而始终显示在游戏窗口中央的位置。

关于上述提到的指示器面板问题，会在后续的小节中逐一解决。

11.5.4 显示和修改游戏数据

HUDPanel 类封装了 3 个方法，即 show_bomb()、show_lives()、increase_score()，分别用于实现显示炸弹数量、显示生命计数、增加得分的功能，下面依次实现这几个功能。

1. 显示炸弹数量

根据游戏介绍，英雄飞机出场后默认会携带 3 颗炸弹，且会在玩家按 b 键时引爆炸弹。引爆炸弹后，游戏窗口左下角的炸弹数量会减少。为了测试游戏是否能够正常监听按 b 键的事件，这里先以随机数为例实现显示炸弹数量的功能，即玩家按 b 键后显示随机的炸弹数量，具体步骤如下。

首先，在 HUDPanel 类中实现 show_bomb()方法，通过 show_bomb()方法的参数更新炸弹计数标签的显示内容，具体代码如下：

```
def show_bomb(self, count):
    """显示炸弹数量
    :param count: 要显示的炸弹数量
    """
    # 设置炸弹计数标签文字
```

```
    self.bomb_label.set_text("X %d" % count)
    # 设置炸弹计数标签位置
    self.bomb_label.rect.midleft = (self.bomb_sprite.rect.right +
                    self.margin, self.bomb_sprite.rect.centery)
```

然后，在 game 模块的顶部导入 random 模块，代码如下：

```
import random
```

最后，在 Game 类的 event_handler()方法中添加代码，监听玩家按 b 键的事件，并使用随机数测试显示的炸弹数量，具体如加粗代码所示：

```
def event_handler(self):
  …
    elif event.type == pygame.KEYDOWN and event.key == pygame.K_SPACE:
      if self.is_game_over:  # 游戏已经结束
        self.reset_game()
      else:  # 切换至暂停状态
        self.is_pause = not self.is_pause
    # 判断是否正在游戏
    if not self.is_game_over and not self.is_pause:
      # 监听玩家按 b 键的事件，引爆炸弹
      if event.type == pygame.KEYDOWN and event.key == pygame.K_b:
        # 测试炸弹数量变化
        self.hud_panel.show_bomb(random.randint(0, 100))
  return False
```

运行游戏，游戏窗口左侧显示的炸弹数量为 3，按 b 键，炸弹数量变为 90，再次按 b 键，炸弹数量变为 61。游戏窗口左下角炸弹数量的变化情况如图 11-20 所示。

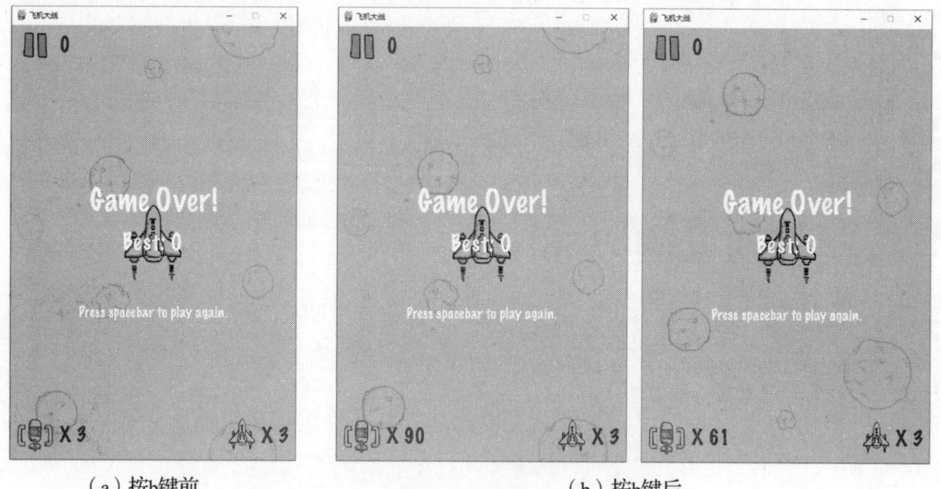

（a）按b键前　　（b）按b键后

图11-20　游戏窗口左下角炸弹数量的变化情况

2. 显示生命计数

按照游戏介绍，英雄飞机被敌机撞毁后，游戏窗口右下角的生命计数应该相应减少；英雄飞机每得到 10 万分生命数量增加 1，游戏窗口右下角的生命计数应该相应增加。为了测试游戏是否能够正常显示生命计数，这里先以随机数为例实现显示生命计数的功能，即玩家按 b 键后显示随机的生命计数，具体步骤如下。

在 HUDPanel 类中定义 show_lives()方法，使用生命计数属性值更新生命计数标签的显示内容，代码如下：

```
def show_lives(self):
    """显示生命计数"""
    # 设置生命计数标签文字
    self.lives_label.set_text("X %d" % self.lives_count)
    # 设置生命计数标签位置
    self.lives_label.rect.midright = (SCREEN_RECT.right - self.margin,
                                      self.bomb_label.rect.centery)
    # 调整生命计数精灵位置
    self.lives_sprite.rect.right = self.lives_label.rect.left - \
                                   self.margin
```

修改 Game 类的 event_handler()方法，在监听到玩家按 b 键的事件后，使用随机数测试生命计数的显示，代码如下：

```
# 判断是否正在游戏
if not self.is_game_over and not self.is_pause:
    # 监听玩家按 b 键的事件，引爆炸弹
    if event.type == pygame.KEYDOWN and event.key == pygame.K_b:
        # 测试炸弹数量变化
        self.hud_panel.show_bomb(random.randint(0, 100))
        # 测试生命计数的变化
        self.hud_panel.lives_count = random.randint(0, 10)
        self.hud_panel.show_lives()
```

运行游戏，按 b 键，可以在游戏窗口的右下角位置看到生命计数的变化。

3. 增加得分

根据游戏介绍，每当英雄飞机摧毁一架敌机之后，得分应该相应增加，且根据摧毁的敌机类型增加相应的分值。需要注意的是，随着得分的增加，其他游戏属性可能会受到影响，包括生命计数、最好成绩和游戏级别，具体如下。

（1）生命计数。英雄飞机每得到 10 万分生命数量增加 1。

（2）最好成绩。若当前得分超过了历史最好成绩，将当前的得分设置为最好成绩。

（3）游戏级别。当前得分超过了级别预设的分值后，会自动进入下一级别。级别不同，游戏中敌机的类型、数量和速度不同。

因此，在增加得分时，除了要实现根据摧毁敌机的分值增加得分的功能之外，还需处理与之相关的生命计数、最好成绩以及游戏级别。下面分步骤实现这些功能。

首先，在 HUDPanel 类的构造方法上方定义几个类属性，方便后续计算生命数量和游戏级别，具体代码如下：

```
reward_score = 100000                              # 奖励分值
level2_score = 10000                               # 级别 2 的分值
level3_score = 50000                               # 级别 3 的分值
```

然后，在 HUDPanel 类中实现 increase_score()方法，用于增加得分，并处理与得分有关的生命计数、最好成绩以及游戏级别，具体代码如下：

```
def increase_score(self, enemy_score):
    """增加得分
    :param enemy_score: 摧毁敌机的分值
    :return: 增加 enemy_score 后，游戏级别是否提升
    """
```

```
    # 得分
    score = self.score + enemy_score
    # 判断是否奖励生命数量
    if score // self.reward_score != self.score // self.reward_score:
        self.lives_count += 1
        self.show_lives()
    self.score = score
    # 最好成绩
    self.best_score = score if score > self.best_score \
                      else self.best_score
    # 游戏级别
    if score < self.level2_score:
        level = 1
    elif score < self.level3_score:
        level = 2
    else:
        level = 3
    is_upgrade = level != self.level
    self.level = level
    # 修改得分标签内容和位置
    self.score_label.set_text("%d" % self.score)
    self.score_label.rect.midleft = (self.status_sprite.rect.right +
                         self.margin, self.status_sprite.rect.centery)
    return is_upgrade
```

最后，在 Game 类的游戏循环中增加测试 increase_score()方法的代码，具体如下：

```
else:
    # 测试修改得分
    if self.hud_panel.increase_score(100):
        print("升级到关卡 %d" % self.hud_panel.level)
    # 更新 all_group 中所有精灵内容
    self.all_group.update()
```

运行游戏，可以看到游戏窗口左上角的得分快速地发生变化，达到奖励分值后，游戏窗口右下角的生命计数增加，如图 11-21 所示。

图11-21　得分和生命计数都增加

此外，游戏级别提升后，控制台中输出的信息如下所示：

```
升级到关卡 2
升级到关卡 3
```

11.5.5　保存和加载最好成绩

最好成绩是一个永久记录，不会因为游戏的退出而丢失，因此需要对其进行持久化存储。考虑到最好成绩占据的数据量比较小，可以直接采用文件方式存储。

在 HUDPanel 类的类图中，设计了 save_best_score()方法和 load_best_score()方法，分别用于保存和加载最好成绩。下面分别实现 save_best_score()方法和 load_best_score()方法，并在适当的位置调用这两个方法，以保存和加载最好成绩，具体内容如下。

1. 保存最好成绩

首先，在 HUDPanel 类的构造方法上方定义一个类属性，使用该属性指定保存最好成绩的文件名，代码如下：

```
record_filename = "record.txt"                    # 指定保存最好成绩的文件名
```

然后，在 HUDPanel 类中实现 save_best_score()方法，代码如下：

```
def save_best_score(self):
    """将最好成绩写入 record.txt"""
    file = open(self.record_filename, "w")
    file.write("%d" % self.best_score)
    file.close()
```

最后，修改 Game 类的游戏循环，在游戏退出之前，调用指示器面板的 save_best_score()方法，修改后的代码如加粗部分所示：

```
def start(self):
    """开始游戏"""
    …
        if self.event_handler():                  # 监听事件
            self.hud_panel.save_best_score()
            return
    …
```

运行游戏，等到得分增长到一定数值后，按 Esc 键退出游戏，此时可以看到飞机大战项目目录下新建了 record.txt 文件，record.txt 文件中保存了游戏退出时记录的最好成绩，如图 11-22 所示。

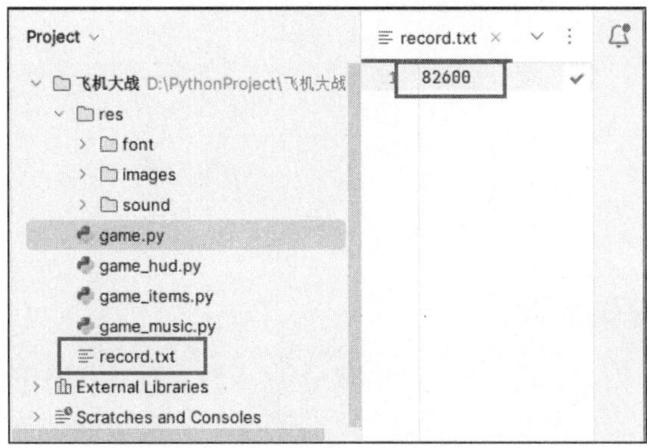

图11-22　record.txt文件中保存的最好成绩

2. 加载最好成绩

游戏结束后会在窗口中央显示最好成绩，因此我们需要从 record.txt 文件中加载最好成绩。在 HUDPanel 类中实现 load_best_score()方法，代码如下：

```
def load_best_score(self):
    """从 record.txt 中加载最好成绩"""
    try:
        file = open(self.record_filename)
        txt = file.readline()
        file.close()
        self.best_score = int(txt)
    except (FileNotFoundError, ValueError):
        print("文件不存在或者类型转换错误")
```

修改 HUDPanel 类的构造方法，在定义完游戏属性之后，调用 load_best_score()方法加载最好成绩，修改后的代码如加粗部分所示：

```
def __init__(self, display_group):
    """构造方法
    :param display_group: 面板中要添加精灵的显示精灵组
    """
    # 游戏属性
    self.score = 0                                        # 得分
    self.lives_count = 3                                  # 生命计数
    self.level = 1                                        # 游戏级别
    self.best_score = 0                                   # 最好成绩
    self.load_best_score()                                # 加载最好成绩
    …
```

运行游戏，可以看到游戏窗口中央位置显示了之前保存的最好成绩，如图 11-23 所示。

图11-23 游戏窗口中央位置显示最好成绩

11.5.6 显示游戏状态

游戏状态一共有 3 种：进行、暂停和结束。在不同的游戏状态下，指示器面板上显示的提示信息不同。指示器面板按照游戏的状态可以分为暂停面板和恢复面板，其中暂停面板是游戏处于暂停或者结束状态的面板，恢复面板是游戏处于进行状态的面板。

当游戏暂停或者结束时，游戏窗口的中央位置会显示提示信息，其他位置的数据不会发生变化；当游戏进行时，游戏窗口的中央位置不会显示提示信息，其他位置的数据会随着游戏的推进而变化。

下面先带领读者理解精灵组的绘制顺序，再实现暂停面板和恢复面板。

1. 理解精灵组的绘制顺序

指示器面板上的文字应该显示在其他元素之上，也就是说，游戏窗口上显示的元素是有顺序的，那么怎样实现特定的显示效果呢？我们观察 Game 类的构造方法中创建精灵的这部分代码，具体代码如下：

```
# 创建精灵
# 创建两个背景精灵，二者交替位置实现连续滚动
self.all_group.add(Background(False), Background(True))
# 创建英雄飞机精灵，它静止不动
hero = GameSprite("me1.png", 0, self.all_group)
hero.rect.center = SCREEN_RECT.center  # 显示在窗口中央
# 指示器面板
self.hud_panel = HUDPanel(self.all_group)
```

由以上代码可知，精灵加入精灵组的顺序为：背景精灵→英雄飞机精灵→指示器面板。若精灵加入精灵组的顺序发生变化，即先将指示器面板加入精灵组，再将英雄飞机精灵加入精灵组，此时运行游戏后可以看到英雄飞机位于提示信息上方。之所以出现这种现象，是因为调用精灵组的 draw()方法时会按照向精灵组中添加的先后顺序绘制精灵，也就是说先添加的精灵先被绘制，而后添加的精灵会覆盖在之前已经绘制的精灵之上。

2. 实现暂停面板和恢复面板

无论是暂停面板还是恢复面板，其提示信息必须显示在窗口的其他元素之上。为了实现这种显示效果，我们可以在创建指示器面板时只创建 3 个提示标签精灵，暂时先不将这 3 个精灵添加到显示精灵组。

当游戏暂停或结束时，设置 3 个提示标签精灵的文字和显示位置，然后将提示标签精灵添加到显示精灵组；当游戏进行时，将 3 个提示标签精灵从显示精灵组中移除即可。这样做就可以保证这 3 个提示标签精灵的文本信息显示在整个窗口的最上层。

明确了基本思路后，接下来编写代码实现暂停面板和恢复面板的功能，具体步骤如下。

首先，修改 HUDPanel 类中构造方法的代码，在创建 3 个提示标签精灵时不传递显示精灵组，修改后的代码如下：

```
# 最好成绩标签
self.best_label = Label("Best: %d" % self.best_score, 36, self.white)
# 状态标签
self.status_label = Label("Game Over!", 48, self.white)
# 提示标签
self.tip_label = Label("Press spacebar to play again.", 22, self.white)
```

运行游戏，可以看到游戏窗口中没有任何提示信息。

其次，在 HUDPanel 类中实现暂停面板的 panel_pause()方法，代码如下：

```
def panel_pause(self, is_game_over, display_group):
    """面板暂停
    :param is_game_over: 是否因为游戏结束需要暂停
    :param display_group: 显示精灵组
```

```
    """
    # 判断是否已经添加了精灵，如果是直接返回
    if display_group.has(self.status_label,
                         self.tip_label,
                         self.best_label):
        return
    # 根据是否结束游戏决定要显示的文字
    text = "Game Over!" if is_game_over else "Game Paused!"
    tip = "Press spacebar to "
    tip += "play again." if is_game_over else "continue."
    # 设置标签文字
    self.best_label.set_text("Best: %d" % self.best_score)
    self.status_label.set_text(text)
    self.tip_label.set_text(tip)
    # 设置标签位置
    self.best_label.rect.center = SCREEN_RECT.center
    best_rect = self.best_label.rect
    self.status_label.rect.midbottom = (best_rect.centerx,
                                        best_rect.y - 2 * self.margin)
    self.tip_label.rect.midtop = (best_rect.centerx,
                                  best_rect.bottom + 8 * self.margin)
    # 添加到精灵组
    display_group.add(self.best_label, self.status_label, self.tip_label)
    # 切换游戏状态精灵状态
    self.status_sprite.switch_status(True)
```

然后，在 HUDPanel 类中实现恢复面板的 panel_resume()方法，代码如下：

```
def panel_resume(self, display_group):
    """面板恢复
    :param display_group: 显示精灵组
    """
    # 从精灵组中移除 3 个标签精灵
    display_group.remove(self.status_label, self.tip_label,
                         self.best_label)
    # 切换游戏状态精灵状态
    self.status_sprite.switch_status(False)
```

最后，修改 Game 类的游戏循环，在游戏结束或暂停时调用指示器面板的 panel_pause()方法，在游戏进行时调用指示器面板的 panel_resume()方法，修改后的部分如加粗代码所示：

```
# 判断游戏状态
if self.is_game_over:
    self.hud_panel.panel_pause(True, self.all_group)
elif self.is_pause:
    self.hud_panel.panel_pause(False, self.all_group)
else:
    self.hud_panel.panel_resume(self.all_group)
    # 测试修改得分
    if self.hud_panel.increase_score(100):
        print("升级到关卡 %d" % self.hud_panel.level)
    # 更新 all_group 中所有精灵内容
    self.all_group.update()
```

运行游戏，按空格键后可以看到游戏窗口的中央位置显示了暂停状态的提示文字，继续按空格键后隐藏了提示文字，如图 11-24 所示。

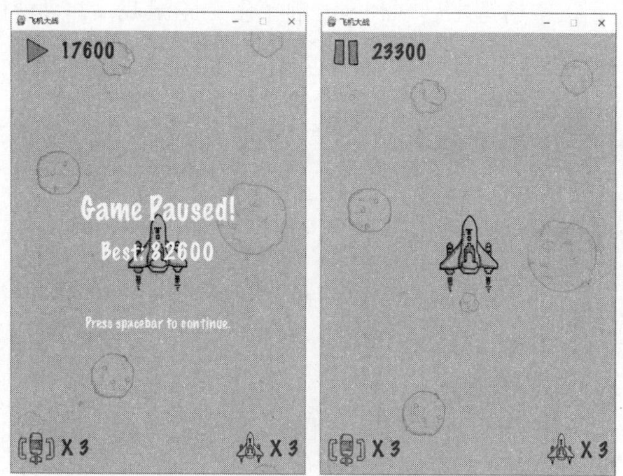

图11-24　显示和隐藏游戏状态的提示文字

11.5.7 游戏结束后重置面板

当英雄飞机因没有剩余生命数量时，游戏结束。如果玩家按空格键，那么会重新开启一轮新游戏。在新一轮游戏开始之前，我们应该重置指示器面板中与游戏数据相关的属性，并且更新对应的标签显示内容，否则会影响到新一轮游戏的数据处理。

1. 判断游戏是否结束

在 Game 类的游戏循环的开始位置增加一行代码，用于判断生命计数是否为 0，若为 0 则说明游戏结束，增加的代码如加粗部分所示：

```
while True:
    # 生命计数等于 0，表示游戏结束
    self.is_game_over = self.hud_panel.lives_count == 0
    if self.event_handler():                        # 监听事件
        …
```

2. 重置面板

在新一轮游戏开始之前，重置指示器面板中与游戏数据相关的属性，并且更新这些属性对应的标签。在 HUDPanel 类中实现重置面板的 reset_panel()方法，代码如下：

```
def reset_panel(self):
    """重置面板"""
    # 游戏属性
    self.score = 0                                  # 得分
    self.lives_count = 3                            # 生命计数
    # 更新标签
    self.increase_score(0)                          # 增加 0 分
    self.show_bomb(3)                               # 炸弹数量
    self.show_lives()                               # 生命计数
```

修改 Game 类的 reset_game()方法。在 reset_game()方法的末尾位置添加代码，实现重置游戏的同时重置指示器面板的功能。添加的代码如下：

```
    self.hud_panel.reset_panel()                        # 重置指示器面板
```

运行游戏，反复按 b 键，直到随机产生的生命计数为 0 时可以看到窗口中央位置出现了结束游戏的提示信息；按空格键之后顺利地开启了新一轮游戏，并且窗口中显示的所有数据都恢复到初始状态。

11.6 逐帧动画和飞机类

11.6.1 逐帧动画介绍

逐帧动画（Stop-motion Animation）是一种常见的动画形式，会在每一次游戏循环执行时逐帧绘制不同的内容，形成连续播放的动画效果。GIF（Graphics Interchange Format，图像交互格式）动图就是一种逐帧动画。

飞机大战游戏中，英雄飞机、小敌机、中敌机和大敌机被摧毁的效果都可以通过逐帧动画实现，具体的效果如图 11-25 所示。

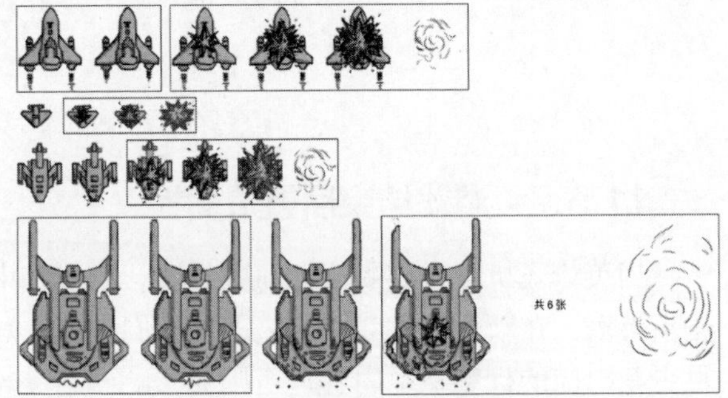

图11–25 各类型飞机的逐帧动画

由图 11-25 可知，游戏中添加逐帧动画之后，大大地提高了游戏的视觉体验。

在飞机大战游戏中，飞机需要根据不同的状态设置对应的图片和动画。飞机的状态一般包括 3 种，分别为正常飞行状态、被击中受损状态和被摧毁状态。其中英雄飞机和小敌机只有正常飞行状态和被摧毁状态，没有被击中受损状态，这是因为英雄飞机一旦被撞就会“牺牲”，而小敌机一旦被子弹击中就会消灭。

11.6.2 逐帧动画的基本实现

尽管逐帧动画在游戏开发中的应用非常广泛，但是 Pygame 中并没有提供直接实现逐帧动画的方法，开发人员需要按照一定的逻辑手动实现。下面学习一下如何使用 Pygame 实现逐帧动画。

1. 派生简单的飞机类

根据飞机的特征和行为设计飞机类 Plane 类，并让 Plane 类继承 GameSprite 类。Plane 类的类图如图 11-26 所示。

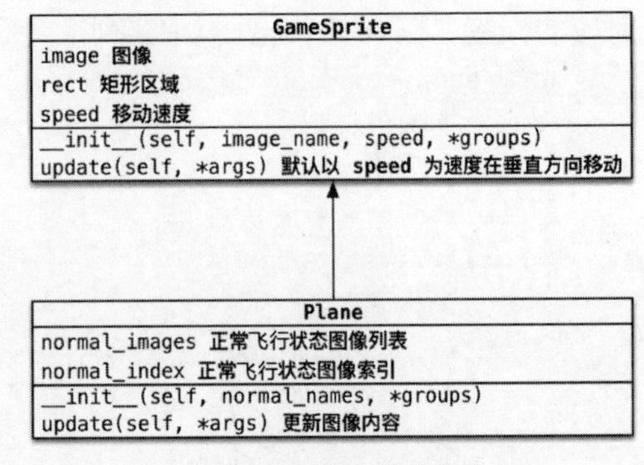

图11–26 Plane类的类图

由图 11-26 可知，Plane 类中增加了 normal_images 和 normal_index 两个属性，其中 normal_images 表示正常飞行状态图像列表；normal_index 表示正常飞行状态图像索引。此外，Plane 类中还重写了父类的 update()方法，这样可以在 update()方法中实现给飞机设置图像的功能。

按照 Plane 类的类图，在 game_items 模块中定义 Plane 类，具体代码如下：

```
class Plane(GameSprite):
    """飞机类"""
    def __init__(self, normal_names, *groups):
        """构造方法
        :param normal_names: 正常飞行状态图像列表
        :param groups: 要添加精灵的精灵组
        """
        super().__init__(normal_names[0], 0, *groups)
        # 加载图像列表
        self.normal_images = [pygame.image.load(self.res_path + name)
                              for name in normal_names]
        self.normal_index = 0
    def update(self, *args):
        # 设置图像
        self.image = self.normal_images[self.normal_index]
        # 更新索引
        count = len(self.normal_images)
        self.normal_index = (self.normal_index + 1) % count
```

调整 Game 类的构造方法，在构造方法的末尾添加创建英雄飞机精灵的代码，使用刚刚定义的 Plane 类创建英雄飞机对象，具体代码如下：

```
# 创建英雄飞机精灵，它静止不动
hero = Plane(["me%d.png" % i for i in range(1, 3)], self.all_group)
hero.rect.center = SCREEN_RECT.center          # 显示在窗口中央
```

运行游戏，可以看到英雄飞机的尾部有细微的火焰喷射效果，但火焰喷射的效果不是特别明显。

2. 设置逐帧动画频率

前面完成的英雄飞机并没有明显的火焰喷射效果，出现这种情况其实是因为游戏循环的刷新帧率设置成了每秒 60 帧，这使得火焰喷射效果过于迅速。程序最初将游戏循环的刷新帧率设为每秒 60 帧，主要是为了及时响应玩家与游戏的交互，若此时直接降低刷新帧率，虽然会使火焰喷射的逐帧动画有良好的展示效果，但是会使玩家在交互时感到明显的卡顿。

如何才能做到既保证流畅的用户交互，又降低逐帧动画的帧率呢？要解决这个问题，可以引入一个计数变量，通过这个变量实现循环每执行 10 次才更新一张图像、每秒更新 6 次图像的功能，进而达到降低逐帧动画的帧率的目的。降低逐帧动画帧率的流程如图 11-27 所示。

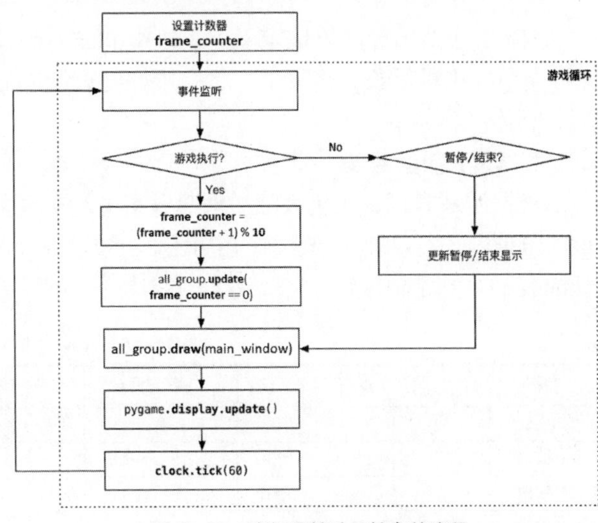

图11-27　降低逐帧动画帧率的流程

在图 11-27 中，首先设置了一个计数器 frame_counter，之后在游戏进行时通过表达式(frame_counter + 1) % 10 取余，只有余数为 0 时才会更新图像。下面按照图 11-27 的思路编写代码，设置逐帧动画频率，使逐帧动画的效果更符合预期，具体步骤如下。

首先，在 game_items 模块的顶部添加一个全局常量 FRAME_INTERVAL，使用 FRAME_INTERVAL 记录逐帧动画更新的间隔帧数，代码如下：

```
FRAME_INTERVAL = 10                                  # 逐帧动画更新的间隔帧数
```

其次，修改 Game 类的 start()方法，在游戏循环开始前定义计数器，代码如下：

```
frame_counter = 0                                    # 逐帧动画计数器
```

然后，在游戏执行期间更新计数器，并将计数器的结果传入 update()方法，代码如下：

```
def start(self):
    """开始游戏"""
    clock = pygame.time.Clock()                      # 游戏时钟
    frame_counter = 0                                # 逐帧动画计数器
    while True:
        …
            # 修改逐帧动画计数器
            frame_counter = (frame_counter + 1) % FRAME_INTERVAL
            # 更新 all_group 中所有精灵内容
            self.all_group.update(frame_counter == 0)
        …
```

最后，修改 Plane 类的 update()方法，在该方法中实现只有在传入的第 1 个参数为 True 时才更新图像的功能，具体代码如下：

```
def update(self, *args):
    # 如果第 1 个参数为 False，不需要更新图像，直接返回
    if not args[0]:
        return
    # 设置图像
    self.image = self.normal_images[self.normal_index]
    # 更新索引
    count = len(self.normal_images)
    self.normal_index = (self.normal_index + 1) % count
```

运行游戏，可以清楚地看到英雄飞机的尾部有火焰喷射的效果。

11.6.3 飞机类的设计与实现

11.6.2 小节已经简单地定义了飞机类 Plane 类，本小节将扩展 Plane 类，以便创建游戏中 4 种类型的飞机对象。接下来，将介绍如何设计 Plane 类、改进 Plane 类以实现 Plane 类的扩展，具体内容如下。

1. 设计 Plane 类

根据游戏介绍，飞机大战游戏总共有 4 种类型的飞机，每种类型的飞机具有生命值、速度、分值、飞行动画、被击中受损图片、被摧毁动画、被摧毁音效这些特征，4 种飞机的特征如表 11-13 所示。

表 11-13 4 种飞机的特征

名称	生命值	速度	分值	飞行动画	有无被击中受损图片	有无被摧毁动画	有无摧毁音效
英雄飞机	无	4	0	有	无	有	有
小敌机	1	1～7	1000	无，但有图片	无	有	有
中敌机	6	1～3	6000	无，但有图片	有	有	有
大敌机	15	1	15000	有	有	有	有

下面根据飞机的特征和行为设计 Plane 类，Plane 类的类图如图 11-28 所示。

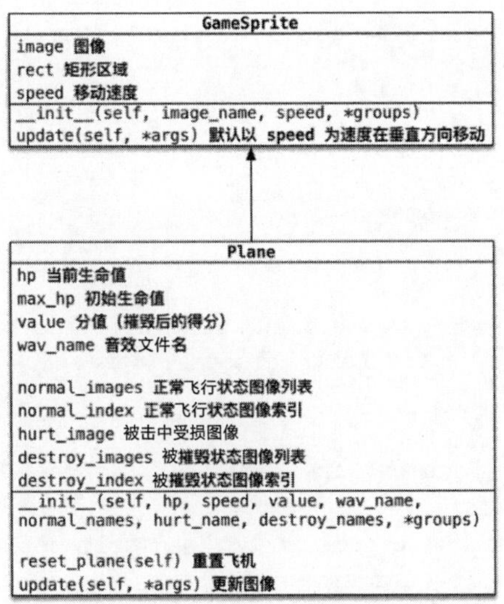

图11-28　Plane类的类图

由图 11-28 可知，Plane 类总共有 9 个属性，如表 11-14 所示。

表 11-14　Plane 类的属性

属性	说明
hp	当前生命值。初始化时指定，被击中受损时会变化
max_hp	初始生命值。初始化时等于当前生命值，用于判断敌机是否被击中受损
value	敌机被摧毁后的分值
wav_name	被摧毁时播放的音效文件的名称
normal_images	正常飞行状态图像列表
normal_index	正常飞行状态图像索引
hurt_image	被击中受损图像。注意，所有类型的飞机在被击中受损时都没有逐帧动画
destroy_images	被摧毁状态图像列表
destroy_index	被摧毁状态图像索引

Plane 类的方法包括 reset_plane()和 update()，如表 11-15 所示。

表 11-15　Plane 类的方法

方法	说明
reset_plane()	重置飞机。飞机被摧毁后，重置飞机的当前生命值及图像索引
update()	更新图像，覆盖父类方法，根据参数设置飞机的显示图像，Plane 类中不考虑飞机位置的变化

2. 改进 Plane 类

下面按照 Plane 类的类图改进 Plane 类的代码，之后使用改进后的 Plane 类创建英雄飞机对象，并测试其状态变化时显示的逐帧动画，具体内容如下。

（1）修改 Plane 类

首先，在 Plane 类的构造方法中增加相关的属性，增加后的代码如下：

```
def __init__(self, hp, speed, value, wav_name,
          normal_names, hurt_name, destroy_names, *groups):
    super().__init__(normal_names[0], speed, *groups)
    # 飞机属性
    self.hp = hp
    self.max_hp = hp
    self.value = value
    self.wav_name = wav_name
    # 图像属性
    # 正常飞行状态图像列表及索引
    self.normal_images = [pygame.image.load(self.res_path + name)
                          for name in normal_names]
    self.normal_index = 0
    # 被击中受损图像
    self.hurt_image = pygame.image.load(self.res_path + hurt_name)
    # 被摧毁状态图像列表及索引
    self.destroy_images = [pygame.image.load(self.res_path + name)
                           for name in destroy_names]
    self.destroy_index = 0
```

然后，在构造方法的下方定义 reset_plane()方法，在 reset_plane()方法中重置飞机的生命值以及两个图像索引，代码如下：

```
def reset_plane(self):
    """重置飞机"""
    self.hp = self.max_hp                          # 生命值
    self.normal_index = 0                          # 正常飞行状态图像索引
    self.destroy_index = 0                         # 被摧毁状态图像索引
    self.image = self.normal_images[0]             # 恢复正常图像
```

最后，修改以前编写的 update()方法，在该方法中实现根据不同的生命值显示不同图像的功能，修改后的代码如下：

```
def update(self, *args):
    # 如果第 1 个参数为 False，不需要更新图像，直接返回
    if not args[0]:
        return
    # 判断飞机状态
    if self.hp == self.max_hp:                     # 未被击中受损
        self.image = self.normal_images[self.normal_index]
        count = len(self.normal_images)
        self.normal_index = (self.normal_index + 1) % count
    elif self.hp > 0:                              # 被击中受损
        self.image = self.hurt_image
    else:                                          # 被摧毁
        # 判断是否显示到最后一张图像，若是说明飞机完全被摧毁
        if self.destroy_index < len(self.destroy_images):
            self.image = self.destroy_images[self.destroy_index]
            self.destroy_index += 1
        else:
            self.reset_plane()                     # 重置飞机
```

（2）创建并测试飞机对象

在 Game 类中使用改进后的 Plane 类创建英雄飞机，并且测试随着生命值的变化能否切

换英雄飞机的逐帧动画，具体步骤如下。

首先，修改 Game 类的构造方法，将创建英雄飞机的代码进行修改，修改后的代码如下：

```
# 创建英雄飞机精灵，它静止不动
self.hero = Plane(1000, 5, 0, "me_down.wav",
          ["me%d.png" % i for i in range(1, 3)],
          "me1.png", ["me_destroy_%d.png" % i for i in range(1,5)],
          self.all_group)
self.hero.rect.center = SCREEN_RECT.center        # 显示在窗口中央
```

运行游戏，可以看到英雄飞机的尾部仍然有火焰喷射的效果。

然后，在游戏循环中修改逐帧动画计数器的代码上方增加测试代码，模拟英雄飞机被摧毁的场景，确保英雄飞机被摧毁后可以正常播放被摧毁的逐帧动画，并且在动画播放完成后能够被正确地复位，具体如加粗代码所示：

```
# 模拟英雄飞机被摧毁
self.hero.hp -= 30
# 修改逐帧动画计数器
frame_counter = (frame_counter + 1) % FRAME_INTERVAL
# 更新 all_group 中所有精灵内容
self.all_group.update(frame_counter == 0)
```

运行游戏，可以看到英雄飞机在被摧毁后播放了动画，且在播放完成后被正确地复位，如图 11-29 所示。

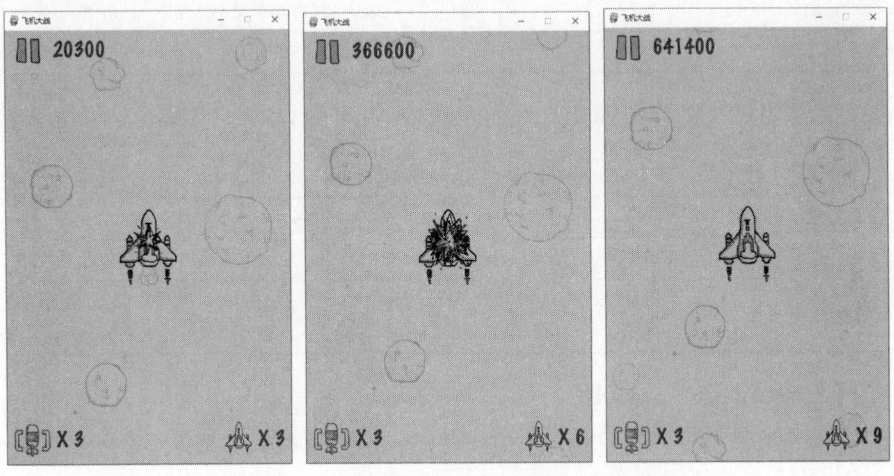

图11-29　英雄飞机被摧毁后播放被摧毁动画和复位

11.6.4　派生敌机子类

敌机与英雄飞机属于不同的阵营，它们在游戏的设定上具有很大的差异，比如敌机初始出现在游戏窗口上方的随机位置，各自以不同的速度飞入游戏窗口，飞出游戏窗口后会重新设置初始位置；而英雄飞机在游戏窗口上的位置由玩家控制。因此，我们需要从 Plane 类分别派生表示敌机和英雄飞机的不同子类。本小节将介绍如何从 Plane 类派生一个表示敌机的子类，具体内容如下。

1. 设计 Enemy 类

飞机大战游戏一共有 3 种类型的敌机。敌机起初出现在游戏窗口上方的随机位置，按各自的速度沿垂直方向向下飞行，进入游戏窗口。敌机若飞出了游戏窗口，会被设置为初始状态，重新出现在游戏窗口上方的随机位置。

根据游戏介绍设计敌机类 Enemy 类，Enemy 类的类图如图 11-30 所示。

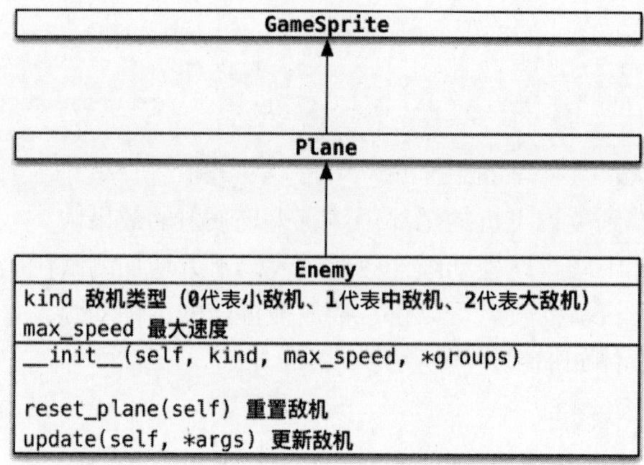

图11-30　Enemy类的类图

Enemy 类中包括两个属性，即 kind 和 max_speed，如表 11-16 所示。

表 11-16　Enemy 类的属性

属性	说明
kind	敌机类型。0 代表小敌机；1 代表中敌机；2 代表大敌机
max_speed	最大速度

Enemy 类需要重写父类的 reset_plane()方法和 update()方法，如表 11-17 所示。

表 11-17　Enemy 类的方法

方法	说明
reset_plane()	重置敌机。敌机被摧毁或者飞出游戏窗口后，重置敌机的位置以及速度
update()	更新敌机。首先调用父类方法设置敌机的显示图像，然后根据速度修改敌机的矩形区域，最后判断敌机是否飞出游戏窗口，若飞出游戏窗口则重置敌机

2. 实现 Enemy 类的基本功能

下面实现 Enemy 类的基本功能。首先，在 game_items 模块的顶部导入 random 模块，以方便使用随机数，具体代码如下：

```
import random
```

然后，在 game_items 模块中定义继承 Plane 类的类 Enemy，代码如下：

```
class Enemy(Plane):
    """敌机类"""
    def __init__(self, kind, max_speed, *groups):
        # 记录敌机类型和最大速度
        self.kind = kind
        self.max_speed = max_speed
        # 根据敌机类型传递不同参数来调用父类方法
        if kind == 0:
            super().__init__(1, 1, 1000, "enemy1_down.wav",
                        ["enemy1.png"], "enemy1.png",
```

```
                        ["enemy1_down%d.png" % i for i in range(1, 5)],
                        *groups)
        elif kind == 1:
            super().__init__(6, 1, 6000, "enemy2_down.wav",
                        ["enemy2.png"], "enemy2_hit.png",
                        ["enemy2_down%d.png" % i for i in range(1, 5)],
                        *groups)
        else:
            super().__init__(15, 1, 15000, "enemy3_down.wav",
                        ["enemy3_n1.png", "enemy3_n2.png"],
                        "enemy3_hit.png",
                        ["enemy3_down%d.png" % i for i in range(1, 7)],
                        *groups)
        # 调用重置敌机方法，设置敌机初始位置和速度
        self.reset_plane()
    def reset_plane(self):
        """重置敌机"""
        super().reset_plane()
        # 随机设置初始位置和设置速度
        pass
```

需要注意的是，reset_plane()方法暂时没有实现随机设置敌机位置和设置速度的功能，后续创建完敌机精灵后会完善这两项功能。

3. 创建敌机

游戏级别不同，敌机的数量和速度也不相同。各关卡和敌机数量、速度的关系如表 11-18 所示。

表 11-18　各关卡和敌机数量、速度的关系

名称	小敌机数量及速度	中敌机数量及速度	大敌机数量及速度
关卡 1	16，1～3	0，1	0，1
关卡 2	24，1～5	2，1	0，1
关卡 3	32，1～7	4，1～3	2，1

下面实现 create_enemies()方法，在该方法中根据不同的游戏级别创建不同数量的敌机，具体代码如下：

```
def create_enemies(self):
    """根据不同的游戏级别创建不同数量的敌机"""
    # 敌机精灵组中的精灵数量
    count = len(self.enemies_group.sprites())
    # 要添加精灵的精灵组
    groups = (self.all_group, self.enemies_group)
    # 判断游戏级别及已有的敌机数量
    if self.hud_panel.level == 1 and count == 0:        # 关卡 1
        for i in range(16):
            Enemy(0, 3, *groups)
    elif self.hud_panel.level == 2 and count == 16:     # 关卡 2
        # 提高敌机的最大速度
        for enemy in self.enemies_group.sprites():
            enemy.max_speed = 5
        # 创建敌机
```

```
        for i in range(8):
            Enemy(0, 5, *groups)
        for i in range(2):
            Enemy(1, 1, *groups)
    elif self.hud_panel.level == 3 and count == 26:    # 关卡 3
        # 提高敌机的最大速度
        for enemy in self.enemies_group.sprites():
            enemy.max_speed = 7 if enemy.kind == 0 else 3
        # 创建敌机
        for i in range(8):
            Enemy(0, 7, *groups)
        for i in range(2):
            Enemy(1, 3, *groups)
        for i in range(2):
            Enemy(2, 1, *groups)
```

修改 Game 类的构造方法，在创建完指示器面板之后，调用 create_enemies()方法创建敌机，代码如下：

```
# 创建敌机
self.create_enemies()
```

运行游戏，可以在游戏窗口的左上角看到 1 架敌机，如图 11-31 所示。

在图 11-31 中，只能看到 1 架敌机是因为还没有对敌机的随机位置进行设置，这导致在关卡 1 中的 16 架小敌机都被绘制在游戏窗口左上角的同一位置。

在游戏循环中，修改之前测试修改得分的代码，在升级之后调用 create_enemies()方法，以测试游戏级别提升后能否创建中敌机和大敌机，具体如加粗代码所示：

```
# 测试修改得分
if self.hud_panel.increase_score(100):
    print("升级到关卡 %d" % self.hud_panel.level)
    self.create_enemies()
```

运行游戏，当控制台中输出“升级到关卡 2”的升级信息时，游戏窗口的左上角增加了 1 架中敌机；当控制台中输出“升级到关卡 3”的升级信息时，游戏窗口的左上角增加了 1 架大敌机，如图 11-32 所示。

图11-31　游戏窗口中显示1架敌机

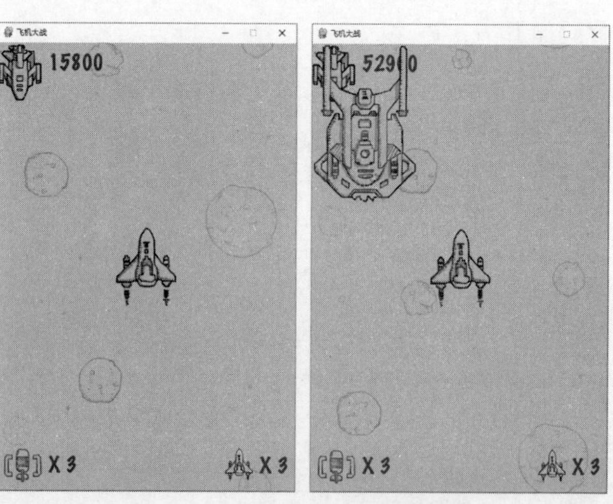

图11-32　游戏窗口左上角增加的敌机

4. 设置敌机的随机位置

根据游戏介绍，敌机出现的初始位置是随机的，并且敌机从游戏窗口的上方逐渐进入窗口。下面以大敌机为例，描述敌机的初始位置，敌机的初始位置示意如图 11-33 所示。

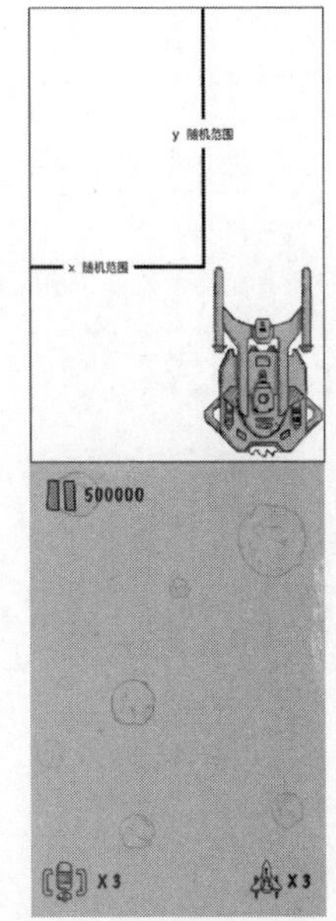

图11-33　敌机的初始位置示意

由图 11-33 可知，敌机的随机初始位置可以按照以下思路进行设置。

（1）敌机出现的水平方向坐标取值范围为 0～(SCREEN_RECT.w - self.rect.w)，可以取该范围内的一个随机数，作为敌机矩形区域的 x 值。

（2）敌机出现的垂直方向坐标取值范围为 0～(SCREEN_RECT.h - self.rect.h)，可以取该范围内的一个随机数，再减去游戏窗口的高度，作为敌机矩形区域的 y 值。

根据上述思路便可以设置敌机在游戏窗口上方的随机初始位置，并且保证进入游戏窗口后敌机的边界不会超出游戏窗口的边界。

下面按照以上的思路，对 Enemy 类的 reset_plane()方法进行调整，调整后的代码如下：

```
def reset_plane(self):
    """重置敌机"""
    super().reset_plane()
    # 设置随机初始位置
    x = random.randint(0, SCREEN_RECT.w - self.rect.w)
    # 设置 y 值
    y = random.randint(0, SCREEN_RECT.h - self.rect.h) - SCREEN_RECT.h
    self.rect.topleft = (x, y)
```

为了方便测试敌机的初始位置以及后续的敌机被炸毁效果，这里临时将设置 y 值的代码进行更改：只使用随机值，暂时不减去游戏窗口的高度，以确保创建的敌机都可以显示在游戏窗口中。更改后的代码如下：

```
y = random.randint(0, SCREEN_RECT.h - self.rect.h)
```

需要注意的是，本小节测试完功能以后需要将以上代码恢复。

运行游戏，可以看到游戏窗口中出现了密密麻麻的小敌机，并且随着游戏级别的提升，增加了更多数量和类型的敌机。

在 Game 类的 event_handler()方法中，修改之前在引爆炸弹的事件监听中增加的测试代码，模拟炸毁敌机的场景，测试敌机被摧毁后初始位置是否会被重新设置。修改后的代码如下：

```
# 判断是否正在游戏
if not self.is_game_over and not self.is_pause:
    # 监听玩家按 b 键的事件，引爆炸弹
    if event.type == pygame.KEYDOWN and event.key == pygame.K_b:
        # 测试炸毁所有敌机
        for enemy in self.enemies_group.sprites():
            enemy.hp = 0
```

运行游戏，按 b 键，可以看到游戏窗口的所有敌机被摧毁的动画，并且在动画播放完成后出现了新的敌机，如图 11-34 所示。

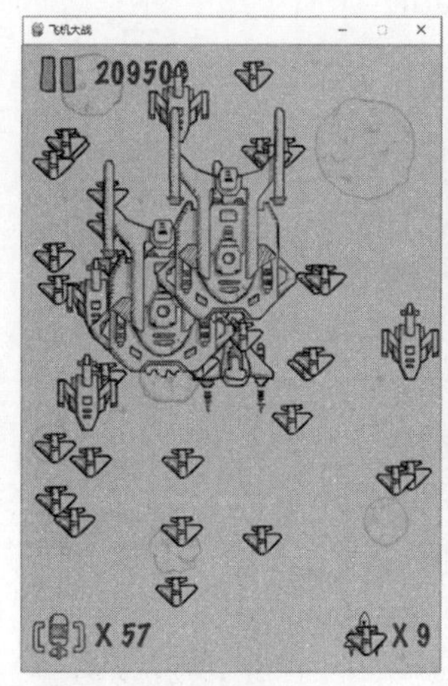

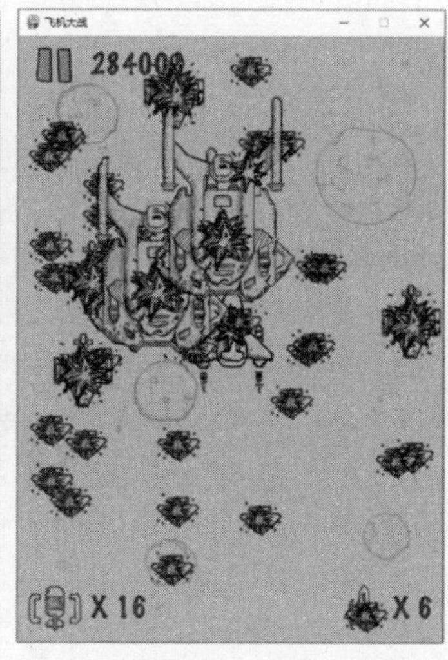

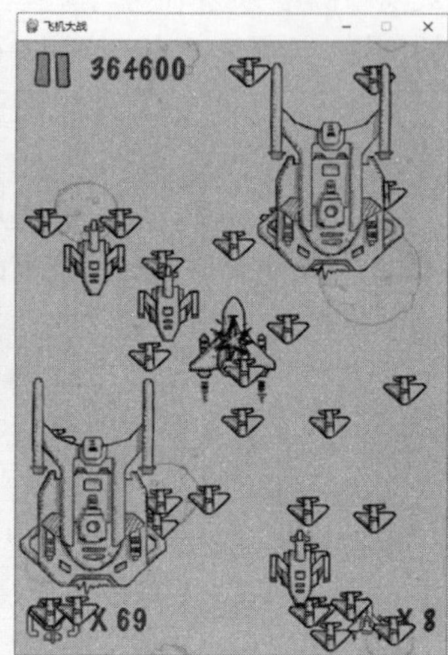

图11-34 游戏窗口中随机显示的敌机

5. 实现敌机精灵的飞行

我们需要随机设置敌机精灵的速度，实现让敌机沿着垂直方向向下飞入游戏窗口的效果。敌机如果飞出了游戏窗口，那么会被设置为初始状态。下面编写代码，实现敌机精灵飞行的功能，具体步骤如下。

首先，修改 Enemy 类的 reset_plane()方法，根据敌机的最大速度 max_speed 随机设置速度，代码如下：

```
# 设置速度
self.speed = random.randint(1, self.max_speed)
```

然后，重写父类的 update()方法，实现敌机精灵的飞行功能，代码如下：

```
def update(self, *args):
    """更新图像和位置"""
    # 调用父类方法更新敌机图像
    super().update(*args)
    # 判断敌机是否被摧毁，如果没有，则使用速度更新敌机位置
    if self.hp > 0:
        self.rect.y += self.speed
    # 判断敌机是否飞出游戏窗口，如果是，重置敌机
    if self.rect.y >= SCREEN_RECT.h:
        self.reset_plane()
```

注释测试修改得分的代码，具体如下：

```
# # 测试修改得分
# if self.hud_panel.increase_score(100):
#     print("升级到关卡 %d" % self.hud_panel.level)
#     self.create_enemies()
```

运行游戏，可以看到小敌机从游戏窗口的上方徐徐而来，且不停地出现新的小敌机，给玩家一种无穷无尽的感觉，如图 11-35 所示。

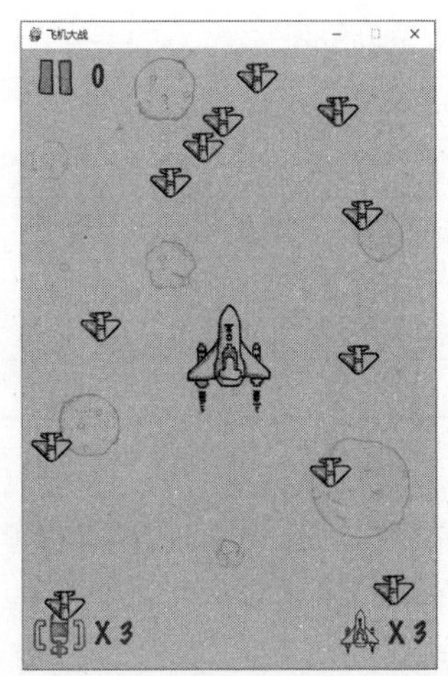

图11-35　游戏窗口中显示飞行的小敌机

11.6.5　派生英雄飞机子类

本小节将从 Plane 类派生一个表示英雄飞机的子类，该子类具有操控英雄飞机的功能，但不具备发射子弹消灭敌机的功能。

1．设计英雄飞机类

按照游戏介绍设计表示英雄飞机的 Hero 类，Hero 类的类图如图 11-36 所示。

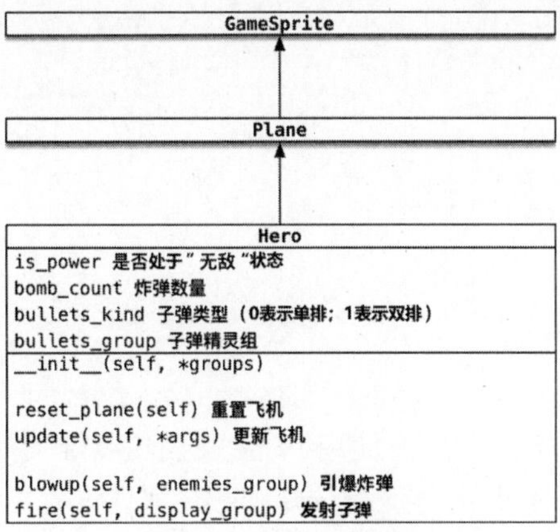

图11-36　Hero类的类图

由图 11-36 可知，Hero 类中总共有 4 个属性，如表 11-19 所示。

表 11-19　Hero 类的属性

属性	说明
is_power	英雄飞机是否处于“无敌”状态，英雄飞机刚登场时有 3 秒的“无敌”时间
bomb_count	炸弹数量，默认携带 3 颗炸弹
bullets_kind	子弹类型。0 表示单排；1 表示双排
bullets_group	子弹精灵组。后续的碰撞检测需要使用

Hero 类不仅需要重写父类的方法，而且需要单独增加两个方法。Hero 类的方法如表 11-20 所示。

表 11-20　Hero 类的方法

方法	说明
reset_plane()	重置飞机。英雄飞机被撞毁后，重置飞机的属性并发送自定义事件
update()	更新飞机。首先调用父类方法显示英雄飞机图像，然后根据 update() 方法的参数修改英雄飞机的位置，并将英雄飞机限定在游戏窗口之内
blowup()	引爆炸弹。炸毁游戏窗口内部的所有敌机，并返回得分
fire()	发射子弹。创建 3 个子弹精灵并添加到子弹精灵组 bullets_group 以及显示精灵组 display_group

2. 实现英雄类的基本功能

下面实现英雄飞机类的基本功能。在 game_items 模块的顶部定义记录英雄飞机默认携带的炸弹数量的全局常量，具体代码如下：

```
HERO_BOMB_COUNT = 3                                  # 英雄飞机默认携带的炸弹数量
# 英雄飞机默认初始位置
HERO_DEFAULT_MID_BOTTOM = (SCREEN_RECT.centerx, SCREEN_RECT.bottom - 90)
```

在 game_items 模块中定义 Hero 类，代码如下：

```
class Hero(Plane):
    """英雄类"""
    def __init__(self, *groups):
        """构造方法
        :param groups: 要添加精灵的精灵组
        """
        super().__init__(1000, 5, 0, "me_down.wav",
                ["me%d.png" % i for i in range(1, 3)], "me1.png",
                ["me_destroy_%d.png" % i for i in range(1, 5)],
                *groups)
        self.is_power = False                          # 是否处于“无敌”状态
        self.bomb_count = HERO_BOMB_COUNT              # 炸弹数量
        self.bullets_kind = 0                          # 子弹类型
        self.bullets_group = pygame.sprite.Group()     # 子弹精灵组
        # 初始位置
        self.rect.midbottom = HERO_DEFAULT_MID_BOTTOM
```

修改 Game 类的构造方法，将原有使用 Plane 类创建英雄飞机的代码替换为使用 Hero 类创建英雄飞机的代码，并且使用英雄飞机的炸弹数量属性设置指示器面板的相应显示内容，修改后的代码如加粗部分所示：

```
# 创建精灵
# 创建两个背景精灵，二者交替位置实现连续滚动
self.all_group.add(Background(False), Background(True))
# 指示器面板
self.hud_panel = HUDPanel(self.all_group)
# 创建敌机
self.create_enemies()
# 英雄飞机精灵
self.hero = Hero(self.all_group)
# 设置指示器面板中的炸弹数量
self.hud_panel.show_bomb(self.hero.bomb_count)
```

运行游戏，可以看到英雄飞机出现在游戏窗口中央靠下的位置，并且在指示器面板中显

示的炸弹数量为 3，如图 11-37 所示。

图11-37　游戏窗口中显示英雄飞机和炸弹数量

3. 快速移动英雄飞机

下面实现使用键盘的方向键（↑、↓、←、→）控制英雄飞机在游戏窗口中快速移动的功能。第 10 章介绍了 Pygame 监听键盘事件的方式，但这种方式需要用户放开或按方向键，不满足实现英雄飞机快速移动的需求。因此，这里将介绍持续按键的处理等。

（1）持续按键的处理

Pygame 专门针对持续按键的游戏开发需求提供了一种处理按键的方式，即使用 key 模块提供的 get_pressed()方法获得当前时刻的按键元组，然后使用按键常量作为元组索引，判断是否按了某一个键，若按了则对应的值为 1，若没按则对应的值为 0。

在 Game 类的游戏循环中添加持续按键的处理代码，具体如加粗代码所示：

```
else:
    self.hud_panel.panel_resume(self.all_group)
    # 获得当前时刻的按键元组
    keys = pygame.key.get_pressed()
    # 判断是否按了→键
    if keys[pygame.K_RIGHT]:
        self.hero.rect.x += 10
    # 修改逐帧动画计数器
    frame_counter = (frame_counter + 1) % FRAME_INTERVAL
    # 更新 all_group 中所有精灵内容
    self.all_group.update(frame_counter == 0)
```

运行游戏，长按→键可以看到英雄飞机快速地向窗口的右侧移动。

（2）持续按键的方向判断

在飞机大战游戏中，英雄飞机的移动方向分为水平和垂直两种。那么，怎样编写代码才能简化对方向的判断呢？这里有个小技巧，使用 keys[pygame.K_RIGHT] - keys[pygame.K_LEFT] 计算水平移动基数，示例代码如下：

```
# 水平移动基数
move_hor = keys[pygame.K_RIGHT] - keys[pygame.K_LEFT]
```

计算水平移动基数的原理如表 11-21 所示。

表 11-21　计算水平移动基数的原理

用户操作	keys[pygame.K_RIGHT]	keys[pygame.K_LEFT]	水平移动基数	结果
不按键	0	0	0	不移动
按→键	1	0	1	向右移动 1
按←键	0	−1	−1	向左移动 1
按←、→键	1	1	0	不移动

按照 Pygame 坐标系的设定，x 轴沿水平方向向右，其数值逐渐增加。因此，这里可以先把水平移动基数作为英雄飞机水平移动基数（1 表示向右移动，−1 表示向左移动），之后用水平移动基数乘英雄飞机的速度，便可以计算得到水平方向需要移动的距离。

英雄飞机垂直移动基数可以采用类似的方法进行计算，示例代码如下：

```
# 垂直移动基数
move_ver = keys[pygame.K_DOWN] - keys[pygame.K_UP]
```

（3）移动英雄飞机

在 Hero 类中重写父类的 update() 方法，在 update()方法中先调用父类方法处理显示图像的更新，再增加修改飞机矩形区域的代码。重写的 update()方法的代码如下：

```
def update(self, *args):
    """更新英雄飞机的图像及矩形区域
    :param args: 0 表示更新图像标记; 1 表示水平移动基数; 2 表示垂直移动基数
    """
    # 调用父类方法更新飞机图像
    super().update(*args)
    # 如果没有传递移动基数或者英雄飞机被撞毁，直接返回
    if len(args) != 3 or self.hp <= 0:
        return
    # 调整水平移动距离
    self.rect.x += args[1] * self.speed
    self.rect.y += args[2] * self.speed
    # 限定英雄飞机在游戏窗口内部移动
    self.rect.x = 0 if self.rect.x < 0 else self.rect.x
    if self.rect.right > SCREEN_RECT.right:
        self.rect.right = SCREEN_RECT.right
    self.rect.y = 0 if self.rect.y < 0 else self.rect.y
    if self.rect.bottom > SCREEN_RECT.bottom:
        self.rect.bottom = SCREEN_RECT.bottom
```

修改 Game 类的游戏循环，在计算完移动基数和逐帧动画计数器的值之后，让 all_group 调用 update()方法时传递 3 个参数，具体代码如下：

```
self.hud_panel.panel_resume(self.all_group)
# 获得当前时刻的按键元组
keys = pygame.key.get_pressed()
# 水平移动基数
move_hor = keys[pygame.K_RIGHT] - keys[pygame.K_LEFT]
# 垂直移动基数
move_ver = keys[pygame.K_DOWN] - keys[pygame.K_UP]
# 修改逐帧动画计数器
frame_counter = (frame_counter + 1) % FRAME_INTERVAL
# 更新 all_group 中所有精灵内容
self.all_group.update(frame_counter == 0, move_hor, move_ver)
```

运行游戏，按任意方向键，可以看到英雄飞机可以灵活地在游戏窗口之内移动。

4. 炸毁游戏窗口内部的敌机

下面实现引爆炸弹的功能。在 Hero 类中实现 blowup()方法，将出现在游戏窗口内的敌机全部炸毁，同时计算并返回得分，代码如下：

```
def blowup(self, enemies_group):
    """引爆炸弹
    :param enemies_group: 敌机精灵组
    :return: 累计得分
    """
```

```
    # 如果没有足够数量的炸弹或者英雄飞机被撞毁，直接返回
    if self.bomb_count <= 0 or self.hp <= 0:
        return 0
    self.bomb_count -= 1                                    # 炸弹数量减 1
    score = 0                                               # 本次得分
    count = 0                                               # 炸毁数量
    # 遍历敌机精灵组，将游戏窗口内的敌机炸毁
    for enemy in enemies_group.sprites():
        # 判断敌机是否进入游戏窗口
        if enemy.rect.bottom > 0:
            score += enemy.value                            # 计算得分
            count += 1                                      # 累计数量
            enemy.hp = 0                                    # 炸毁敌机
    print("炸毁了 %d 架敌机，得分 %d" % (count, score))
    return score
```

需要注意的是，敌机是垂直向下运动的，敌机的矩形区域的 bottom 值大于 0 时，说明敌机已经飞入了游戏窗口。此时，我们只需要炸毁飞入游戏窗口内的敌机，并且统计得分即可。

修改 Game 类的 event_handler()方法，删除监听到玩家按 b 键的事件的测试代码，让英雄飞机调用 blowup()方法，并且根据返回的得分做后续处理，包括更新得分、更新显示的炸弹数量以及判断是否升级到下一个关卡，代码如下：

```
# 判断是否正在游戏
if not self.is_game_over and not self.is_pause:
    # 监听玩家按 b 键的事件，引爆炸弹
    if event.type == pygame.KEYDOWN and event.key == pygame.K_b:
        # 引爆炸弹
        score = self.hero.blowup(self.enemies_group)
        # 更新显示的炸弹数量
        self.hud_panel.show_bomb(self.hero.bomb_count)
        # 更新得分，若关卡提升，则创建新的敌机
        if self.hud_panel.increase_score(score):
            self.create_enemies()
```

运行游戏，按 b 键，可以看到游戏窗口中的所有敌机被炸毁，如图 11-38 所示。

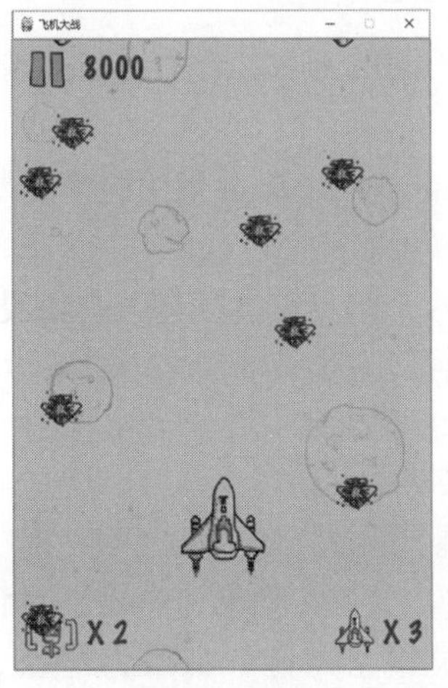

图11-38　游戏窗口的所有敌机被炸毁

另外，通过控制台的输出结果可以发现，每次引爆的炸弹并不会炸毁敌机精灵组中的所有敌机，而是炸毁出现在游戏窗口中的敌机。控制台的输出结果如下：

```
炸毁了 8 架敌机，得分 8000
炸毁了 13 架敌机，得分 13000
炸毁了 15 架敌机，得分 15000
```

11.7　碰撞检测

碰撞检测是指在每一次游戏循环执行时检测游戏精灵之间是否发生碰撞，例如，敌机碰到英雄飞机、子弹碰到敌机等。碰撞检测在游戏开发中是至关重要的，直接影响着玩家的游戏体验。本节将介绍碰撞检测的相关内容。

11.7.1　碰撞检测的基本实现

Pygame 的 sprite 模块中提供了实现碰撞检测功能的相关方法。sprite 模块还可以配合 mask 模块实现高质量的碰撞检测。下面先介绍 sprite 模块的碰撞检测方法，再分别实现碰撞检测和高质量的碰撞检测。

1. 碰撞检测方法

sprite 模块中提供了两个碰撞检测的方法：spritecollide()和 groupcollide()。关于这两个方法的介绍如下。

（1）spritecollide()方法

spritecollide()方法用于检测某个精灵是否和某个精灵组中的精灵发生碰撞，其语法格式如下所示：

```
spritecollide(sprite, group, dokill, collided=None)
```

以上语法格式中各参数的含义如下。

- sprite：表示要检测的精灵。
- group：表示要检测的精灵组。
- dokill：表示是否移除；若为 True，会在检测到碰撞后移除 group 中与 sprit 发生碰撞的精灵。
- collided：表示用于碰撞检测的函数；若为 None，则使用精灵的 rect 属性判断是否发生碰撞。

spritecollide()方法会返回 group 中与 sprite 发生碰撞的所有精灵的列表。

（2）groupcollide()方法

groupcollide()方法用于检测两个精灵组之间是否有精灵发生碰撞，其语法格式如下所示：

```
groupcollide(group1, group2, dokill1, dokill2, collided=None)
```

以上语法格式中各参数的含义如下。

- group1：表示要检测的精灵组 1。
- group2：表示要检测的精灵组 2。
- dokill1：表示是否从精灵组 1 移除；如果为 True，会将发生碰撞的精灵从 group1 中移除。
- dokill2：表示是否从精灵组 2 移除；如果为 True，会将发生碰撞的精灵从 group2 中移除。

- collided：表示用于碰撞检测的函数；若为 None，使用精灵的 rect 属性判断是否发生碰撞。

groupcollide()方法会返回一个字典，该字典的键为 group1 中检测到被碰撞的精灵，值为 group2 中与键发生碰撞的所有精灵的列表。

2. 碰撞检测

在 Game 类构造方法的末尾增加测试代码，将创建的所有敌机对象都停止到游戏窗口中，方便观察碰撞检测的效果，代码如下：

```
# 将所有敌机的速度设置为 0，并修改敌机的初始位置
for enemy in self.enemies_group.sprites():
    enemy.speed = 0
    enemy.rect.y += 400
self.hero.speed = 1
```

以上测试代码中，设置每架敌机矩形区域的 y 值增加 400，让敌机的初始位置和英雄飞机之间有一段距离；设置英雄飞机的速度为 1，在玩家每次按方向键后移动很小的距离。这样可以方便使用方向键操作英雄飞机，让英雄飞机慢慢地靠近敌机，以观察碰撞检测的效果。

运行游戏，可以看到游戏窗口中有许多静止的、等待与英雄飞机碰撞的小敌机。

在 Game 类中实现一个专门负责碰撞检测的方法 check_collide()，代码如下：

```
def check_collide(self):
    """碰撞检测"""
    # 检测英雄飞机和敌机的碰撞
    collide_enemies = pygame.sprite.spritecollide(self.hero,
                                                   self.enemies_group,
                                                          False, None)
    for enemy in collide_enemies:
        enemy.hp = 0                                         # 摧毁发生碰撞的敌机
```

在游戏循环中恢复指示器面板的代码之后，调用刚刚实现的 check_collide()方法，具体如加粗代码所示：

```
self.hud_panel.panel_resume(self.all_group)
# 碰撞检测
self.check_collide()
# 获得当前时刻的按键元组
keys = pygame.key.get_pressed()
```

运行游戏，通过方向键慢慢地让英雄飞机靠近敌机，可以看到英雄飞机即将靠近敌机时会撞毁敌机，而不是两架飞机真正地碰撞在一起后才出现撞毁效果。

之所以出现这种情况，是因为 spritecollide()方法的 collided 参数为 None 时会使用精灵的 rect 属性来判断是否发生碰撞，此时只要两个精灵的矩形区域重叠，就认为精灵之间发生了碰撞，如图 11-39 所示。

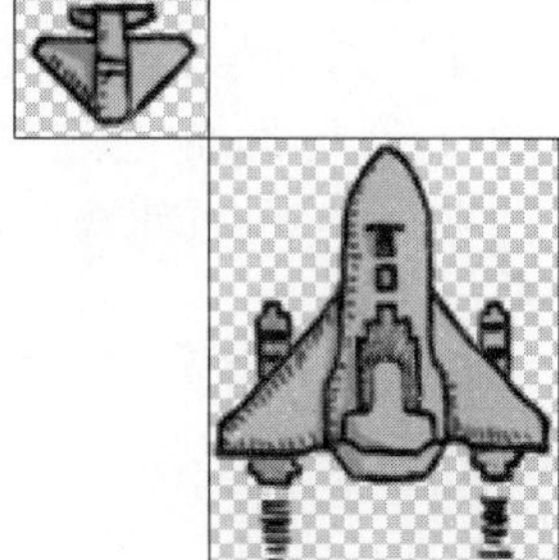

图11-39　两个精灵的矩形区域重叠

由图 11-39 可知，每当英雄飞机即将靠近敌机时，敌机就会被撞毁。显然这样的碰撞检测是不精确的，无法给玩家带来良好的游戏体验。

3. 高质量的碰撞检测

前面通过 spritecollide()方法实现的碰撞检测不够精确，可

以给该方法传入一个 pygame.sprite.collide_mask 参数，只检测精灵图像中有颜色的区域，而不会检测没有颜色的透明区域。

修改前面完成的 check_collide()方法，验证能否实现高质量的碰撞检测，修改后的代码如下：

```
def check_collide(self):
    """碰撞检测"""
    # 检测英雄飞机和敌机的碰撞
    collide_enemies = pygame.sprite.spritecollide(self.hero,
                                    self.enemies_group, False,
                                    pygame.sprite.collide_mask)
    for enemy in collide_enemies:
        enemy.hp = 0                                          # 摧毁发生碰撞的敌机
```

运行游戏，移动英雄飞机进行测试，可以看到碰撞检测的精细度有了非常明显的提高。

如果程序需要频繁地进行碰撞检测，那么可以在创建精灵时为精灵添加一个遮罩，也就是添加 mask 属性，以提升程序的执行性能。遮罩可以理解为图像的轮廓填充，也就是先为图像描边再填色。在进行碰撞检测时，图像中有颜色的部分会被认为是精灵的实体部分，没有颜色的部分会被忽略，如图 11-40 所示。

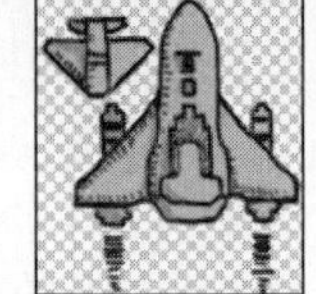

图11-40　使用遮罩后的碰撞检测

在 GameSprite 类构造方法的末尾给精灵添加 mask 属性，代码如下：

```
# 创建图像遮罩，可以提高碰撞检测的执行性能
self.mask = pygame.mask.from_surface(self.image)
```

因为游戏中所有飞机精灵和道具精灵都是根据 GameSprite 类或者 GameSprite 的子类创建的，所以这里只需要在 GameSprite 类的构造方法中添加 mask 属性即可。

11.7.2　敌机撞毁英雄飞机

敌机如果在飞行途中与英雄飞机相撞，那么会撞毁英雄飞机。如果英雄飞机的剩余生命数量不为 0，那么英雄飞机会重新出现在撞毁的位置继续战斗；如果英雄飞机的剩余生命数量为 0，那么游戏结束。敌机撞毁英雄飞机后同样要播放被撞毁动画。动画播放完成后，敌机被设置为初始状态，会再次从游戏窗口上方飞入进行战斗。本小节将介绍英雄飞机被撞毁、发布英雄飞机“牺牲”事件、设置英雄飞机的“无敌”状态等与敌机撞毁英雄飞机相关的内容。

1. 英雄飞机被撞毁

首先，删除之前在 Game 类构造方法末尾增加的测试代码，让敌机恢复原有的飞行状态。

然后，修改 Game 类的 check_collide()方法，在 check_collide()方法中判断英雄飞机是否处于“无敌”状态：若处于“无敌”状态则不进行碰撞检测，否则检测英雄飞机和所有敌机的碰撞。如果英雄飞机撞到敌机，那么英雄飞机会被撞毁，撞毁它的敌机也会被撞毁。修改后的 check_collide()方法的代码如下：

```
# 检测英雄飞机和敌机的碰撞，若英雄飞机处于“无敌”状态，彼此不能碰撞
if not self.hero.is_power:
    enemies = pygame.sprite.spritecollide(self.hero,
                                    self.enemies_group, False,
                                    pygame.sprite.collide_mask)
    # 是否撞到敌机
    if enemies:
        self.hero.hp = 0                                  # 英雄飞机被撞毁
```

```
    for enemy in enemies:
        enemy.hp = 0                                    # 敌机同样被撞毁
```

此时运行的游戏存在一个问题：若英雄飞机与敌机距离较近，引爆炸弹摧毁敌机后英雄飞机可能会被敌机的残骸撞毁。若不希望英雄飞机被敌机残骸撞毁，可以过滤碰撞检测之后的列表，过滤掉已经被撞毁的敌机。

在 check_collide()方法中添加一句代码，具体如加粗部分所示：

```
enemies = pygame.sprite.spritecollide(self.hero,
                                      self.enemies_group, False,
                                      pygame.sprite.collide_mask)
# 过滤掉已经被撞毁的敌机
enemies = list(filter(lambda x: x.hp > 0, enemies))
```

再次运行游戏，英雄飞机不会再被敌机残骸撞毁。

2. 发布英雄飞机“牺牲”事件

按照游戏介绍，在英雄飞机的被撞毁动画播放完成之后，新的英雄飞机才能登场，游戏画面才会更新。

每当飞机的被撞毁动画播放完成之后，都会调用自己的 reset_plane()方法来重置飞机的数据，但不能通过 Hero 类的代码直接更新游戏的画面。

要解决上述问题，需要使用 event 模块的 post()方法发布一个英雄飞机“牺牲”的用户自定义事件，如此便可以在 Game 类的监听事件方法中监听事件，并实现游戏画面的更新。

首先，在 game_items 模块的顶部定义记录英雄飞机“牺牲”事件代号的全局常量，代码如下：

```
HERO_DEAD_EVENT = pygame.USEREVENT                      # 英雄飞机“牺牲”事件
```

然后，在 Hero 类中重写父类的 reset_plane()方法，代码如下：

```
def reset_plane(self):
    """重置飞机"""
    # 调用父类方法重置图像相关属性
    super().reset_plane()
    self.is_power = False                               # 是否处于“无敌”状态
    self.bomb_count = HERO_BOMB_COUNT                   # 炸弹数量
    self.bullets_kind = 0                               # 子弹类型
    # 发布英雄飞机“牺牲”事件
    pygame.event.post(pygame.event.Event(HERO_DEAD_EVENT))
```

需要注意的是，reset_plane()方法中暂时将 is_power 属性设置为 False，方便稍后的代码测试。

最后，修改 Game 类的 event_handler()方法，增加对英雄飞机“牺牲”事件的监听，一旦监听到英雄飞机“牺牲”事件，需要修改以及更新生命计数和炸弹数量，增加的代码如加粗部分所示：

```
# 判断是否正在游戏
if not self.is_game_over and not self.is_pause:
    # 监听英雄飞机“牺牲”事件
    if event.type == HERO_DEAD_EVENT:
        print("英雄飞机“牺牲”了…")
        # 生命计数减 1
        self.hud_panel.lives_count -= 1
        # 更新生命计数
        self.hud_panel.show_lives()
        # 更新炸弹数量
```

```
        self.hud_panel.show_bomb(self.hero.bomb_count)
    # 监听玩家按 b 键的事件，引爆炸弹
    if event.type == pygame.KEYDOWN and event.key == pygame.K_b:
```

运行游戏，可以看到在英雄飞机“牺牲”后游戏窗口中的数据已经正确显示了，同时也能正确地判断游戏结束。

3. 设置英雄飞机的“无敌”状态

当游戏窗口上出现较多的敌机时，因为目前的程序没有设定英雄飞机的“无敌”状态，所以英雄飞机再次登场后会立即被撞毁。接下来，我们为英雄飞机设置“无敌”状态。

首先，在 game_items 模块的顶部声明记录取消英雄飞机“无敌”状态事件的全局常量，代码如下：

```
HERO_POWER_OFF_EVENT = pygame.USEREVENT + 1          # 取消英雄飞机“无敌”状态事件
```

然后，在 Hero 类的 reset_plane()方法末尾设置取消英雄飞机“无敌”状态定时器事件，代码如下：

```
# 设置 3 秒之后取消英雄飞机“无敌状态定时器事件”
pygame.time.set_timer(HERO_POWER_OFF_EVENT, 3000)
```

修改之前代码中英雄飞机的“无敌”标记 is_power，将 self.is_power 的值设置为 True，修改后的代码如下：

```
self.is_power = True  # 是否处于“无敌”状态
```

最后，修改 Game 类的 event_handler()方法，增加对取消英雄飞机“无敌”状态事件的监听，一旦监听到取消英雄飞机“无敌”状态事件，就需要修改英雄的属性并且关闭定时器，增加的代码如下：

```
# 判断是否正在游戏
if not self.is_game_over and not self.is_pause:
    # 监听取消英雄飞机“无敌”状态事件
    if event.type == HERO_POWER_OFF_EVENT:
        print("取消飞机“无敌”状态")
        # 设置英雄飞机属性
        self.hero.is_power = False
        # 关闭定时器
        pygame.time.set_timer(HERO_POWER_OFF_EVENT, 0)
    # 监听英雄飞机“牺牲”事件
    if event.type == HERO_DEAD_EVENT:
```

运行游戏，可以看到新出现的英雄飞机持续了 3 秒的“无敌”状态。不过，当英雄飞机的生命数量为 0，整个游戏结束之后，玩家按空格键开启新游戏时，英雄飞机会从上一次“牺牲”的位置开始新游戏，这显然是不合理的。

修改 Game 类的 reset_game()方法，在 reset_game()方法末尾重新设置英雄飞机属性，并且指定英雄飞机的初始位置，代码如下：

```
# 设置英雄飞机的初始位置
self.hero.rect.midbottom = HERO_DEFAULT_MID_BOTTOM
```

再次运行游戏，可以看到新出现的英雄飞机已经回到初始位置开始战斗。

11.7.3 英雄飞机发射子弹

本小节主要实现英雄飞机发射子弹的功能，包括设计 Bullet 类、实现英雄发射子弹的功能以及实现子弹击中并摧毁敌机的功能。

1. 设计 Bullet 类

按照游戏介绍设计一个继承 GameSprite 的子弹类 Bullet，Bullet 类的类图如图 11-41 所示。

由图 11-41 可知，Bullet 类中添加了一个表示子弹的杀伤力的 damage 属性（默认值为 1），还重写了父类的 update()方法。重写的 update()方法会先调用父类方法，让子弹以一定的速度垂直向上运动，一旦判定子弹飞出游戏窗口，就会销毁子弹精灵对象。

图11-41　Bullet类的类图

在 game_items 模块中定义继承 GameSprite 类的 Bullet 类，代码如下：

```
class Bullet(GameSprite):
    """Bullet 类"""
    def __init__(self, kind, *groups):
        """构造方法
        :param kind: 子弹类型
        :param groups: 要添加精灵的精灵组
        """
        image_name = "bullet1.png" if kind == 0 else "bullet2.png"
        super().__init__(image_name, -12, *groups)
        self.damage = 1                                  # 杀伤力
    def update(self, *args):
        super().update(*args)                            # 向上移动
        # 判断是否从上方飞出窗口
        if self.rect.bottom < 0:
            self.kill()
```

以上定义的 Bullet 类的构造方法中，使用 super()函数调用了父类的构造方法，并且将子弹的速度设置为-12，如此便可以让子弹向游戏窗口上方飞行；以上定义的 Bullet 类的 update()方法中，使用 kill()方法移除所有精灵组的子弹精灵，及时释放了内存。

2. 实现英雄飞机发射子弹的功能

在 game_items 模块的顶部声明记录英雄飞机发射子弹事件的全局常量，代码如下：

```
HERO_FIRE_EVENT = pygame.USEREVENT + 2          # 英雄飞机发射子弹事件
```

在 Hero 类的构造方法的末尾设置英雄飞机发射子弹的定时器事件，代码如下：

```
self.bullets_kind = 0                            # 子弹类型
self.bullets_group = pygame.sprite.Group()       # 子弹精灵组
# 初始位置
self.rect.midbottom = HERO_DEFAULT_MID_BOTTOM
# 设置 0.2 秒发射子弹定时器事件
pygame.time.set_timer(HERO_FIRE_EVENT, 200)
```

在 Hero 类中实现 fire()方法，fire()方法中会根据 bullets_kind 属性连续创建子弹精灵：若 bullets_kind 属性的值为 0，创建 3 颗子弹；若 bullets_kind 属性的值为 1，创建 6 颗子弹，每 3 颗子弹一排，并且将子弹精灵的初始位置设置在英雄飞机的正上方。

需要注意的是，子弹精灵需要被添加到 bullets_group（用于后续的碰撞检测）和 display_group（用于精灵的显示）精灵组之中。

fire()方法的代码如下：

```
def fire(self, display_group):
    """发射子弹
    :param display_group: 要添加精灵的显示精灵组
    """
    # 需要将子弹精灵添加到两个精灵组中
    groups = (self.bullets_group, display_group)
    # 测试子弹增强效果
    # self.bullets_kind = 1
    for i in range(3):
        # 创建子弹精灵
        bullet1 = Bullet(self.bullets_kind, *groups)
        # 计算子弹的垂直位置
        y = self.rect.y - i * 15
        # 判断子弹类型
        if self.bullets_kind == 0:
            bullet1.rect.midbottom = (self.rect.centerx, y)
        else:
            bullet1.rect.midbottom = (self.rect.centerx - 20, y)
            # 再创建一颗子弹
            bullet2 = Bullet(self.bullets_kind, *groups)
            bullet2.rect.midbottom = (self.rect.centerx + 20, y)
```

修改 Game 类的 event_handler()方法，在 event_handler()方法中增加英雄飞机发射子弹事件的监听代码，一旦监听到英雄飞机发射子弹事件，就让英雄飞机调用 fire()方法发射子弹，代码如下：

```
# 判断是否正在游戏
if not self.is_game_over and not self.is_pause:
    # 监听英雄飞机发射子弹事件
    if event.type == HERO_FIRE_EVENT:
        self.hero.fire(self.all_group)
    # 监听取消英雄飞机“无敌”状态事件
    if event.type == HERO_POWER_OFF_EVENT:
```

运行游戏，可以看到英雄飞机能从头部向游戏窗口上方连续发射子弹了。

3. 实现子弹击中并摧毁敌机的功能

下面扩展 Game 类的 check_collide()方法，实现子弹击中并摧毁敌机的功能。

sprite 模块的 spritecollide()方法可以便捷地实现一对多关系的碰撞检测，即一架英雄飞机与多架敌机，但此时需要处理多对多关系的碰撞检测，即多发子弹对多架敌机。为满足这种需求，sprite 模块提供了另外一个方法 groupcollide()。

使用 groupcollide()方法能够方便地检测敌机精灵组和子弹精灵组中的精灵是否发生了碰撞。若检测到碰撞，则 groupcollide()方法会返回一个字典，字典的键为一个精灵组中检测到被碰撞的精灵，值为另一个精灵组中与键发生碰撞的所有精灵的列表。

在开始编写代码之前，我们先通过一张图来明确子弹击中并摧毁敌机的流程，如图 11-42 所示。

按照图 11-42 的流程，在 Game 类的 check_collide()方法的末尾增加处理子弹击中并摧毁敌机的代码，增加的代码如下：

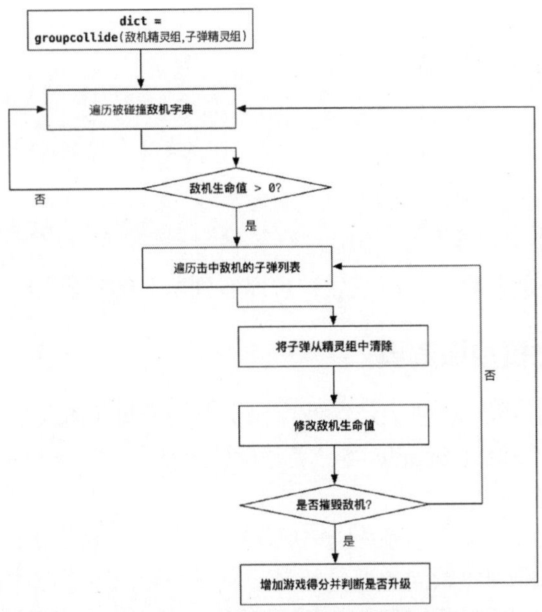

图11-42　子弹击中并摧毁敌机的流程

```
# 检测敌机是否被子弹击中
hit_enemies = pygame.sprite.groupcollide(self.enemies_group,
                                         self.hero.bullets_group,
                                         False, False,
                                         pygame.sprite.collide_mask)
# 遍历字典
for enemy in hit_enemies:
    # 针对已经被摧毁的敌机，不需要发射子弹
    if enemy.hp <=0:
        continue
    # 遍历击中敌机的子弹列表
    for bullet in hit_enemies[enemy]:
        # 将子弹从所有精灵组中清除
        bullet.kill()
        # 修改敌机的生命值
        enemy.hp -= bullet.damage
        # 如果敌机没有被摧毁，继续遍历下一颗子弹
        if enemy.hp > 0:
            continue
        # 修改得分并判断是否升级
        if self.hud_panel.increase_score(enemy.value):
            self.create_enemies()
        # 退出遍历子弹列表循环
        break
```

运行游戏，可以看到英雄飞机能发射子弹了。但是，当英雄飞机在关卡 3“牺牲”之后，玩家按空格键开启新游戏，游戏窗口中仍然显示的是关卡 3 配置的敌机，而不是关卡 1 配置的小敌机。

修改 Game 类的 reset_game()方法，在 reset_game()方法末尾先清空所有的敌机和英雄飞机剩余的子弹，再重新创建敌机对象，代码如下：

```
# 清空所有敌机
for enemy in self.enemies_group:
    enemy.kill()
# 清空剩余子弹
for bullet in self.hero.bullets_group:
    bullet.kill()
# 重新创建敌机
self.create_enemies()
```

再次运行游戏，重新开启一轮游戏后，可以看到所有的敌机都为关卡 1 配置的小敌机。

11.7.4　英雄飞机拾取道具

游戏开始后，道具每隔 30 秒会从游戏窗口上方的随机位置飞出，包括炸弹补给和子弹增强道具。本小节将介绍设计 Supply 类、定时投放道具、英雄飞机拾取道具的内容。

1. 设计 Supply 类

在设计 Supply 类之前，需要明确程序中道具的初始位置和终止位置，如图 11-43 所示。

为避免程序中反复地创建相同的道具精灵，可以按照以下思路进行处理。

（1）在游戏初始化时创建两个道具精灵，并将道具精灵的初始位置设为游戏窗口的下方。

（2）游戏开始后，每隔 30 秒调用道具精灵的投放方法，将道具精灵设置到游戏窗口上方的随机位置，准备开始垂直向下运动。

（3）若道具精灵向下方运动时遇到了英雄飞机，则设置相关属性，并且将道具精灵的位置设为游戏窗口的下方。

（4）道具精灵处于游戏窗口下方时不再更新位置。

根据以上思路设计一个道具类 Supply，Supply 类的类图如图 11-44 所示。

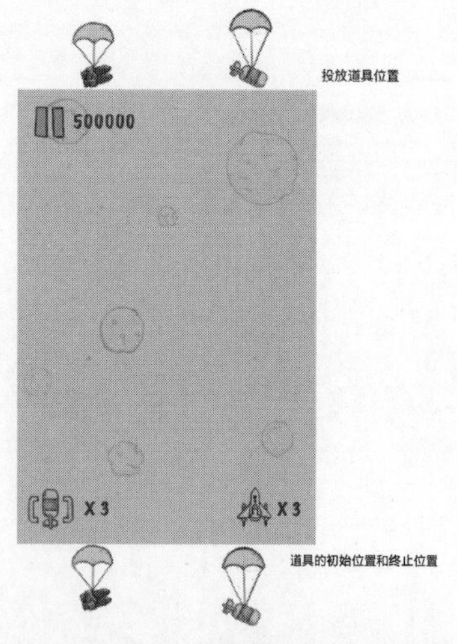

图11-43　道具的初始位置和终止位置

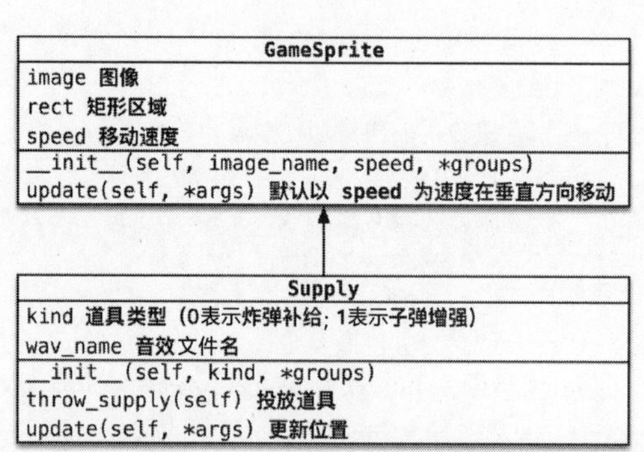

图11-44　Supply类的类图

由图 11-44 可知，Supply 类中封装了两个属性：kind 和 wav_name。其中 kind 表示道具类型，值为 0 时表示炸弹补给，值为 1 时表示子弹增强；wav_name 表示投放道具时播放的音效文件的名称。Supply 类中封装了 3 个方法：__init__()、throw_supply()和 update()。其中 throw_supply()方法用于投放道具；update()方法用于更新位置。

在 game_items 模块中定义继承了 GameSprite 类的 Supply 类，Supply 类的代码如下：

```
class Supply(GameSprite):
    """道具类"""
    def __init__(self, kind, *groups):
        # 调用父类方法
        image_name = "%s_supply.png" % ("bomb" if kind == 0 else "bullet")
        super().__init__(image_name, 5, *groups)
        # 道具类型
        self.kind = kind
        # 音效文件名
        self.wav_name = "get_%s.wav" % ("bomb" if kind == 0 else "bullet")
        # 初始位置
        self.rect.y = SCREEN_RECT.h
    def throw_supply(self):
        """投放道具"""
        self.rect.bottom = 0
        self.rect.x = random.randint(0, SCREEN_RECT.w - self.rect.w)
    def update(self, *args):
        """更新位置，在游戏窗口下方不移动"""
        if self.rect.h > SCREEN_RECT.h:
            return
        # 调用父类方法，沿垂直方向移动
        super().update(*args)
```

2. 定时投放道具

在 game_items 模块的顶部声明记录投放道具事件的全局常量，代码如下：

```
THROW_SUPPLY_EVENT = pygame.USEREVENT + 3              # 投放道具事件
```

实现 Game 类的 create_supplies()方法，在 create_supplies()方法中创建两个道具精灵，并设置定时器事件，代码如下：

```
def create_supplies(self):
    """创建道具"""
    Supply(0, self.supplies_group, self.all_group)
    Supply(1, self.supplies_group, self.all_group)
    # 设置 30 秒投放道具定时器事件（测试时用 10 秒）
    pygame.time.set_timer(THROW_SUPPLY_EVENT, 10000)
```

需要注意的是，为了方便测试，以上代码将投放道具的间隔时长设为 10 秒，测试完成后需要将间隔时长设为 30 秒。

在 Game 类的构造方法的末尾调用 create_supplies()方法，代码如下：

```
# 创建道具
self.create_supplies()
```

修改 Game 类的 event_handler()方法，增加对投放道具事件的监听，一旦监听到投放道具事件，将从道具精灵组中随机取出一个道具，让道具调用 throw_supply()方法开始投放，代码如下：

```
# 判断是否正在游戏
if not self.is_game_over and not self.is_pause:
    # 监听投放道具事件
    if event.type == THROW_SUPPLY_EVENT:
        supply = random.choice(self.supplies_group.sprites())
        supply.throw_supply()
    # 监听英雄飞机发射子弹事件
    if event.type == HERO_FIRE_EVENT:
```

运行游戏，可以看到每隔 10 秒便出现一个快速地掠过游戏窗口的道具。

3. 英雄飞机拾取道具

下面对 Game 类的 check_collide()方法进行扩展，实现英雄飞机拾取道具的功能。

在 game_items 模块的顶部声明记录关闭子弹增强事件的全局常量，代码如下：

```
BULLET_ENHANCED_OFF_EVENT = pygame.USEREVENT + 4  # 关闭子弹增强事件
```

在 Game 类的 check_collide()方法末尾增加处理英雄飞机拾取道具的代码，具体如下：

```
# 英雄飞机拾取道具
supplies = pygame.sprite.spritecollide(self.hero,
                                       self.supplies_group,
                                       False, pygame.sprite.collide_mask)
if supplies:
    supply = supplies[0]
    # 使道具在游戏窗口下方
    supply.rect.y = SCREEN_RECT.h
    # 判断道具类型
    if supply.kind == 0:                                   # 炸弹补给
        self.hero.bomb_count += 1
        self.hud_panel.show_bomb(self.hero.bomb_count)
    else:                                                  # 设置子弹增强
        self.hero.bullets_kind = 1
        # 设置关闭子弹增强的定时器事件
        pygame.time.set_timer(BULLET_ENHANCED_OFF_EVENT, 8000)
```

需要注意的是，为了方便测试，以上代码将关闭子弹增强事件的时长设为 8 秒，测试完成后需要将间隔时长改为游戏中规定的 20 秒。

修改 Game 类的 event_handler()方法，增加对关闭子弹增强事件的监听，一旦监听到关闭子弹增强事件，恢复子弹类型并且关闭定时器，修改后的代码如下：

```
# 判断是否正在游戏
if not self.is_game_over and not self.is_pause:
    # 监听关闭子弹增强事件
    if event.type == BULLET_ENHANCED_OFF_EVENT:
        self.hero.bullets_kind = 0
        pygame.time.set_timer(BULLET_ENHANCED_OFF_EVENT, 0)
    # 监听投放道具事件
    if event.type == THROW_SUPPLY_EVENT:
```

运行游戏，可以看到英雄飞机成功地拾取了道具，游戏更新了拾取后的结果：拾取炸弹补给道具后，游戏窗口的炸弹数量加 1；拾取子弹增强道具后，英雄飞机发射的子弹由单排变成双排。

11.8 背景音乐和音效

在一个独立且完整的游戏世界中，音乐是不可或缺的一部分。游戏可以通过音乐来提升玩家的游戏体验。通常大型游戏中音乐的类别比较细致，包括主题曲、原声音乐、背景音乐以及游戏音效等。小游戏中的音乐类别比较简单，但背景音乐和游戏音效这两种音乐是必不可少的。

背景音乐是一个完整的音乐片段，一般会被循环播放，玩家在整个游戏过程中始终都能听到。背景音乐可以烘托游戏的氛围，增强玩家的代入感。

游戏音效可以用于点缀或加强某一个游戏操作或事件，例如，发射子弹、投放道具以及飞机被撞毁等。游戏音效的特点是播放声音较短且表现形式单一，但简洁有力，通常会在游戏中频繁播放。

11.8.1　测试背景音乐和音效的播放

为了方便开发人员播放游戏的音乐和音效，Pygame 中提供了两个模块：pygame.mixer.music 和 pygame.mixer。其中 pygame.mixer.music 模块包含与长音乐（如背景音乐）播放相关的功能；pygame.mixer 模块包含与短音效播放相关的功能。本小节分别使用 pygame.mixer.music 和 pygame.mixer 模块的方法测试飞机大战游戏中播放背景音乐和音效的功能。

1. 播放背景音乐

pygame.mixer.music 模块提供了一些控制长音乐播放的常用方法，如表 11-22 所示。

表 11-22　pygame.mixer.music 模块的控制长音乐播放的常用方法

方法	说明
load(音乐文件路径)	从磁盘中加载音乐文件，以准备播放
play(循环次数)	开始播放。若循环次数为-1，会一直循环播放；循环次数为 1，会播放 1 次后，再播放 1 次
stop()	停止播放
pause()	暂停播放
unpause()	取消暂停，继续播放
set_volume(音量)	设置音量，音量的范围为 0.0～1.0

要想在程序中播放背景音乐，一般需要以下两个步骤。

（1）使用 load()方法加载背景音乐文件。

（2）使用 play(-1)方法循环播放背景音乐。

接下来，在 Game 类的初始化方法的末尾增加以下测试代码，播放游戏的背景音乐，代码如下：

```
# 测试背景音乐
# 加载背景音乐文件准备播放
pygame.mixer.music.load("./res/sound/game_music.ogg")
# 播放背景音乐
pygame.mixer.music.play(-1)
```

运行游戏，可以听到游戏开始时播放的背景音乐。

2. 播放音效

pygame.mixer 模块专门提供了一个表示声音的 Sound 类，可以创建 Sound 对象并播放游戏音效。Sound 类的常用方法如表 11-23 所示。

表 11-23　Sound 类的常用方法

方法	说明
Sound(音效文件路径)	加载音效文件并创建 Sound 对象
play()	播放 Sound 对象的音效
stop()	停止 Sound 对象的播放
set_volume(音量)	设置 Sound 对象的音量，该参数值的范围是 0.0～1.0

要想在程序中播放音效，一般需要以下两个步骤。

（1）创建并记录 Sound 对象。注意，要播放不同的音效需要创建不同的 Sound 对象。

（2）使用 Sound 对象调用 play()方法播放音效。

接下来，在 Game 类中初始化方法的末尾增加以下测试代码，播放英雄飞机的被摧毁音效，代码如下。

```
# 测试音效
# 创建 Sound 对象
hero_down_sound = pygame.mixer.Sound("./res/sound/me_down.wav")
hero_down_sound.play()
```

运行游戏，当英雄飞机撞到敌机时可以听到嘭的一声爆炸音效。

需要注意的是，由于游戏音效大多是非常短的，因此在游戏开发时通常无须考虑停止正在播放的音效。

11.8.2　音乐播放器类的设计

游戏通常只有一首循环播放的背景音乐，但可以有多个音效。每个音效都是一个单独的对象，会在游戏需要时播放。飞机大战项目需要使用的背景音乐和音效文件保存在 res/sound 目录下，如图 11-45 所示。

为了简化在游戏中对音乐和音效播放的控制，我们设计一个表示音乐播放器的类 MusicPlayer。MusicPlayer 类的类图如图 11-46 所示。

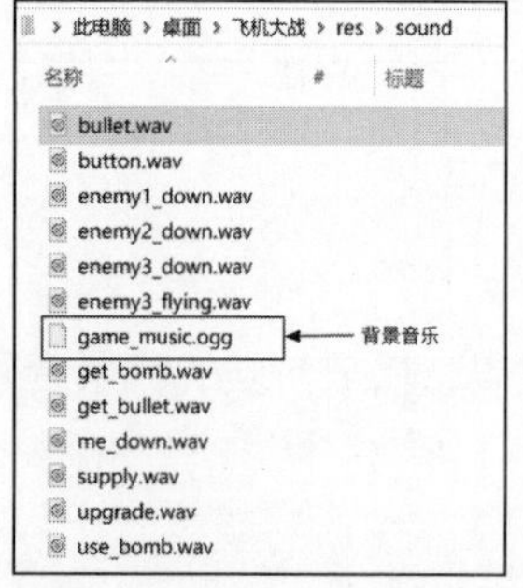

图11-45　飞机大战项目中用到的背景音乐和音效文件

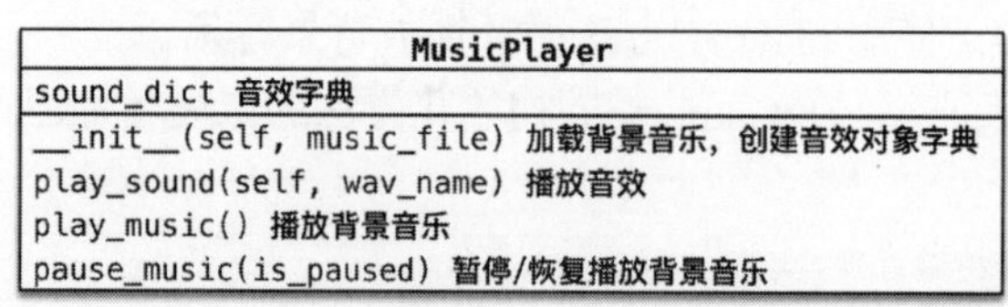

图11-46　MusicPlayer类的类图

由图 11-46 可知，MusicPlayer 类中封装了一个 sound_dict 属性。sound_dict 属性是一个包含多个音效的字典，该字典的键为文件名，值为对应的 Sound 对象。

MusicPlayer 类中还封装了多个方法，如表 11-24 所示。

表 11-24　MusicPlayer 类的方法

方法	说明
__init__(self, music_file)	参数 music_file 表示背景音乐文件名。res/sound 目录下的其他文件都是音效文件
play_sound()	播放游戏音效
play_music()	静态方法，播放背景音乐
pause_music()	静态方法，暂停/恢复播放背景音乐

11.8.3　加载和播放背景音乐

音乐播放器类的设计完成之后，接下来，实现加载和播放背景音乐的功能，具体步骤如下。

首先，在 game_music 模块文件的顶部导入需要使用的模块，代码如下：

```
import os   # 导入 os 模块，后续要使用该模块遍历 res/sound 目录下的文件
import pygame
```

其次，定义 MusicPlayer 类，并且实现加载及播放背景音乐相关的方法，代码如下：

```
class MusicPlayer:
    """音乐播放器类"""
    res_path = "./res/sound/"                          # 音乐资源路径
    def __init__(self, music_file):
        # 加载背景音乐
        pygame.mixer.music.load(self.res_path + music_file)
        pygame.mixer.music.set_volume(0.2)
    @staticmethod
    def play_music():
        pygame.mixer.music.play(-1)
    @staticmethod
    def pause_music(is_pause):
        if is_pause:
            pygame.mixer.music.pause()
        else:
            pygame.mixer.music.unpause()
```

需要注意的是，以上代码通过“pygame.mixer.music.set_volume(0.2)”降低了背景音乐的音量，以防止后续干扰音效的测试。

然后，在 Game 类的构造方法的末尾删除之前的测试代码，创建音乐播放器并且循环播放背景音乐，增加的代码如下：

```
# 创建音乐播放器
self.player = MusicPlayer("game_music.ogg")
self.player.play_music()
```

最后，修改 Game 类的 event_handler()方法，在监听到玩家按空格键暂停或恢复游戏的同时，暂停或恢复游戏背景音乐的播放，代码如下：

```
elif event.type == pygame.KEYDOWN and event.key == pygame.K_SPACE:
    if self.is_game_over:                              # 游戏已经结束
        self.reset_game()
    else:                                              # 切换至暂停状态
        self.is_pause = not self.is_pause
        # 暂停或恢复背景音乐的播放
        self.player.pause_music(self.is_pause)
```

运行游戏，可以听到游戏的背景音乐，按空格键后暂停了背景音乐的播放，再按空格键后恢复了背景音乐的播放。

11.8.4 加载和播放音效

背景音乐的功能实现以后，本小节将实现加载和播放音效的功能。在这一小节中，需要播放的音效包括发射子弹、引爆炸弹、投放和拾取道具、升级和敌机爆炸、英雄飞机爆炸音效，具体内容如下。

首先，在 MusicPlayer 类的构造方法的末尾增加代码，从./res/sound 目录加载所有的音效文件，并且将创建的 Sound 对象添加到音效字典 sound_dict 中，代码如下：

```
# 加载音效字典
# 定义音效字典属性
self.sound_dict = {}
# 获取目录下的文件列表
files = os.listdir(self.res_path)
# 遍历文件列表
for file_name in files:
    # 排除背景音乐
    if file_name == music_file:
        continue
    # 创建 Sound 对象
    sound = pygame.mixer.Sound(self.res_path + file_name)
    # 添加到音效字典，使用文件名作为字典的 key
    self.sound_dict[file_name] = sound
```

其次，在 MusicPlayer 类中实现播放音效的 play_sound()方法，代码如下：

```
def play_sound(self, wav_name):
    """播放音效
    :param wav_name: 音效文件名
    """
self.sound_dict[wav_name].play()
```

在 Game 类的指定位置逐一调用播放音效的方法。

1. 发射子弹音效

在 event_handler()方法中找到监听英雄飞机发射子弹事件的分支，添加播放发射子弹音效的代码，具体如下：

```
# 监听英雄飞机发射子弹事件
if event.type == HERO_FIRE_EVENT:
    self.player.play_sound("bullet.wav")
    self.hero.fire(self.all_group)
```

2. 引爆炸弹音效

在 event_handler()方法中找到监听玩家按 b 键的事件后引爆炸弹的分支，添加播放引爆炸弹音效的代码，具体如下：

```
# 监听玩家按 b 键的事件，引爆炸弹
if event.type == pygame.KEYDOWN and event.key == pygame.K_b:
    # 如果英雄飞机没有“牺牲”同时有炸弹
    if self.hero.hp > 0 and self.hero.bomb_count > 0:
        self.player.play_sound("use_bomb.wav")
    # 引爆炸弹
    score = self.hero.blowup(self.enemies_group)
```

3. 投放和拾取道具音效

在 event_handler()方法中找到监听投放道具事件的分支，添加播放投放道具音效的代码，具体如下：

```
# 监听投放道具事件
if event.type == THROW_SUPPLY_EVENT:
    self.player.play_sound("supply.wav")
    supply = random.choice(self.supplies_group.sprites())
    supply.throw_supply()
```

在 check_collide()方法中找到英雄飞机拾取道具部分的代码，添加播放拾取道具音效的代码，具体如下：

```
if supplies:
    supply = supplies[0]
    # 播放拾取道具音效
    self.player.play_sound(supply.wav_name)
```

4. 升级和敌机爆炸音效

在 check_collide()方法中找到检测敌机被子弹击中部分的代码，分别添加播放升级和敌机爆炸音效的代码，具体如下：

```
# 遍历击中敌机的子弹列表
for bullet in hit_enemies[enemy]:
    # 省略部分代码
    # 修改得分并判断是否升级
    if self.hud_panel.increase_score(enemy.value):
        # 播放升级音效
        self.player.play_sound("upgrade.wav")
        self.create_enemies()
    # 播放敌机爆炸音效
    self.player.play_sound(enemy.wav_name)
    # 退出遍历子弹列表循环
    break
```

5. 英雄飞机爆炸音效

在 check_collide()方法中找到检测英雄飞机和敌机碰撞部分的代码，添加播放英雄飞机爆炸音效的代码，具体如下：

```
# 是否撞到敌机
if enemies:
    # 播放英雄飞机爆炸音效
    self.player.play_sound(self.hero.wav_name)
    self.hero.hp = 0                                    # 英雄被撞毁
```

运行游戏，可以听到英雄飞机发射子弹音效，按 b 键后出现了引爆炸弹音效等。

至此，飞机大战游戏的全部功能已经开发完成了。

11.9　项目打包

在开发游戏时需要先在计算机中配置开发环境，游戏开发完成后也需要在配置好的环境中运行，但我们日常接触到的游戏可以在未配置开发环境的不同设备上运行，这是因为开发人员在游戏开发完成后对游戏项目进行了打包。

使用 Python 的第三方库——Pyinstaller 对我们开发的游戏项目（但不仅限于游戏项目）进行打包。Pyinstaller 可在 Windows、Linux、macOS 等操作系统中将 Python 程序打包成可独立执行的软件包，完成打包后可利用独立软件包在没有配置 Python 的环境中运行打包好的项目。

下面先介绍 Pyinstaller 的安装和使用，再介绍如何使用 Pyinstaller 打包飞机大战项目。

1. Pyinstaller 的安装和使用

由于 Pyinstaller 库依赖其他模块，建议采用 pip 命令在线安装，而非离线安装包方式安装。安装命令如下：

```
pip install pyinstaller
```

以上安装命令执行后开始安装 Pyinstaller，安装完成后可以在控制台中看到如下信息：

```
Successfully built pyinstaller
Installing collected packages: altgraph, macholib, pyinstaller
Successfully installed pyinstaller-6.6
```

以上信息表明 Pyinstaller 库安装成功。此时，开发人员可以在命令提示符窗口中通过 pyinstaller 命令操作。

切换至程序所在的目录，可以通过 pyinstaller 命令打包程序，具体命令如下：

```
pyinstaller 选项 Python 源文件
```

以上命令的 Python 源文件表示程序的入口文件；选项表示一些控制生成软件包的辅助命令，pyinstaller 命令支持的常用选项如表 11-25 所示。

表 11-25　pyinstaller 命令支持的常用选项

选项	说明
-F/--onefile	将项目打包为单个可执行程序文件
-D/--onedir	将项目打包为一个包含可执行程序的目录（包含多个文件）
-d/--debug	将项目打包为 debug 版本的可执行文件
-w/--windowed/--noconsolc	指定程序运行时不显示命令提示符窗口（仅对 Windows 有效）
-c/--nowindowed/--console	指定使用命令提示符窗口运行程序（仅对 Windows 有效）
-o DIR/--out=DIR	指定 spec 文件的生成目录。若没有指定，则默认为当前目录

以上命令执行完成后，可以看到源文件所在的目录中增加了两个目录：build 和 dist。其中 build 目录是存储临时文件的目录，可以安全地删除；dist 目录中包含一个与源文件同名的目录，该同名目录中包含可执行文件，以及可执行文件的动态链接库。

2. 使用 Pyinstaller 打包飞机大战项目

在飞机大战项目的目录中打开命令提示符窗口，使用 pyinstaller 命令打包程序的入口文件 game.py：

```
pyinstaller -Fw game.py
```

以上命令执行后，可以看到命令提示符窗口中持续地显示打包信息，完成之后在飞机大战项目的目录中增加了 build 和 dist 目录。打开 dist 的 game 子目录，game.exe 文件便是最终的软件，如图 11-47 所示。

图11-47　打包的软件

此时，只需要将 game.exe 文件和 res 目录置于同一目录中，双击 game.exe 便可启动游戏；亦可将 game.exe 与 res 目录一同压缩，分享给其他人，在其他设备上运行游戏。

11.10　本章小结

本章运用面向对象的编程思想，分别介绍了游戏简介、项目准备、游戏框架搭建、游戏背景和英雄飞机、指示器面板、逐帧动画和飞机类、碰撞检测、背景音乐和音效、项目打包这些部分，开发和打包了一个具备完整功能的飞机大战游戏。通过对本章的学习，读者可以在实际开发中灵活地运用面向对象的编程技巧。